建筑室内污染物源辨识及控制

JIANZHU SHINEI WURANWUYUAN BIANSHI JI KONGZHI

于　水◎著

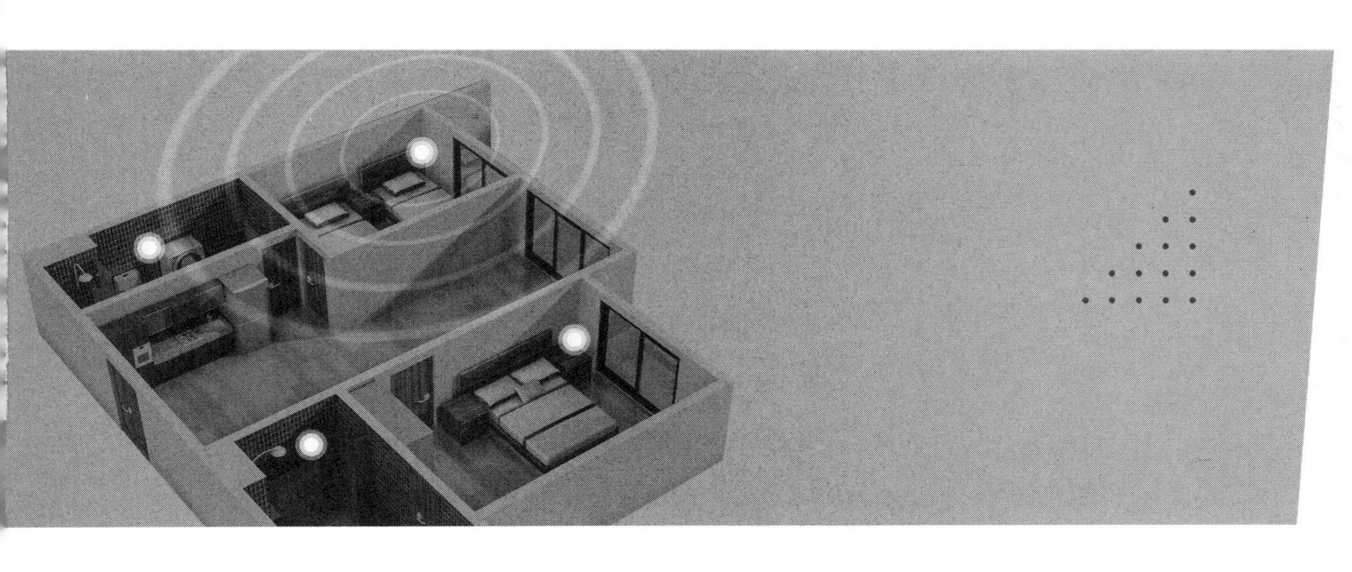

重庆大学出版社

内容提要

本书以建筑内有限个突发污染物控制基础研究为核心，针对建筑内突发污染物源辨识问题进行深入研究，同时通过模拟和实测手段开展基于混合通风的污染物控制策略研究。全书共分为13章，内容包括：建筑室内污染现状，污染物扩散模拟方法，单污染源辨识的理论基础，单传感器下单污染源的位置辨识，双传感器下单污染源的位置辨识，单污染源的散发强度辨识，多污染源辨识的理论基础，多污染源位置辨识，多污染源散发强度辨识，建筑室内污染物浓度实测，通风系统新风量及策略制定，住宅通风系统优化策略，以及总结。

本书的内容将为扩展室内污染物源辨识的研究范围，为室内污染物源控制研究提供有效的数学模型和基础数据，为IAQ控制提供技术保障和理论基础。

图书在版编目(CIP)数据

建筑室内污染物源辨识及控制 / 于水著. -- 重庆 ：重庆大学出版社，2019.8

ISBN 978-7-5689-1731-5

Ⅰ.①建… Ⅱ.①于… Ⅲ.①室内空气—空气污染—污染源—辨识②室内空气—空气污染控制 Ⅳ.①X51

中国版本图书馆CIP数据核字(2019)第169760号

建筑室内污染物源辨识及控制

于 水 著

策划编辑：林青山

责任编辑：张 婷　　版式设计：张 婷

责任校对：关德强　　责任印制：张 策

*

重庆大学出版社出版发行

出版人：饶帮华

社址：重庆市沙坪坝区大学城西路21号

邮编：401331

电话：(023) 88617190　88617185(中小学)

传真：(023) 88617186　88617166

网址：http://www.cqup.com.cn

邮箱：fxk@cqup.com.cn (营销中心)

全国新华书店经销

重庆升光电力印务有限公司印刷

*

开本：787mm×1092mm 1/16 印张：15.75 字数：396千

2019年8月第1版　2019年8月第1次印刷

ISBN 978-7-5689-1731-5 定价：48.00元

前 言

随着经济的高速发展,不合理的建筑设计、空调系统设计与运行以及众多散发有害物质的建材的使用使得我国室内空气品质(Indoor Air Quality,IAQ)问题较发达国家严重。目前,确定污染源位置及散发强度主要依靠专业人员携带设备靠近污染源直接进行精确测量,这不仅使得辨识效率较低,也大大降低了主动污染控制的响应速度,有时还会危及人员健康。因此,实现在有限个远程传感器数据输入端的前提下,快速辨识潜在的污染源,准确掌握和预测污染源的位置及污染物扩散范围变得尤为重要。本书以建筑室内有限个突发污染物控制基础研究为核心,首先针对建筑室内突发污染源辨识问题进行深入研究,研究尺度从多个房间中污染源的定位到污染源位置、释放强度等具体信息的辨识逐渐细化,研究对象从单个污染源到多个同时存在的污染源逐渐拓展。同时通过模拟和实测手段开展基于混合通风的污染物控制策略研究。本书的内容将为扩展室内污染物源辨识的研究范围以及为室内污染物源控制研究提供有效的数学模型和基础数据,为 IAQ 控制提供技术保障和理论基础。

全书共 13 章:第 1 章介绍了建筑室内污染现状研究;第 2 章介绍了污染物扩散模拟方法;第 3 章介绍了单污染源辨识的理论基础;第 4 章介绍了单传感器下单污染源的位置辨识;第 5 章介绍了双传感器下单污染源的位置辨识;第 6 章介绍了单污染源的散发强度辨识;第 7 章介绍多污染源辨识的理论基础;第 8 章介绍多污染源位置辨识;第 9 章介绍了多污染源散发强度辨识;第 10 章介绍了建筑室内污染物浓度实测;第 11 章介绍了通风系统新风量及策略制定;第 12 章介绍了住宅通风系统优化策略;第 13 章为结论。

本书的研究工作先后得到了中国博士后基金项目(2015M581362)、辽宁省“百千万人才工程”,辽宁省自然科学基金项目(20170540761)、沈阳建筑大学科研项目等资助。研究工作开展过程中得到了冯国会、李慧星等教授的指导、支持与帮助,向他们表示衷心的感谢!研究工作的完成也离不开学生们的付出,贺廉洁参与第 1 章至第 6 章研究工作,张国娟参与第 1 章及第 7 章至第 9 章研究工作,马源良参与第 1 章及第 10 章至第 12 章研究工作,韩府宏参与所有章节后期编辑工作。

由于作者的学识水平有限,书中难免有疏漏和错误,肯请读者批评指正。

于 水

2018 年 11 月

目　录

第1章 建筑室内污染现状研究

随着经济的高速发展,我国室外空气污染问题越加突出,尤其近年频发的雾霾天气使得室外大气污染越发严重。2015 年 12 月 7 日,北京启动重污染红色预警,这在我国历史上是第一次。2016 年冬季以来,我国中东部地区再次笼罩在严重的雾霾当中,12 月 16 日到 20 日短短五天时间内,霾天气影响区域达到了惊人的 142 万 km^2,重度霾影响地区则达到 15 万 km^2,不少城市污染指数频频突破上限,居民呼吸系统患病率急剧增加。为了应对雾霾影响,多个城市出台了机动车限行,中小学、幼儿园停课,企业停产等措施,社会正常活动秩序受到严重影响。

受室外环境恶化的影响,人们被迫减少外出的时间和频率,但是室内空气品质问题同样不能忽视。不合理的建筑设计、空调系统设计与运行以及众多散发有害物质的建材的使用使得我国室内空气品质(Indoor Air Quality,IAQ)问题较发达国家更为严重。相当一部分呼吸道疾病,如慢性肺病、气管炎和支气管炎等都是由室内环境污染引起的。在 2002 年首届全国室内空气质量与健康学术研讨会上,据有关部门公布,目前发展中国家有近 200 万例超额死亡可能由室内空气污染所致,全球约 4%的疾病与室内环境相关。据统计,我国每年由室内空气污染引起的超额死亡数可达 11.1 万人,超额门诊数 22 万人次,超额急诊数 430 万人次。严重的室内环境污染也造成了巨大经济损失,仅 1995 年我国因室内环境污染危害健康所导致的经济损失就高达 107 亿美元。另外,随着北方冬季雾霾加重,居民更是有意识地提高建筑的密封性,这大大削弱了室内、外空气的交换,导致室内产生的有害污染气体很难有效排至室外,增加了人们患病的概率。

据统计,在我国北方寒冷的冬季,大部分人约有 90%的时间是在室内度过的。由于北方供暖期较长,室内长期处于密闭状态,导致室内污染物难以排出,这就使得室内环境问题尤为严重,室内空气品质问题亟待解决。室内空气环境的好坏,不仅影响着人们的身心健康,同时对人们的工作效率也有着很大的影响。气态污染物是室内主要污染物之一,对人体健康具有很强的危害性。气态污染物若长期滞留在室内,将对人体健康产生持续的影响,从而直接或间接地影响社会生产和社会发展,它引起的经济损失每年可达 400 亿~1 600 亿美元。气态污染物的危害在建筑安全领域也被越加关注,这主要是因为气态污染物通常以无色无味的化学物质形式出现，难于防范，一旦被应用在生化袭击事件中，往往严重威胁安全。此外，建筑安全还经受着传染病传播的考验。随着社会发展，各种严重的致病病毒、细菌等层出不穷，传播途径也越来越复杂。

1.1 建筑室内污染物源辨识背景

1.1.1 室内污染现状调研

辽宁省沈阳市位于环渤海地区北部，冬季供暖期长达 5 个月。由于环渤海地区地理形势及气候特征特殊，该地区的大气污染物难以扩散，使环渤海地区成为中国乃至世界大气污染形势最严峻的地区之一。该地区的室内环境问题也尤为凸显。根据沈阳市环境保护局的数据，2015 年，沈阳市城市环境轻度污染以上的天数占全年总天数的 43.3%，其中中度污染天数 30 天，重度污染天数 24 天，严重污染天数 8 天。在冬季，由于供暖作用、工厂排放、汽车尾气排放和气候的综合作用，沈阳市空气质量基本处于轻度污染以上。为深入了解以沈阳为代表的北方严寒及寒冷地区居住建筑的室内空气品质现状，分别在冬、夏典型季节对沈阳市居住建筑进行调研。调研以室内实地检测为主，共计对三十户家庭进行了实地检测，同时结合大量问卷调查作为辅助，研究历时 9 个月。从调研结果反映，沈阳市住宅内的空气品质问题令人担忧。

1) 问卷调研结果

图 1.1 和图 1.2 反映了沈阳市居民冬、夏两季的平均开窗行为。经对比可明显看出，沈阳市居住建筑在夏季大部分时间处于开窗状态，室内空气调节主要依靠自然通风完成。冬季经常保持开窗通风习惯的居民只有 13.73%，从不开窗的达到 26.02%，和夏季形成了强烈反差。另据调查数据显示，当冬季室外空气质量不佳时，更是约 80%的居民选择全天关窗。由此可见，沈阳市的居住建筑在冬季受多种原因影响，长时间处于密闭状态，从而形成了一个较为密闭的环境。

图 1.3 为沈阳住宅内每天人员平均停留时间的调查结果，数据表明近 7 成受访者每天在住宅停留时间超过 8 个小时，这其中停留时间超过 12 小时的比例超过 5 成。可以说，在冬季沈阳市很大一部分居民每天有约 50%的时间在住宅内度过。并且由图 1.4 可知，受调查的沈阳市家庭中，空气净化设备普及程度也非常低，仅有 24%的家庭安装了空气净化设备，而且其中一半的用户并未将其投入使用，经常使用的用户总数不超过 5%。

根据以上调研结果可以看出：沈阳市居住建筑，由于在冬季长期缺少室外新风，而且极少采用空气净化设备，从而普遍形成较为密闭的环境。住宅是人们的主要活动场所之一，且当地很大一部分居民每天一半以上的时间是在住宅中度过的，这样的住宅环境污染状况不容乐观。

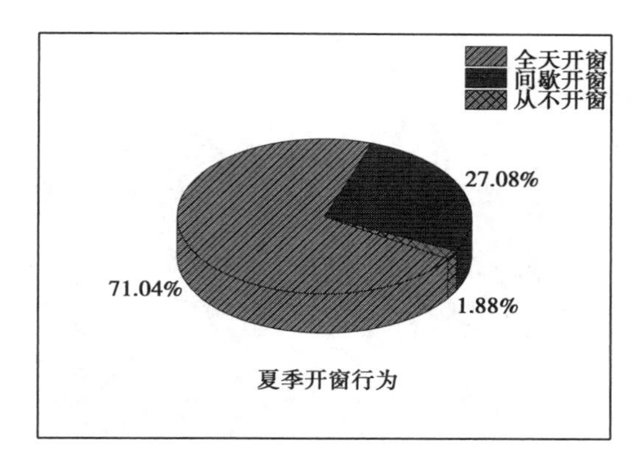

图 1.1　沈阳居民夏季平均开窗行为

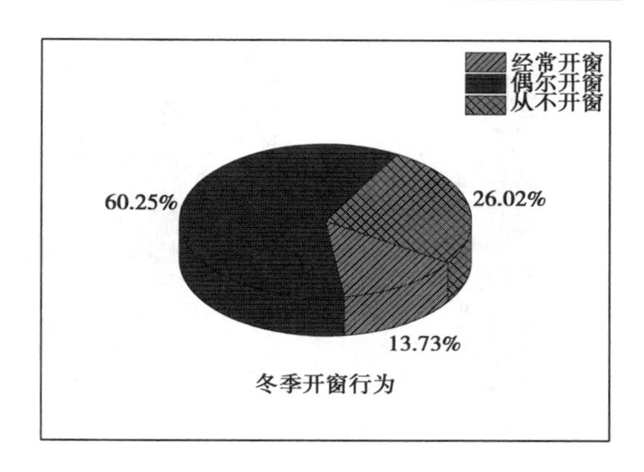

图 1.2　沈阳居民冬季平均开窗行为

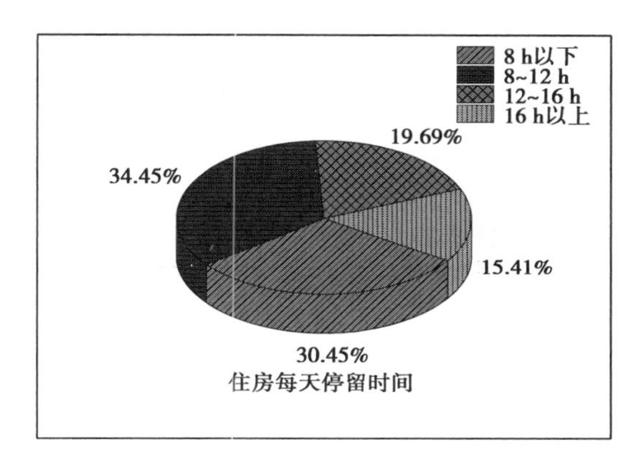

图 1.3　住宅每天人员平均停留时间

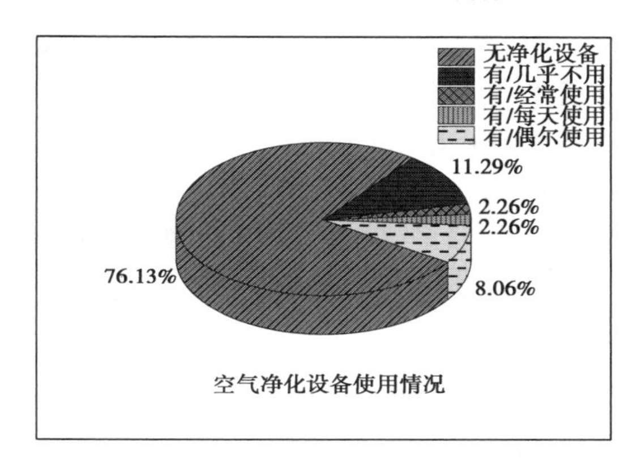

图 1.4　住宅空气净化设备使用情况

2)实地检测结果

在实测过程中，分别于冬季和夏季各选取了沈阳市和平、铁西、沈河、浑南、沈北等多个市区的 20 户典型住宅为检测对象，检查指标主要包括 PM2.5、PM10、甲醛、TVOC、CO_2 等室内常见污染物，检测方式为不间断逐时检测，每户住宅的检测总时长为 7 天，每隔 30 min 时间自动记录一次数据。为真实反映住宅内的污染物变化，检测期间室内人员活动不受限制。

检测过程中，考虑到住宅建筑房间功能的多样性，把住宅划分为卧室、客厅、厨房、卫生间、阳台等不同的功能区域，分别在不同的功能区域同时设置采样点，单独区域内的采样点布置策略依《室内空气质量标准》(GB/T 18883—2002)要求，设置为对角线或梅花式均匀布点，采样点数量依据该区域面积大小，分别设置 1~5 个不等。(图 1.5、图 1.6)

为减少检测系统误差和温湿度等对实验设备的干扰，需要对冬夏两季中室内多种污染物的实地检测数据进行修正和整理。检测结果不仅揭示了各项污染物在居住建筑的分布现状，可用于分析室内污染物浓度的季节性变化。还对多种典型污染物在冬夏两季的浓度进行了对比研究，其结果对问卷调查得到的结论起到了支撑作用。

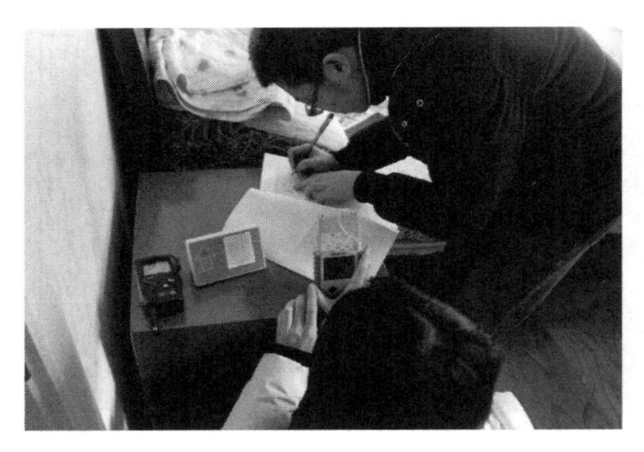

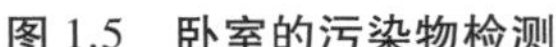

图 1.5　卧室的污染物检测

图 1.6　污染物数据的电子记录过程

图 1.7 显示了同一种污染物在冬季和夏季两次实地检测取得的平均浓度之间的对比，可以看出，甲醛、TVOC、CO_2三种污染物在夏季的平均浓度要低于冬季平均浓度，PM2.5 和 PM10 在夏季的平均浓度要高于冬季平均浓度。不同污染物的季节性差异以及污染程度具体可见表 1.1。

表 1.1　室内典型污染物在不同季节下的整体浓度

室内典型污染物	甲醛	TVOC	PM2.5	PM10	CO_2
	mg/m^3	mg/m^3	$\mu g/m^3$	$\mu g/m^3$	ppm
国家标准	0.10	0.60	75	150	1 000
夏季	0.069	0.488	64.269	112.188	507.225
冬季	0.401	3.154	55.912	96.948	1 330.567

由表 1.1 可以看出，夏季室内甲醛以及 TVOC 浓度远远低于冬季的，而且低于室内空气质量标准，冬季住宅内的甲醛和 TVOC 甚至达到空气质量标准所要求的室内最高限值的 4 倍以上。CO_2 作为室内空气新鲜度的指标气体，可以明显体现出室内的通风效果。夏季室内 CO_2 浓度远低于标准限值，表明夏季住宅房间长时间处于自然通风状态，室内空气品质良好；冬季 CO_2 浓度则大幅高于标准限值，可见冬季住宅房间长期处于密闭状态，CO_2 大量聚集。另外，悬浮颗粒物 PM2.5 和 PM10 的对比结果与上述污染物不同，夏季浓度高于冬季浓度。这是由于夏季自然通风过程中，室外的悬浮颗粒物进入室内，使得室内的颗粒物浓度接近室外浓度；冬季的室内颗粒物浓度则远低于室外，表明住宅密闭性好，室外颗粒物很难大量穿透住宅围护结构进入。

调研结果表明，以北方严寒及寒冷地区的典型城市沈阳市为例，城市住宅建筑在冬季漫长的供暖季内长期处于密闭状态，缺少必要的通风换气手段，会导致非常严重的后果：

①长此以往，导致室内释放的污染物长期大量聚集，即使释放速率较低，最终也会引起总量超标，对室内人员健康产生不良影响。

②住宅长时间处于较为密闭状态，一旦爆发突发性的污染事故，如煤气、烟气、微生物污染等，会迅速危及室内安全，势必造成严重后果。

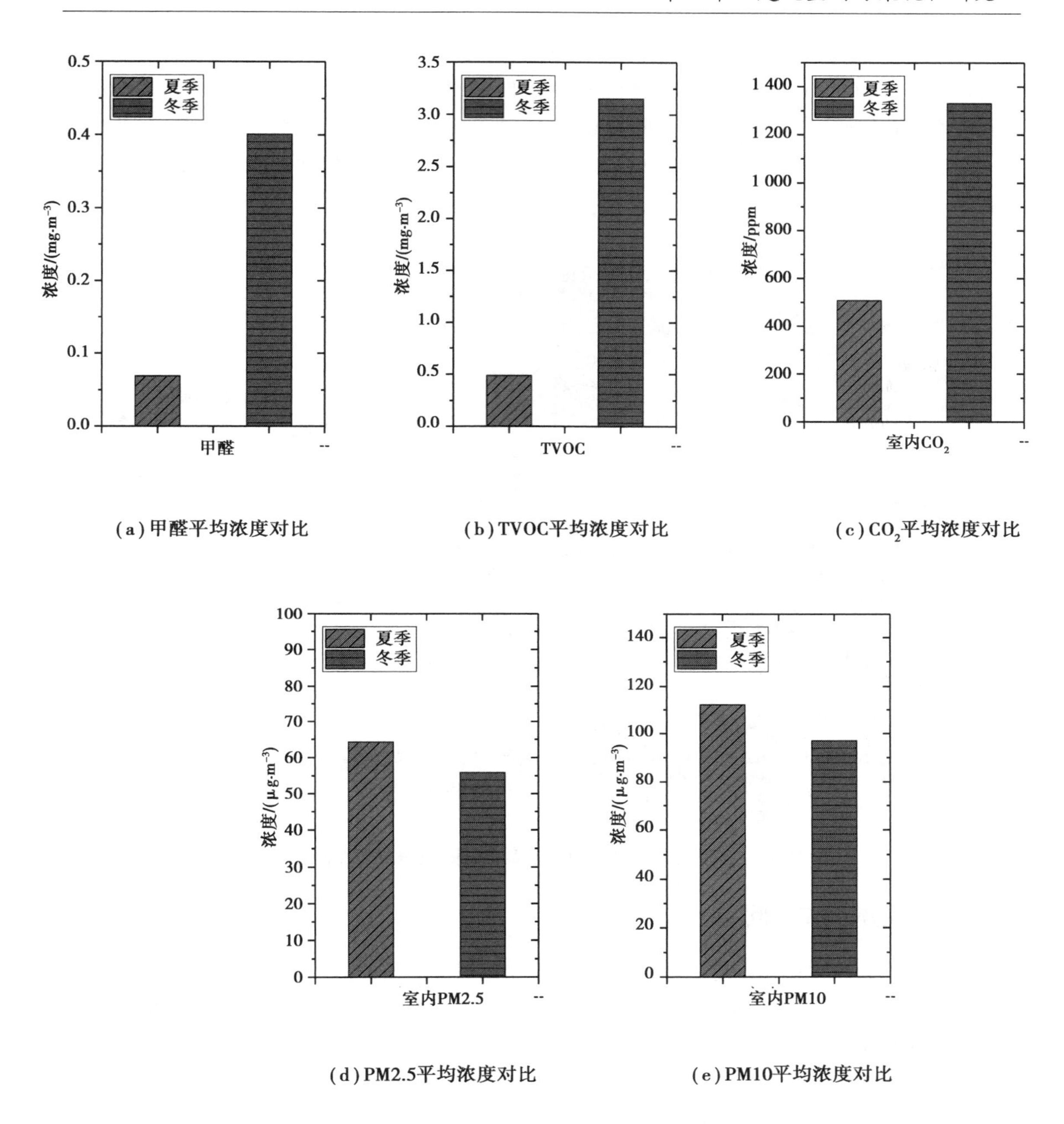

图 1.7　不同季节下室内污染物的平均浓度对比

1.1.2　居住建筑室内空气品质问题

室内空气品质问题已成为中国政府关注和普通百姓关心的问题，室内空气污染防控已被国家科技部列入《国家中长期科学和技术发展规划纲要》中的重点领域优先主题"城市生态居住环境保障"中的重点研究开发内容"室内污染物监测与净化技术"。鉴于此，IAQ 研究已成为我国乃至全世界建筑环境及相关领域的一个重要组成部分和研究热点。

造成IAQ低劣的主要原因是室内空气污染。影响IAQ的污染物种类较多,主要包括物理污染(颗粒和花粉等)、生物污染(细菌和病毒等,如军团菌)和化学污染(NO_x、SO_x)及挥发性有机化合物(Volatile Organic Compounds,VOCs)。当前大量的调查和分析数据表明:目前在我国,气体污染物是造成室内空气污染的"罪魁祸首",其中以室内装修和装饰材料散发的VOCs为代表。(图1.8)

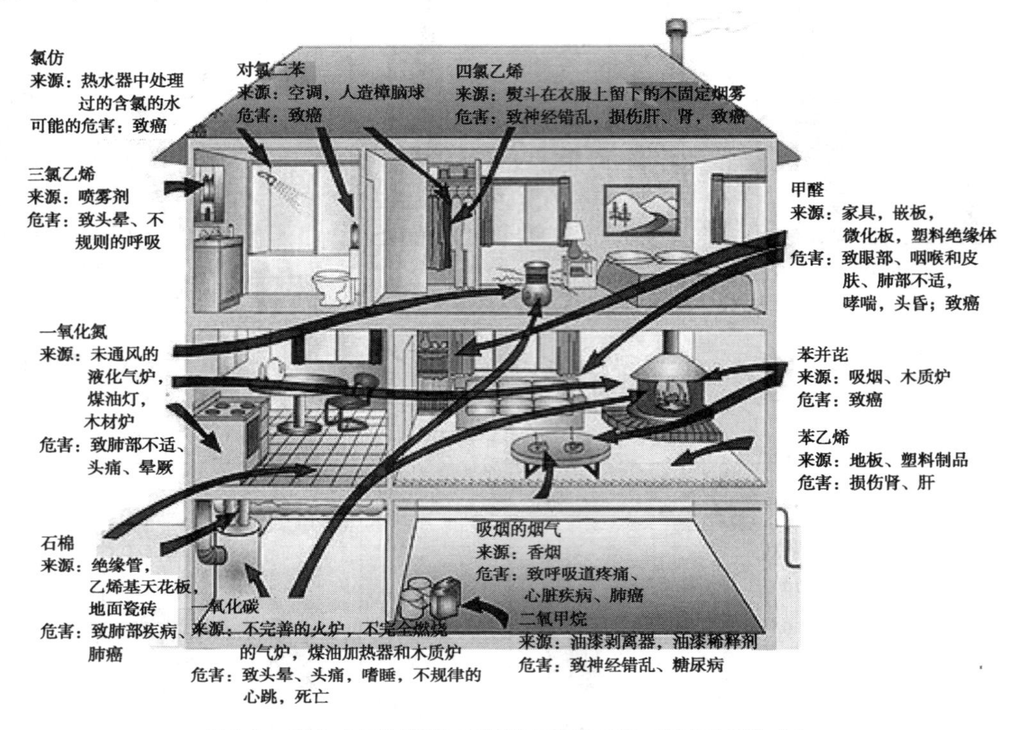

图1.8 室内主要污染物来源及危害(来源:美国环保协会)

1.1.3 居住建筑安全问题

除了室内长期性的污染物之外,与室内污染物传播密切相关的其他情况还有各类流行性疾病的蔓延和传播,甚至有以生化毒剂为袭击手段的恐怖事件。这些都使得建筑物的安全问题经受着多种考验。

当前世界和平与发展是时代的主旋律,但是局部的不安定因素衍生的恐怖主义依然存在,生化毒剂为袭击手段的恐怖事件可造成严重后果。如1994年,日本松本市的某居民区遭遇生化袭击,造成7人死亡,500人中毒。1995年日本东京地铁发生恐怖袭击事件,教邪教组织人员在共五列列车上散布沙林毒气,造成13人死亡,超过5 510人受伤。"9·11"事件以后,部分国家先后发现一些邮寄的不明包裹和信封内携带炭疽病毒,引起了相当大的恐慌。

建筑安全还经受着疾病蔓延的不断打击,随着社会发展,各种严重的致病病毒、细菌等层出不穷,传播途径也越来越复杂。2002年北京市疾病预防控制中心曾对北京市一些大型公共建筑包括办公楼、酒店、商场等进行卫生监测,发现中央空调系统中军团菌的污染率接近5成。2003年,香港淘大花园小区在一个月内发生了321起SARS感染个案,来自香港特区卫生署和世界卫生组织的调查报告均显示，病毒是以液滴的形式通过污水管、排风、天井和窗口连成的空气通道进行传播。

与一般的污染物相比，生化污染物危害性更大，具有更强的隐蔽性和突发性，而且污染物可投放的位置多，传播扩散情况复杂，这都对认识室内污染物分布与传播规律以及室内安全保障工作提出了更多要求。但是国内目前对于建筑物如何防范生化污染事件尚处于起步阶段，各类建筑尤其是居住建筑尚不具备防止生化或放射性污染物的能力，因此亟须有效防治手段来保障民众生命财产安全。

污染源控制、室内通风及空气净化是目前常用的污染物控制方法。后两种方法是在污染物产生之后，利用自然条件或机械设备，消除室内污浊空气，属于减弱污染物传播的做法。污染源控制方法则是直接对源头进行隔离或消减，阻止污染物进入室内威胁人员健康。一般来说，若能有效地从源头上控制污染物，那么通风及空气净化等后续措施的工作量将大大减小。这就要求能够快速准确地掌握和预测污染源的位置及污染物扩散范围，为源头控制提供有力的指导依据。目前确定污染源位置及散发强度时，主要依靠专业人员携带设备靠近污染源直接进行精确测量，不仅使得辨识效率低下，还大大降低了主动污染控制的响应速度，一旦污染物是危险性物质，靠近污染源直接测量还会危及人员健康。因此急需研究一种有效的方法或手段可以在有限的远程传感器数据输入端的情况下帮助辨识潜在的污染源。

因此，本书将以民用建筑内突发污染物控制基础研究为核心，针对民用建筑内突发气体污染源的辨识问题展开研究，以期实现对污染物的空间位置以及散发强度快速准确的预测。课题的研究成果将扩展室内污染物源辨识的研究范围，为室内污染源控制研究提供有效的数学模型和基础数据，为IAQ控制提供技术保障和理论基础。

1.2　国内外研究现状

1.2.1　建筑室内污染物源辨识研究现状

当前室内污染物源辨识研究主要是借助传感器数据追踪污染源信息，通过已知污染物浓度信息来求解污染源的问题属于反问题范畴。纵观国内外的相关研究，反问题理论已经广泛应用于地下水源、地震源、声源、热源、大气环境等方面的研究分析中。运用该理论对建筑室内污染源的研究虽然起步较晚，但随着人们近年对IAQ的逐渐重视，其也得到了迅速发展。反问题的主要特点是在求解过程中无法同时满足解的存在性、单一性以及数值稳定性等三个要素。当传感器探测到污染物释放时，污染物释放已经发生并且污染源一定存在；如果传感器的测量误差能限定在一定的范围内，应该来说解一定存在。由于人工环境内不同位置释放的多个污染源，均可能导致在某个位置的传感器获得同样的浓度信息，因此一个通常做法是尽可能获取最大量的信息来使解唯一存在，即布置多个传感器来进一步区分不同的污染源以使解唯一存在。1994年俄罗斯的Oleg M.Alifanow教授指出，反问题在数值解方面不具备稳定性。因此，要想反问题获得求解，关键是寻找到合适的方法来增强反问题求解的数值稳定性。经过文献调研后,室内污染源的研究方法大体分为三类:直接求解法、概率统计法和优化法。

1)直接求解法

直接求解法即后向算法,是将污染物传播的控制方程中的时间步长或者流场取反方向,再现污染物传播的历史,最后辨识出污染源。把控制方程中的时间步长或流场取反实际是一个病态过程,其不具备数值稳定性,所以必须采取一些特殊的计算策略来增强数值稳定性。常用的增强数值稳定的方法有规整化法(Regularization)与稳定化法(Stabilization)。1995 年美国的 Todd H. Skaggs 和 Z. J. Kabala 的比较结果表明稳定化法计算效率高得多,尽管其性能可能略差于规整化法。并且已有研究表明规整化法只适用于均匀恒定速度的流动问题。因此,直接求解法通常采用稳定化法,即在污染物控制输运方程中直接添加稳定项进行求解。以气体污染物为例,其控制输运方程为:

$$\frac{\partial[\phi(t)]}{\partial t}=-\frac{\partial}{\partial x_i}[u_i\phi(t)]+\frac{\partial}{\partial x_i}\left[\frac{\Gamma}{\rho}\cdot\frac{\partial\phi(t)}{\partial x_i}\right]+S_\phi \tag{1.1}$$

该方程左侧项为污染物浓度变化率,右侧各项对应分别是对流项、扩散项和源项。

其中一种添加稳定项的方法是用一个四阶项代替式(1.1)中的二阶扩散项。此时,在传感器位置的标称源也需要反映在方程中,因此方程变为:

$$\frac{\partial[\phi(\tau)]}{\partial \tau}=-\frac{\partial}{\partial x_i}[u_i\phi(\tau)]+\varepsilon\frac{\partial^2}{\partial x_i^2}\left[\frac{\partial^2\phi(\tau)}{\partial x_i^2}\right]+S_\phi\delta(\vec{x}-\vec{x}_0)\delta(\tau-\tau_0) \tag{1.2}$$

其中,ε 是稳定化系数,$\vec{x}_0$是传感器位置,$\tau_0(=t_0)$是在固定传感器位置处检测到的污染物浓度峰值,右边最后一项是传感器位置处的标称瞬态污染源。当 ε 取合适值时,该方程的离散形式中的 $\phi(\tau)$ 误差会随着相反方向时间的流逝受到抑制。因此,解的形式变得稳定。该方程称作准可逆(QR)方程,而这种使时间反向的稳定化方法叫作准可逆法。

和伪可逆法中使时间反向不同,另一种方法用下面的方程通过使流体反向解决反问题传播问题:

$$\frac{\partial[\phi(t)]}{\partial t}=-\frac{\partial}{\partial x_i}[u'_i\phi(t)]+S_\phi\delta(\vec{x}-\vec{x}_0)\delta(t-t_0) \tag{1.3}$$

其中,t 是正序的时间($\Delta t>0$),但是 u_i'是方向与 u_i 反向的倒转速度分量。式(1.3)没有考虑扩散项,是为了减少发散效应,因为理想的逆向污染物传播不应该有扩散产生。该方程称作伪可逆(PR)方程,该稳定化方法叫伪可逆法。

2007 年,张腾飞教授和陈清焰教授分别采用了准可逆和伪可逆方法解决气体污染物的反问题传播。2013 年,张腾飞教授和李洪珠教授又分别建立准可逆方法和伪可逆方法(通过建立一个逆拉格朗日模型)来反问题追踪大气颗粒污染物。上述研究结果表明,两种方法均能较好地辨识出污染源的释放位置。虽然 QR 方法要比 PR 方法准确性稍高,但 QR 所需的计算时间更长,因为四阶稳定项的计算量非常大。2014 年,穆小红则改变了颗粒污染物主要作用力的方向,使颗粒物在机舱内逆向传输,之后通过对比反向历程轨迹与正向轨迹,从而确定污染源的位置。

2)概率统计法

概率统计法对相关事件的发生概率进行估计,如某一事件在指定地点发生的概率。得到的结果是参数的后验概率分布,而非单一解,因此可量化解的不确定性。概率法又可分为传统概率法、联合状态概率法和统计归纳方法。

传统概率法以贝叶斯推理为基础,其核心是使用条件概率来量化某个污染源存在的可能性。2006年,美国的 Michael D.Sohn 教授和 Priya Sreedharan 分别应用了贝叶斯概率法来对一栋建筑物内的污染源进行研究,但是只使用了相对简单的多区域模型,因此计算精度比较粗糙。王如峰采用了遍历方法结合最小二乘法进行污染源的辨识,从而形成一个完整的一维污染物源辨识系统,结果用概率的形式表示出来。庞丽萍和曲洪权等人提出了联合使用卡尔曼滤波和最小二乘法的舱室突发污染物源辨识与浓度预测方法,并提出了基于概率法的突发污染物源定位方法研究。魏传峰等针对三维空间内的持续污染源,也提出了基于概率法的突发污染物源定位方法,并利用单传感器的观测数据实现三维空间内的突发持续污染物源辨识,定位结果用位置概率分布表示,此外,他们还尝试了对散发时间进行辨识。

联合状态概率法对表示污染源信息的概率位置函数与概率传播时间函数进行推导,并且把探测到污染源释放的传感器当成某种"污染源",通过反向求解来获得实际污染源在某个特定位置存在的可能性。2008年,翟志强教授和刘翔教授将该方法从地下水问题推广到室内环境领域中,并提出了集合多区域和计算流体力学模型(CFD模型)的两阶段的反问题建模方法,可以提供整栋建筑室内污染物状态和历史的快速评估。此次研究初步证实了联合状态概率方法对室内污染物反问题建模是可行的。在此基础上,2009年,翟志强教授和刘翔教授又形成了一系列的理论和方法对不同环境下释放时间已知的单个瞬时污染源进行位置辨识。

归纳统计方法在源辨识领域的应用并不多,2008年,意大利的 Sante Capasso 教授等人曾通过对大量的采样数据进行气相色谱-质谱仪(GC/MS)分析,利用统计归纳方法进行泄漏源的辨识。但是室内环境中的污染物浓度大部分时间都处在相对较低的水平,如果使用 GC/MS 的话必须对样品进行采集、浓缩提取及分离,从而使测量过程费时费力。近年来,基于质谱高灵敏检测特性的 PTR-MS 法得到了广泛的应用,与常规检测 VOCs 的气象色谱-质谱连用技术相比,该方法具有测量速度快、灵敏度高,绝对量测量不需要定标,无须复杂的样品前处理等优点。因此,PTR-MS 法可作为室内环境散发 VOCs 检测的有效工具。2011年,美国的 Kwanghoon Han 教授等人的研究表明,不同种类的建材之间存在唯一的 VOC 散发特征(质谱图)。正如可以通过指纹辨识出个人身份,如果能够利用 PTR-MS 检测手段确定建材的散发特征,便可以识别出室内的建材污染源。要实现室内污染物源辨识,首先在环境舱条件下利用 PTR-MS 对每种室内建材分别进行测试,并建立室内建材散发 VOCs 质谱数据库。随后再对混合材料进行测试,此时 PTR-MS 测得的输出值是混合建材散发 VOCs 的质谱信号。因此,源辨识问题就转化为了混合信号中各类建材的分辨。2011年,Kwanghoon Han 教授等人首先探索了适用于散发源辨识的信号处理技术的可行性,并针对混合信号提出了两种信号分离思想,成功地分别在2种、5种和7种建材混合的实验条件下辨识出了各个污染源。

PTR-MS 法具有显著的优势:一是实现了多个污染源同时存在时的快速辨识,二是能够发现那些看不到或隐藏的污染源。但该方法也面临着更多建材种类下和高活性环境下失效的可能性。

3)优化法

优化法的实际求解方法与求解正问题类似。优化法假设所有可能存在的污染源信息为已知,然后通过求解污染物传播控制方程计算出所在传感器位置的浓度信息,最后通过数学优化的方法得到每个潜在污染源浓度信息与实际观测浓度的匹配度,即目标函数的优化求解。以最小二乘法为例,即

$$\text{objection function}: f(X) = \min \| C_m(x,y,z) - C_c(x,y,z) \| \tag{1.4}$$

其中,X 是待反算参数,$C_m(x,y,z)$,$C_c(x,y,z)$ 分别为观测点 (x,y,z) 处的观测浓度和计算浓度。

反算过程旨在利用反算算法寻找仿真传播控制方程的浓度数据与实际观测的最佳匹配,并通过目标函数来定义。因而,在监测数据和污染物传播控制方程都无误差时,反算误差来源于目标函数的选取或者反算算法的精度。

在所有的优化算法中,最小二乘法、共轭梯度法、变分同化方法等均是利用观测数据和所释放污染物的传输扩散模型构建目标函数并通过求解其梯度下降方向来作为目标参数更新的方向,因此可归为梯度型优化方法。2014 年,蔡浩教授等人采用了只需执行有限次数 CFD 模拟的最优化方法辨识室内多个持续释放的污染源,并经过一个三维办公室的案例研究证明是可行的。但是该方法仅适用于污染源释放速率较慢,而且污染源同时释放的情况。

当面对复杂情况时,目标函数的一阶或二阶导数的求解会非常复杂,使得这类优化方法受到限制,难以做到快速高效地求解。因此,优化法常常与规整化方法联合使用以提高求解效率。殷士首次采用优化法结合经典的 Tikhonov 正则化策略来定量辨识室内气态污染源的非稳态释放过程,并获得了与实际释放过程较高的匹配度,表明该模型在实际工程中具有通用性。

表 1.2　室内源辨识反问题方法比较

策略	典型方法	参考文献	原　理
直接法 (后向法)	准可逆求解法	张腾飞和陈清焰(2007a)	将污染物传播的控制方程中的时间步长或者流场取反方向,从而再现污染物传播的历史
	伪可逆求解法	张腾飞和陈清焰(2007b) 张腾飞和李洪珠(2012) 张腾飞和李洪珠(2011)	
概率统计法	传统概率法	Michael D.Sohn 等(2002) Sreedharan 等(2006) 王如峰(2011) 庞丽萍和曲洪权(2012) 魏传峰和庞丽萍(2013)	对相关事件的发生概率进行估计,如某一事件在指定地点发生的概率
	联合分布概率法	刘翔和翟志强(2007) 翟志强和刘翔(2012)	
	统计归纳方法	Sante Capasso 等(2008)	
		Kwanghoon Han 等(2011)	

续表

策略	典型方法	参考文献	原　理
优化法	梯度型优化方法	蔡浩(2006) 蔡浩,李先庭等(2012) 蔡浩,李先庭等(2014)	假设可能存在的污染源已知,通过模型计算考察传感器处计算浓度与实际观测浓度的匹配度,并通过优化算法来进行参数更新,使得匹配度最优
	智能优化方法	Vukovic Vladimir 等(2010) Arash Bastani 等(2012)	

近年许多领域内复杂的组合优化问题不断出现,其难以通过传统的优化方法在合理的时间内解决,智能优化算法因此成为解决此类问题的有力工具。智能优化算法的主要思路是:设置特定的约束条件,在由求解系数组成的解空间中进行搜索,期望可以找到一个最优解,使得反问题的解能达到预期的精度。经典的算法包括蚁群算法(ACO)、模拟退火算法(SA)、遗传算法(GA)、人工神经网络(ANN)、粒子群算法等(PSO)。这些算法被广泛应用在地下水污染源、导热源以及大气环境泄漏源等的寻源反问题研究中,并发挥了重要作用。智能优化算法在室内污染物源辨识领域的研究还比较少,2010年,美国的 Vukovic Vladimir 教授等人曾基于多次采用 CONTAM 多区域模拟的结果建立的神经网络模型,对9个室内空间内的污染源进行探测。2012年,加拿大的 Arash Bastani 等人也采用了人工神经网络结合多区域污染物传播模型 CONTAM,并对有限个传感器读数条件下的污染源位置辨识进行研究。但该方法采用的多区域模型对单个房间内的情况并不适用。如何把人工神经网络法应用到单个房间内的源辨识问题还需进一步的研究。

4)分析法

分析法需要获得空气流动及污染物传播的分析解,然后反算回来确定污染源。分析法在多维导热、一维及多维地表水污染物传播以及大气环境中的相对简化的均匀恒定速度流动问题中被应用过。需要说明的是,尽管分析法准确度较高而且计算速度快,但是推导过程复杂,而且只有简单的流动及污染物传播问题才可能获得分析解,因而分析法的应用范围的局限性较大。

本书将选用的是优化法和经典的概率法进行源辨识的研究,将复杂的反问题转化成简单的正问题应用于住宅建筑的源辨识中。

表1.3是室内源辨识反问题的方法比较,从表中能够看出:直接法更适用于均匀恒定流速的流动场景中,其中直接法的典型代表有准可逆(PR)法和伪可逆(QR)法;概率法不仅适用于多污染源辨识的研究中,还适用于精度较高的三维 CFD 模型以及简单的多区模型,概率法的典型代表是传统概率法和联合概率法;优化法适用于二维和三维流动问题以及均匀物性参数问题,优化法的典型代表是线性优化法、梯度优化法和非线性优化法;分析法的应用范围局限性较大只能用于一些简单的污染物散发问题。

表 1.3　室内源辨识反问题方法比较

源辨识方法	典型方法	使用范围	原　理
直接法	规整法	适用于均匀恒定速度的流动问题	将污染物传播的控制方程中的时间步长或者流场取反方向,从而再现污染物传播的历史
	稳定化法(QR 和 PR)	QR 适用于辨识单点、瞬时释放的气态污染源; PR 方法只对对流传递占主导的污染物传播问题适用,若是扩散占主导作用,PR 方法的精度较差	
概率法	传统概率法	适用于多污染源的研究	对相关事件的发概率进行估计,如某一事件在指定地点发生的概率
	联合概率法	适用于精度较高的三维 CFD 模型以及简单的多区模型	
优化法	线性优化法	适用于二维三维流动问题	假设可能存在的污染源已知,通过模型计算考察传感器处计算浓度与实际观测浓度的匹配度,并通过优化算法来进行参数更新,使得匹配度最优
	梯度优化法	适用于均匀物性参数问题	
	非线性优化法	适用于二维和三维匀速流动的问题	
分析法	—	均匀物性参数问题	对可能存在污染源的方位进行分析,方向再现污染源传播历史

1.2.2　居住建筑室内空气品质研究现状

关于室内的空气污染的问题的研究最早是在 1930 年左右,当时室内机械通风的使用导致了出现了室内空气品质的不适人群,但是比较惋惜的是当时人们对于这个问题的重视程度不足。到了 1970 年,由于全球能源普遍遭遇危机,西方某些国家为了应对此危机都对建筑的密闭性进行了不同程度的加强,这样一来导致室内产生的污染物不能及时有效地排出至室外,与此同时,建筑室内装修热的兴起,又导致室内出现了许多新的污染物,造成室内空气品质雪上加霜。在 1983 年,世界卫生组织展开大规模调查,初步掌握了室内空气品质问题的成因、现状以及危害。据统计显示,随着现代人工作以及生活形态的转变,人们有大约 80%的时间是在室内度过的,因此,室内空气环境污染所带来的危害是无法估量的。而且随着生活水平的日益提高,人们自我保护意识进一步增强,对于室内空气品质的重视程度也逐渐升高,并逐渐意识到良好的室内空气环境对保障室内人员身心健康起着重要的作用。到了 1980—1988 年,空调制冷发生了巨大的变化,健康性空调逐渐取代了舒适性空调。室内空气品质问题的研究目前已经成为建筑科学的前沿研究课题之一,它所涉及的科目包含了医学、建筑设计、建筑环境工程等诸多学科,研究的最终目的是建立一种集健康、舒适性以及卫生于一体的室内空气环境。

从 20 世纪 70 年代起,室内空气品质问题在国际上开始受到重视,政府与企业机构、民间组织投入了大量的人力、物力以及财力从事室内环境问题的研究。许多国家花费大量资金建立了专门用于室内环境研究的受控环境舱，例如，美国明尼苏达大学和加州伯克利大学的劳伦斯·伯克利实验室（LBL）、丹麦理工大学的室内环境和能源国际中心（ICIEE）等。其中劳伦斯·伯克利实验室的研究结果表明，由于室内气流组织不当所导致的室内空气质量问题占空气质量恶劣问题总数的45%~46%。实验结果显示示踪气体法有利于对室内空气质量问题的研究，空气龄这一参数可以在很大程度上正确的反映测试点处空气的新鲜程度，同时也可以从侧面反映出室内空气流动状态。

围绕室内空气品质的问题研究一开始主要集中在两个方面，其一是室内与室外空气品质的关系，其二是室内污染物对室内人员身体健康的影响。

20世纪60年代，荷兰学者 Biersteker 等人对室内、外空气品质差异进行了研究。这些学者对某一地区60户居民住宅进行了测试，对同一污染物室内、外浓度进行了测量。最终结果表明同一污染物在室内、外浓度不同，有很大差别。他们发表声明称室内环境对人的影响要大于室外环境。

1996年日本横滨国立大学环境科学研究中心的花井义道教授对室内甲醛与TVOC释放周期进行了研究。研究显示在装修完成半年内室内甲醛浓度是外界的74~160倍，TVOC浓度是外界的5~13倍，装修完成10年后，室内TVOC浓度基本符合标准，但是甲醛浓度仍比外界高出5倍。

针对上述问题，世界许多国家开展了对室内空气品质的标准的研究与制定。根据各个国家相应的国情、地理位置、文化传统、生活习惯、气候条件等实际情况，各国制定了相应的符合本国国情的室内空气质量标准，对影响室内空气质量的主要污染物的浓度极限值以及污染物的种类进行了有针对性的规定，其中，美国标准为《ANSI/ASHRAE62-1989R》，澳大利亚机械通风标准为《A.S.1668-2-1991》。

“法规与标准”的模式是国外一些发达国家比较常用的来提高室内空气品质措施，另外再通过相关的法律支撑。我国的模式为“强制标准和推荐标准”，同时通过行政法律法规、政策文件、部门规章支撑。这二者有相同点，但同时也存在较大差别。

我国对IAQ进行研究在1978年左右，由中国预防医学科学研究院带头研究，当时针对室内CO_2以及室内通风状况进行了研究。随后又对公共场所的室内空气质量标准进行了制定。进入20世纪90年代后，由于装修热的兴起，由室内装修装饰所引起的室内空气质量问题引起人们的广泛关注，全面且系统的室内空气品质研究由此开展。2003年，由60多家室内环境检测机构参与的中国室内环境联盟在北京成立。

与国外相比较，我国对于室内空气品质的研究起步较晚，早期的研究工作主要是从医学研究领域展开。1980年，由中国预防医学科学院牵头的环境流行病学实验室开始室内燃料燃烧研究和癌症研究的探索，这是我国早期室内人员卫生和室内空气环境的研究。1984年，全国防疫站针对室内空气污染的研究展开了大量的调查研究工作，其中较为突出的是中国预防医学研究院对中国五个城市室内空气质量与健康关系的研究调查，该项调查研究历时两年，涉及人群包含小学生、中学生、社会居民，健康指标包括碳氧血红蛋白、呼吸肺功能等，室内污染物主要包括CO、CO_2、SO_2、NO_x等。此时，我国室内空气质量的研究主要内容是室内燃料燃烧所产生的污染物对室内人员健康的影响。到了20世纪末，随着经济的发展与人民生活质量的提高,室内空气环境不好的原因是室内装饰装修材料所散发的各种污染物至于传统的室内空气污染物,如SO_2、CO、CO_2、NO_x等,由于抽油烟机的普遍使用以及燃料本身材料的变化,对室内空气所造成的污染已经大幅度减少。20世纪90年代初,我国医学研究人员开始对建筑装饰装修材料所散发的空气污染物进行研究。在之后的几年时间,中国预防医学科学院举办了大量研讨会,研讨会的主要内容是室内空气质量与装修装饰材料的关系等问题。2000年,国家环境保护局开展了有关室内空气质量和污染控制的法律法规培训班。我国开始将室内污染物控制考虑纳入法律法规范围内,以保证室内人员的安全与健康。2003年,暖通行业与铸造业共同举办了通风学术交流会。2006年,在全国通风制冷学术年会上,组建了新的通风学术委员会,其主要任务是更好地为通风行业、科研生产单位和个人设计服务,更好地配合国家有关部门制定相关政策和提出建议。

由于人们对由室内装饰装修所引起的室内空气污染问题越来越重视,自1990年始,我国投入了大量的人力物力,进行了一系列基础调查的研究,制定了一系列相关法律、法规以及政策,相继发布了《室内装饰装修材料有害物质限量》《民用建筑工程室内环境污染控制规范》《室内空气质量标准》等一系列标准和规范,逐步开展了有关建筑和装饰装修材料中挥发性有机物的释放及其室内空气污染的研究工作。

2005年,余江副教授对不同装修年限的建筑空气中的甲醛浓度变化以及其对人员身体健康的影响做了调查,对室内人员健康以问卷调查的形式进行了分析,并检测不同装修年限的建筑室内空气中的甲醛浓度。结果表明,装修期在一年以内的建筑,室内空气中的甲醛浓度的平均值为0.301 4 mg/m^3,波动范围为0~0.934 7 mg/m^3,装修期在一年以上的建筑,室内空气中甲醛浓度的平均值为0.115 0 mg/m^3,波动范围为0.017 2~1.754 2 mg/m^3,两者差异显著。其中卧室内甲醛浓度最高,污染最为严重,装修期在一年以内的住宅建筑卧室甲醛平均浓度为0.694 5 mg/m^3,污染指数为8.68。同时,分析显示,装饰材料选择、温湿度变化、室内通风条件、装修时间等因素决定着室内甲醛浓度的范围变化。

2009年,张伟教授对20户住宅建筑中客厅、卧室、书房三个典型房间进行了室内空气污染物的测试,测试污染物包括甲醛、苯、氨以及TVOC,并得出影响室内空气品质的主要污染因素是甲醛的结论。

2004年,郝俊红对我国夏热冬冷地区,寒冷地区和严寒地区建筑进行了测试,详细分析了室内污染物的影响因素。

2015年,孔蔚慈对严寒及寒冷地区农村住宅室内空气品质进行了研究。研究显示:污染源处污染物浓度最高,而门和风口附近浓度最低,置于屋顶上的风口可有效排出室内污染物;当室内CO浓度低于15 ppm、CO_2浓度低于3 000 ppm时,通过风口自然通风就能将室内污染物浓度控制在标准规定的限值以下,而当室内两种污染物浓度高于这组浓度值时,则需要机械通风排出室内污染物。

2016年,邓高峰通过对北京市内一些比较典型的公共建筑物(篮球馆、宾馆、购物中心、研究中心、商业办公室、公寓楼和独栋别墅)室内、外颗粒物浓度的实际监测分析,获得了室内、外PM2.5质量浓度的相关性关系,比较了净化装置对室内、外颗粒物浓度关系的影响,并利用实测数据验证了用其所搭建的三居室测试房进行模拟试验的可靠性。

1.2.3　居住建筑室内机械通风

早在多年之前,机械通风系统已经在欧洲地区被广泛应用。其中有些国家还采取强制性措施将通风作为住宅建筑的标准配置之一,在西方许多发达国家对住宅建筑的新风系统的使用已经形成了相应的法律法规并被广泛实施。

2003 年,美国的 Antila Novoselac 等人对四种不同建筑进行了数值模拟,分析了不同送、回风条件下室内流场与污染物浓度场分布,对排放效率与通风效率差异进行了比较。国外研究显示,在降低室内空气品质的所有因素中,室内通风不足位居第一,超过 50%,受通风影响的相关因素高达 70%以上。1999 年 NIOSH 对千余所校园建筑进行调查,在评估报告中超过 50%的报告列出了 1 个以上与室内建筑病态综合征有关的因素,其中新风量不足所占比例为 84%。

大量学者研究指出,增加室内的通风量可以有效提高室内空气品质并减少病态建筑综合征的发病。2004 年 Sundell 通过对瑞典 160 所建筑研究,给出了作为通风函数的病态建筑综合征的风险曲线,研究结果表明:当室内新风量由 0 L/(s·人)增加到 10 L/(s·人)时,患上病态建筑综合征的风险大幅度降低;当室内通风量由 10 L/(s·人)增加到 40 L/(s·人)时,通过增加送风量的措施对减少病态建筑综合征患病率仍有较好的效果;但是当室内通风量大于 40 L/(s·人)时,增加的效果不再明显。

1987 年,丹麦的 P.O.Fanger 教授研究显示,在商用建筑中,由于增加通风量提高室内空气品质从而提高生产率所带来的经济效益为 5%,而由于增加通风量而产生的能源消耗所付出的经济代价为 0.5%。

2007 年,邓宝庆等人采用数值模拟的方法对不同送风形式下的 VOCs 的变化规律进行了分析,发现在通风一段时间后,室内 VOCs 浓度又会增加。

2010 年,刘志坚等采用数值模拟方法分析了在自然通风室内模式下,气流组织形式与污染物浓度之间的联系,认为涡旋一旦在室内产生,仅单纯地依靠自然通风不能彻底地将室内的污染物排除至室外。

室内空气品质并非是稳定不变的,其存在一定的波动,室内人员生活习惯、卫生、使用规律、建筑特性等诸多因素都会破坏室内空气环境的稳定性,因此,传统的、一成不变的通风对提升室内空气品质水平有限。故当前的通风研究前沿将着力点放在按需求控制的方向。

按需求控制通风系统包括三个最基本部分:其一是传感器或传感器组,其主要作用是用于检测室内主要污染物的浓度;其二是控制系统,用于调节新风量的大小以保证室内空气品质的良好;其三是传统的送风系统,用于向室内输送新风。

按需求控制通风系统在以下条件下使用最为有效:当室外的新风量可以良好控制时;门窗缝隙渗透风或其他损失很小时;空间使用和主要污染物浓度实时变化,且室内污染物单一或污染物数量较少时;空间冷热能耗或者负荷可以最少化时;控制室内污染物是系统主要目标;室内人员具有不可预见的变化,建筑所在地区气候具有炎热或者寒冷等特征以及为能源稀缺地区。

早在 1976 年,国外研究人员 Kusuda T.首先采用将 CO_2平均浓度作为改变新风量大小控制指标方法,之后按需求控制通风技术和理论不断进步和发展。在此之后,Yu-PeiKe 和 S.A.

Mumma 做了进一步的研究,他们认为室内人员所需新风量与去除由建筑自身产生的污染物的风量共同构成了建筑所需风量。此外,他们还指出,当室内环境不变,仅考虑室内人员变化,忽略建筑相关污染物产生因素,仍然可以根据 CO_2浓度变化来调节送风量的大小。

2011 年,陆涛等人对传统的以 CO_2浓度为控制指标的按需求控制通风控制策略进行了优化设计,并通过模拟分析验证了该优化策略是灵活、简单、有效的。

1994 年,美国的 S.J.Emmerich 等人研究表明基于传统 CO_2浓度的按需求控制通风策略可以有效控制由室内人员产生的污染物,但是对于室内装饰装修、家具等所散发的污染物并不能有效地控制其浓度。

2004 年香港科技大学的 C.Y.H.Chao 等人将 CO_2浓度作为评价室内环境的依据,对室内空气品质进行了测评。实验教室室内人员波动情况较大,研究显示当教室刚开始被使用时,由于人员较少,仅单纯地把 CO_2作为控制指标指导需求控制通风时,室内空气品质极差,与室内空气品质的标准相去甚远。出现这种现象的原因是与建筑物相关的污染物经过一天的积累之后,只引入了一部分新风进行稀释是不够的。因此按需求控制通风应进行更深层次的研究,不只以 CO_2浓度为控制指标,还应考虑与建筑物相关的污染物分布状况。

研究表明,按需求控制通风不仅能够更有效、更有针对性地控制污染物,还对能源的节约有巨大贡献。

2011 年中国的陆涛,吕晓书和美国的 Martti Viljanen 等人提出了一种新型的、动态需求控制通风策略:当室内不存在人员时,送风系统按照常规设置进行送风,当室内存在人员活动时,将 CO_2浓度作为控制指标指导按需求控制通风系统,根据室内 CO_2浓度的变化调节新风量的大小。对该策略进行了实验验证以及模拟分析,得出结论,较传统的室内通风系统,把 CO_2浓度作为控制指标的按需求控制通风系统节能达到 34%。

1996 年,英国的 B.F.Warren,2007 年,挪威的 Bjorn Jenssen Wachenfeldt,2008 年,加拿大的 P.Haghighat 等相继对办公建筑、学校、剧院等人员波动变化较大的建筑进行了按需求控制通风的研究比较。研究表明,与传统的固定新风量的新风系统相比,将 CO_2浓度作为控制指标的按需求控制通风系统不仅能够满足室内人员对室内空气品质的要求,而且其具有显著的节能效果,新风节能效果甚至达到了 50%以上。

2012 年,美国的 Nabil Nassif 提出了基于按需求控制的通风策略。仿真结果表明,该策略具有改善室内空气质量、降低空调能耗的巨大潜力。

2011 年,王胜伟等人提出了一种基于按需通风控制连续分控策略。结果表明,该策略可以在保证室内空气质量的同时降低空调能耗。

2003 年,徐丽等人针对三种不同通风方案,应用雷诺平均的 Navier-Stokes 方程,对室内存在热源、污染源以及障碍物的三围温度场、速度场、CO_2浓度场的分布进行了仿真模拟研究,并介绍了通风效率的概念。比较三种通风方式下的气流组织和室内空气品质,得出结论:在置换通风的模式下室内空气品质较高,有较好的热舒适性以及较好的通风效率。

2011 年,徐新华等人根据美国采暖、制冷与空调工程师学会标准中依据室内空调使用面积及实际人数确定新风量的要求,提出了关键温度重新设定的自适应按需求控制通风策略。

2007 年,杨帅等人选取刚装修过的自然通风的建筑为研究对象,对室内装修装饰材料散发的污染物浓度情况进行了模拟,通过分析模拟结果得出结论:换气次数越大通风效果越理想，室内污染物浓度散发越快，但是住宅建筑的自然通风受到室外风向、风速以及建筑本身气密性等诸多因素的影响，无法准确地确定换气次数。因此，采取自然通风的方式无法达到控制室内气流组织的目的，同时也不能快速有效地将室内污染物排除至室外，自然通风目前似乎并没有创造一个良好的室内空气质量，原因如下：

①建筑在设计时未考虑客厅以及卧室通风效果；

②室内装修装饰材料长期释放有毒有害污染物，又不能及时排除至室外，使得污染物浓度在室内不断累加，远超国家标准；

③对于严寒及寒冷地区，按照节能规范的相关规定，在住宅设计时普遍采用双层密闭窗户，建筑物的密闭性强，大大减少了建筑的换气次数；

④在严寒和寒冷地区，冬季采暖采取自然通风策略，大大降低了室内温度，降低了居住者的热舒适度，增加了额外的热负荷，不符合节能减排的要求。

2004 年，张玉在 ASHRAE 标准中依据室内空调使用面积及实际人数确定新风量的要求，提出了关键温度重新设定的自适应按需求控制通风策略。影响室内气流组织和热舒适性的主要原因包括家具摆放位置及其原材料、室内房间的布局、风口安装位置以及进风角度等因素。

2003 年，彦启森教授认为各种室内空气净化器对室内空气品质的提升具有“锦上添花”的作用，而安排通风换气装置对室内空气品质的提升是具有“雪中送炭”的作用，其指出再高效的净化过滤措施都不能取代室内通风措施。

2005 年，付祥钊教授在“住宅新风量的社会学思考”中指出：不同地区、不同社会因素都会对新风量与室内污染存在不同程度的影响，国家采用统一的新风标准是不合理的，应根据不同的地区、不同的社会类型，结合室内污染源的数量、排放特性和室内人员等因素来选择合适的新鲜空气量。

2002 年，马学童等人对带传感器的检测系统进行了研究；2000 年，蒋青霞等人设计了智能监测系统；2011 年，苏华友等人模拟验证了环境检测模型系统。

2016 年，宁豆豆以甲醛为控制目标，建立住宅建筑典型模型，通过特性散发率法和两阶段散发率法来计算住宅室内所需的新风量的合理范围，根据特性散发率法计算得出一般住宅室内所需的换气次数为 0.39~0.91 次/h。特性散发率法可能过高地估计了在长期释放过程中污染物的散发量，其结果值位于两阶段散发率法非稳态和稳态的结果值之间。两阶段散发率法中 90%的释放时间都为稳态阶段，该状态下室内所需的换气次数为 0.24~0.53 次/h，几乎为特性散发率法需要的换气次数的一半，非稳态阶段所需的换气次数远大于稳态阶段所需的换气次数。

2016 年，邝文君通过 CFD 模拟以及控制仿真对住宅建筑新风系统进行研究，结果显示室内主要活动区域空气流速都小于 0.2 m/s。风量过大时风口附近气流速度超过了 0.5m/s，人体会有吹风感；风量过小时室内污浊空气出现滞留现象，不能满足人员对换气的要求。同时新风的加入可以有效地改善人体热感，且新风量越大，舒适性越高；但新风量过大，会使得人员有吹风感，导致人员不满意率增大。

纵观建筑通风的发展历史，我们可以看出建筑与通风从分离逐步走向结合。通风方式逐渐由原来传统的自然通风转变为以机械通风为主，通风的对象从整个建筑空间转变为以室内人员的主要呼吸区为主。随着自动化控制研究的不断进步与发展，通风系统由从前简单地控制通风启闭到按照需求智能化、有针对性地控制通风。随着能源的短缺，建筑围护结构形式从原来的“通透型”转变为“密闭型”，这就确定了机械通风的必要性，从而保证室内空气品质的良好，同时也要求通风要有针对性以节约能源。

1.2.4 当前研究存在的问题

综合国内外研究现状来看，尽管目前关于室内污染物源辨识方面研究工作已有很多成果，但是还有很多基础和实际工程应用的问题没有考虑和解决，目前研究尚存在的问题如下：

①当前国内外的源辨识场景较为单一，主要集中在客舱、船舱、洁净室等密闭空间，或者是办公室等公共建筑中；在建立模型时基本只考虑了单个空间内污染物的传播，形式较为单一，缺乏民用建筑中污染物源辨识的研究工作。

②当前的源辨识研究对象大多为一个单独的污染源，其模型求解往往能够得到唯一解，而实际应用中并不能保证污染源的数量唯一；但是目前多个污染源的求解研究尚不深入，既有的若干研究也只能利用优化策略做到一维和二维空间的位置辨识，而且精度较差。

③传感器在污染源的实际辨识中不可或缺，当前的源辨识研究基本集中在预测污染源的位置、强度以及释放时间等本身的特性，但是对传感器性能进行探讨的研究却不多见，仅有极少的几篇文章探讨了传感器的延迟响应和监测误差问题；实际应用中传感器的数量选择以及传感器的布置是否会影响源辨识的结果，这些还有待深入研究。

④目前国内外关于室内污染物源辨识问题的研究仍处于初级阶段，虽然在理论分析和模型建立求解上有了长足发展，但迟迟未能开展实际的实验研究工作，严重限制了源辨识成果的推广和应用。

虽然目前我国在室内空气质量研究方面取得了很大的进展，但仍然有不少问题需要不断的探索、研究和解决。在当前形势下，我国劣质装饰、装修材料大量存在于市场中，尽管人们的装修能力与消费能力不断提高，但是环保意识未相应提高，对市场存在的装饰、装修材料的优劣缺乏判别能力，对装饰装修材料所散发的污染物了解甚少，与此同时，装修施工监管的力度不够高，装修行业人员素质普遍偏低，这些都造成了目前室内空气品质较低的结果。且目前为了节约能源，住宅建筑的密闭性均有不同程度的增加，这就使得进入室内的新鲜空气大大减少，不利于室内污染物及时有效地排至室外。

通风是清除室内污染物和改善室内环境质量简单有效的方法。目前对于我国大多数住宅建筑来说，仍采用自然通风作为室内通风的一种方法，使用机械通风的方法对室内进行通风的住宅建筑较少。此外，我国室内机械通风的研究，更多的是关于不同风口位置形成的室内气流分布对污染物浓度分布的影响，甚至有人认为纯粹的自然通风能够保证室内空气质量良好且能源效率最高；目前关于工程机械通风和污染物浓度控制相结合的研究偏少。

室内空气品质与通风息息相关，目前室内空气品质问题大多数都是基于通风的问题。首先是新风的能耗问题与室内空气品质的矛盾：充足的新风量是室内良好空气品质的前提，新风不足会导致室内污染物浓度的累加，造成室内病态建筑综合征，严重威胁室内人员的身心健康。新风的能耗与室内空气品质是对立的矛盾，只有采取合适的通风策略才能在保证良好室内空气品质的前提下最大程度减少新风能耗。特别是在冬季供暖期和夏季空调期，如果室内人员采取直接开窗的方式获取新风,会额外增加室内的冷热负荷,造成能源的大量浪费,与我国倡导的节能减排的要求不符。且目前在我国北方地区冬季室外空气污染及雾霾情况严重,采用自然通风会将新的污染物带入到室内房间,造成室内空气品质更加恶劣。其次是新风量无法适应室内人员的变化情况:目前为止,室内空调设计时新风量通常都是固定不变的,一般有3种方式:a.维持房间正压所需的通风量;b.取总送风量的10%作为新风量;c.设计人数乘以满足人员卫生要求的最小通风量,最终设计的通风量选取这三者中的最大值。这样一来当室内人员发生变化时,送风不足以及送风过度的现象就会由此产生。

尽管目前有学者在研究按需求控制通风系统,以便在满足室内人员对室内空气品要求的前提下尽可能实现节能的最大化,但是目前按需求控制通风系统还没有大面积推广,其原因主要有:

①控制系统以及传感器价格昂贵;

②目前的应用技术基本上局限于温、湿度控制以及 CO_2 浓度的控制,对针对室内污染物控制的系统较少;

③对整个空间可以实现较好的控制,但局部控制仍存在很大的不确定性;

④有害物浓度检测的装置精度不高,有时有的污染物浓度累积过高可能检测不到。

因此,在当前的情景下,我国住宅建筑通风所需要解决的问题很多。如下所述:

①针对不同类型的建筑、不同气候地区、不同地域特点,设计不同的通风系统,不能一概而论。

②研究不同污染物浓度超标范围所对应的不同的送风量;研究不同污染源位置所对应的不同通风策略。

第 2 章 污染物扩散模拟方法

在本书中，室内气体污染物浓度场的分布对室内污染物源辨识起着至关重要的作用。目前用于预测室内污染物浓度分布的主要方法有两种：一是模型实验；二是数值模拟。由于气体污染物的散发受到多种因素的影响且有较多不同实验工况，如果用模型实验的方法会有很长的周期，并且花费巨大，所以实际情况难以满足做实验的条件。数值模拟方法是污染物扩散普遍采用的方法，即使在复杂的工况下，它也能根据具体情况选出合适的模拟方法，快速地模拟出室内污染物的浓度场，相比实验来说可以节约大量的财力物力。根据对模型的计算精度和空间网格划分，目前用于室内浓度场模拟的方法主要分为三种：节点模型（包括单节点和多节点模型）、区域模型、CFD 模型。本章将对室内污染物扩散的数值模拟方法进行介绍，并结合建筑的特征选择合适的数值模拟方法。

2.1 室内气流与污染物扩散的模拟方法

2.1.1 节点模型

节点模型分为单节点模型（One-Node Model）和双节点模型（Multi-Node Model）两种。其中，单节点模型比较适用于系统的设计和选型，它能够提供一种快速算法。但是在运用单节点模型时需要将区域内的参数性质假设是相同的，同时室外的气候条件也被简化成一个节点。这些过于简化的条件使得单节点模型的适用范围受到了较大的限制。在实际工程中，单节点模型多用于进行建筑内各区域的能耗分析。

多节点模型方法又称为多区模型。多区域网络模型最大的特点就是需要从宏观角度对整个建筑系统进行研究，系统内不同空间或者各空间内不同区域当成一个节点来对待。认为每个区域内部空气参数一致，各组分充分混合。模型主要特征包括：

（1）区域节点模型：假定建筑中每个区域内温度、压力和污染物均匀一致，从而将各区域视作节点。不考虑区域内的局部差异，如果某区域内的污染源在某一时刻释放出一定量的污染物,近似认为污染物在释放的瞬间即与周围环境完全混合均匀。

(2)空气传输路径:各个区域节点间通过空气传输路径连接,路径可以是窗户、门、壁面缝隙、烟囱等。空气传输路径内流量和压力降的关系遵循不同的非线性数学模型。

双节点模型(多区域模型)常用于对建筑内传热和不同区域内空气流动问题进行求解,但是对于建筑内局部问题不适用,如建筑分层等问题。典型的多区域模型软件包括CONTAM、COMIS、LBL model等。多区域网络模型最大的特点在于从宏观角度对整个建筑系统进行研究,系统内每个空间当作一个节点对待。模型主要特征包括:

(1)区域节点模型:假定建筑中每个区域内温度、压力和污染物均匀一致,从而将各区域视作节点。不考虑区域内的局部差异,如果某区域内的污染源在某一时刻释放出一定量的污染物,近似认为污染物在释放的瞬间即与周围环境完全混合均匀。

(2)空气传输路径:各个区域节点间通过空气传输路径连接,路径可以是窗户、门、壁面缝隙、烟囱等。空气传输路径内流量和压力降的关系遵循不同的非线性数学模型。

在众多多区域网络模型中,CONTAM的界面更形象化和具有可视化,可以直观地观察区域间的流场和压力场分布。此外,CONTAM模型提供了几种实用的污染物发生源-汇模型,可以直接添加到目的区域内。而COMIS虽然也能模拟污染物的释放过程,但是污染源的性质必须通过输入文件定义。因而CONTAM模型更适用于污染物散发过程的模拟分析。此前,许多研究人员便利用COMTAM模型展开了一系列建筑内污染源的辨识研究。

CONTAM不光广泛应用于建筑和船舱等空间的空气品质分析和通风排烟设计,早在2002年,美国的Michael D.Sohn教授等人便利用CONTAM模型进行了源辨识研究,在一栋包括5个房间的建筑中放置多个传感器,采用贝叶斯、蒙特卡洛方法对某建筑中的污染源的定位、强度及未来散发趋势进行了预测。2007年,美国的Vukovic Vladimir教授[28]等人利用CONTAM模型,通过并行计算结构和神经网络算法进行室内污染物浓度模式和污染源位置的非线性匹配,成功地基于多区域模型的污染物浓度计算在9个室内空间中找到了污染源,并在辨识基础上进一步应用于传感器优化算法。到2012年,加拿大的Arash Bastani教授等人也采用了人工神经网络(ANN)算法结合CONTAM模型的策略,并尝试利用有限个传感器预测整个建筑中的污染源位置。为评估方法的有效性,通过40个污染源预测案例评估ANN方法的预测结果,当建筑有3个以上的传感器时,污染源位置预测的准确率达90%以上。

CONTAM模型在拓扑模型建立过程中对实际建筑进行了大量简化,而且把每个区域简化成一个均匀分布的节点,无须计算节点内部的流场浓度场信息。因而所需计算资源极少,极大地加快了计算速度。这对于需要大量模拟案例的源辨识策略来说可节省掉非常多的时间,加快研究进程,所以是非常契合的。但是CONTAM模型的缺陷同样明显,由于无法对节点内部的污染物分布情况进一步做出分析,所有基于CONTAM模型的源辨识结果只能判断出污染源所在的房间或区域,却无法确认其在房间或区域内的具体位置。对于大空间或者情况较为复杂的房间来说,多区域网络模型无法满足源辨识的要求,需要更加精确的计算模型。

2.1.2　区域模型

为了解决建筑多区域网络模型无法预测室内分布的问题,同时弥补计算流体力学(CFD)技术在室内空气流动早期应用中的不足,在20世纪70年代,比利时的Lebrun提出了区域模型,主要用于计算自然通风下的温度分布和热舒适度等问题。其基本思想是:将单个室内空间划分为有限的大尺度区域,认为区域内的空气完全均匀混合,而且温度、物质浓度等也相等,仅在不同区域间存在热值交换。该模型通过建立质量和能量平衡方程来研究空间内的温度分布以及流动情况,与单节点的多区域模型相比,能够提供更加丰富的信息,能获得一定尺度下的分布参数解;但是与 CFD 模型相比,则忽略了空气微团的动量与湍流量守恒对热值传递的影响。目前,区域模型种类很多,既有可用于建筑单空间或建筑物的通风模拟及温度分布预测的模型,也有压力基准和温度基准型的区域模型。

区域模型(Zonal-Model)不仅弥补了应用于室内空气流动中的计算流体力学技术的不足,还解决了建筑多区域网络模型不能预测室内分布的问题。应用区域模型对住宅建筑的室内环境模拟时,可以按照下面的步骤:

①把建筑区域按照相同的原则划分成有限的区域;

②计算每个区域之间的气体通量;

③对各区域建立平衡方程;

④联立各方程组进行求解。

目前区域模型的分区具有不确定性、经验性的特点,存在明显的不足。国外已经有了一些较成熟的区域模型软件,如 SPARK、COWZ、POMA 和基于 SPARK 软件的自动分区软件 Gen SPARK 等。

区域模型中的简单解析模型建模较为简单,一般将室内划分为上下两个区域,有 2 个或 4 个温度节点。该类模型不考虑维护结构传热,缺乏边界层、射流等流动单元的描述,只将热分层与点热源羽流关联,因此只适用于建筑物通风状况的整体评价及通风参数的粗略预测,如 Tanaka 单室内火灾烟气流动区域模型。

压力基准区域模型用压力作为状态变量,引入理想气体状态方程和伯努利方程,通过构建流动与压差之间的数学关联式,解决质量与能量平衡方程系统中模型的不闭合问题。压力基准区域模型在房间通风、温度分布与热舒适等许多方面得到广泛应用。例如,2002 年,法国的 Marjorie Musy 等人建立了基于对象模拟环境的 SPARK 模型用于热舒适和房间自然对流预测,以及 2008 年,加拿大的 P.Haghighat 等人则提出了压力基准的机械通风房间气流与温度分布预测的 POMA 模型。

温度基准模型则是在温差驱动壁面流、区间流动与温差传热等子模型基础上建立起来的。模型的基本思想是假设室内温度在水平方向上均匀一致,通过对各个控制体建立空气体积和能量平衡方程以求解区间体积流动与各控制体温度以及空调负荷等问题。该模型的基本思想与室内热分层的热物理特征是一致的,满足温差对流住到的空气运动的预测要求,可应用于室内热分层环境下的空调通风末端系统性能以及建筑负荷(能耗)的预测和评价。1993 年,日本的 Togari S 等人提出的 Block 模型,便是一种针对具有中庭的高大空间建筑室内垂直温度分布预测的温度基准区域模型。

当源辨识的目的是只需判断出污染源所处的大致方位,而不用求出具体坐标时,区域模型为此提供了思路。2008 年,赵彬等人提出了一种类区域模型的研究思路。通过借鉴区域模型,即通过忽略污染物扩散,只考虑污染物随空气流动输运,从而简化污染物输运方程。并将室内划分为有限个区域,计算各区域内的污染物浓度增长速率,以此判定污染源所在区域。

基于区域模型的寻源算法相对多区域模型有效提高了污染源定位的精度和适用范围,实现了对单个空间内的污染源的粗略定位,但是辨识准确度并不十分令人满意。随着计算机运算能力的提升,计算流体力学模型的运算速度大大提高,而且精度也远高于区域模型,因此在处理单空间内污染物源辨识研究中有很大的优势,这就使得区域模型在源辨识领域中用的较少。

2.1.3　计算流体力学模型

计算流体力学模型是近代发展起来的一种流体运动模拟技术。它通过把描述流体运动的N-S方程组离散化,然后利用计算机的数值运算能力求解出流体运动。1974年,丹麦的Nielsen Peter V教授首次将CFD技术应用于暖通领域后,随着计算机技术的发展,CFD模型的计算成本逐渐降低,运算速度不断提高,在暖通领域的应用越来越广泛。其主要研究方向包括:①对空调房间内的速度场、温度场等进行模拟和预测,从而指导空调气流组织设计方案;②对设备内部的工质流动和传热情况进行模拟,从而提高设备性能,降低能耗;③对不同气流组织下人体周围的流场和温度场进行模拟,以及进行PMV/PPD指标模拟,从而预测人体的热舒适问题;④通过求解偏微分方程,得到室内各点的风速、污染物浓度等参数,从而对室内室内空气品质等进行预测。

CFD软件的结构一般有前处理、求解器及后处理等三大模块。

前处理
- 几何模型建立
- 网格生成

求解器
- a.确定控制方程(N-S方程,湍流模型及浓度方程)
- b.选择离散方法
- c.选择数值计算方法(SIMPLE算法、MAC算法等)
- d.输入相关参数(初始条件、边界条件、松弛因子、物性参数等)

后处理
- 速度场、温度场、压力场、浓度场及其他参数的计算机可视化与动画处理

图2.1　CFD各功能结构

由于现代的建筑空间越来越朝着多样化发展,很多建筑物室内气流组织变得更加复杂,想得到室内污染物浓度和流场分布情况,前文提到的模型实验耗资巨大并且试验周期长,因此在实际中很难应用;而使用传统的方法预测很难得到理想的结果,如采用以前在通风空调领域应用的射流理论法、区域模型法等,只能得到一些集总参数性的信息,不能得到室内流场的详细分布情况,计算结果会有很大的误差;而CFD方法相对模型实验和其他方法来说有不可比拟的优点,如使用成本低、运算速度快、结果准确度高,可以任意设置不同边界条件,方便地模拟各种不同工况,因此越来越多地应用于暖通空调、室内空气流动等领域。目前应用于暖通空调领域的几种预测方法及各自优缺点的比较如表2.1所示。

表2.1　常用的数值模拟模型比较

数值模拟方法	实验法	CFD模型法	区域模型法
成本	最高	适中	低
周期	最长	较长	比较短

续表

数值模拟方法	实验法	CFD 模型法	区域模型法
模型的简易程度	较复杂	适中	不复杂
结果的比较	最详细	较好	较简略
准确性	最准确	较准确	较差
适用性	限制性强	较广泛	局限性
实现的难易程度	难	容易	容易

本书的源辨识研究首先需要对污染源散发污染物的过程进行模拟计算,作为源辨识的基础数据。国内外学者对该方向进行了大量研究,形成了多种经典的 CFD 计算模型。2008 年赵斌等人利用 k-ε 模型模拟分析了 2 种气流组织下污染源和热源位置的改变对室内污染物浓度分布的影响;2001 年,韩国的 Kee-Chiang Chung 等人采用三维湍流模型 UNIC 对由两个送风口和两个回风口组成的不同通风形式下的通风效率进行了研究;2004 年,韩国的 H. Lee 等人采用 Vortex 软件通过数值模拟和实验的方法对上送风情况下不同实验条件进行了评估,并在绝热条件下对室内布局、高度和污染源的位置等室内隔断的参数进行了测试;2004 年,郭云枝在 PHOENICS 平台上结合独自开发程序对 VOC 的散发、传播和净化进行了联合模拟计算,得出了多种因素综合影响下 VOC 的浓度场分布。

当源辨识的区域位于单个空间内时,CFD 模型为此提供了强大的计算手段。在现有的源辨识研究中,Fluent 和 Airpak 是使用非常广泛的 CFD 模型。2013 年,中国的刘迪教授等人在准可逆思想下对扩散对流污染物分散体的后向时间模型进行了研究,并应用于一个三维槽式通风建筑维护结构内的污染物释放历史和污染源位置的后向时间辨识过程,该过程采用 Fluent 对污染物的空间分布进行了模拟。2010 年,蔡浩教授等人在考虑污染源位置的不确定性的情况下,为了确定室内通风和疏散的混合优化策略,事先设置了 10 种通风方式,两种疏散方式和 5 种污染源位置,并采用 Airpak 模型对组成了总共 100 种场景进行了数值模拟,结果验证了所提出的三种决定分析模型。2014 年,蔡浩教授等人提出了一种辨识室内多个以恒定的释放速率同时释放的污染源确切的位置、释放速率和释放时间的策略,该辨识同时考虑了传感器阈值和测量误差。该方法包括一个污染物释放的 CFD 模拟阶段,以及一个源辨识策略执行阶段。在 CFD 阶段采用了 Airpak 对多个场景的污染物释放过程进行了模拟。

2.2 模拟研究方法分析

2.2.1 湍流及数值模拟

室内空气的流动状态一般均为湍流,遵循 N-S 方程组。运用计算流体力学求解湍流时,可分为直接数值模拟方法(DNS)和非直接模拟法,非直接模拟法又包括大涡模拟(LES)、雷诺平均法(RANS)以及统计平均法三种策略,如图2.2所示。

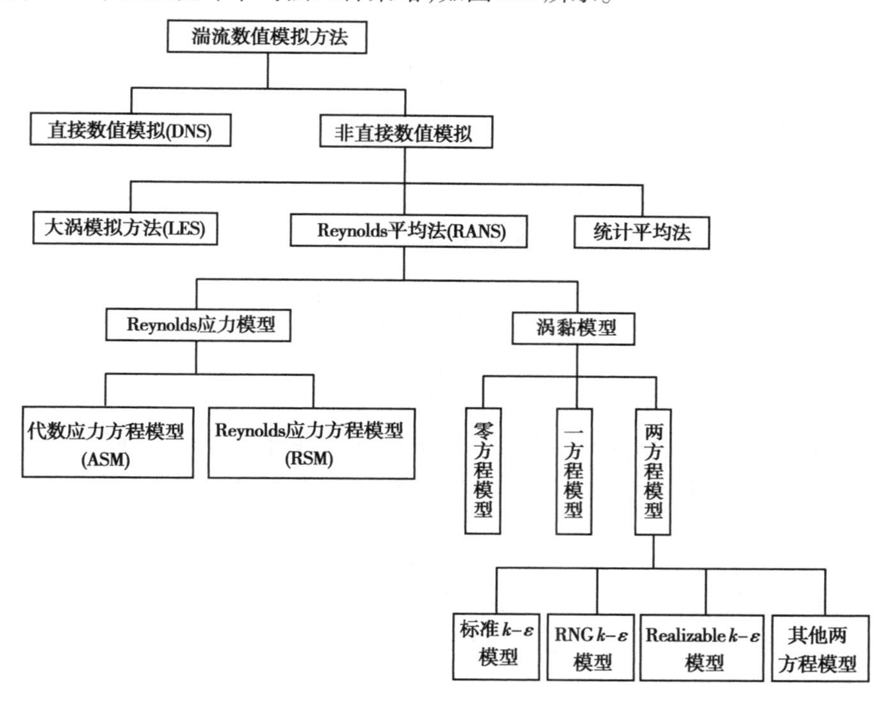

图2.2 RNS湍流模型分类概况

直接数值模拟方法(DNS),是对瞬时的N-S方程直接进行数值分析,因而能保证求解结果的准确性。但由于湍流的复杂性,该方法需要使用极细的计算网格,使得对计算机内存和资源的要求很高,从而限制了其在实际工程中的应用。

大涡模拟(LES)根据不同尺寸的漩涡选取不同的求解策略。对大尺度漩涡采用直接模拟N-S方程的方法,对小尺度涡则采用近似湍流模型来处理。相比于DNS方法,LES方法对计算机的要求有所下降。

雷诺平均法(RANS)是目前应用最广泛的湍流数值模拟方式,它求解时均化的Reynolds方程来代替直接求解瞬时N-S方程。之所以可以采用这样的简化,主要基于以下两点原因:①工程应用中关注的是湍流引起的平均流场变化,并不关心全部流动细节;②采用瞬时N-S方程求解流动细节的计算量太大。因此,常用RANS方法来模拟湍流,在满足工程应用要求的同时有效地降低数值模拟的计算量。

2.2.2 物理数学模型

根据源辨识策略不同,需合理选择契合的模拟软件。Airpak模拟软件基于“object”进行建模,具有快速建模、求解准确、易于操作等优点,并具有强大的可视化后处理环境,适合作为本文的浓度场模拟工具。Airpak具有总共可以提供六种湍流模型:

(1)混合长度零方程模型

混合长度零方程模型也叫代数模型,由Prandtl提出,是应用最广泛的零方程模型。该模

型假定湍流黏度 μ_t 正比与时均速度 u_i 的梯度和混合长度 l_m 的乘积，如式(2.1)：

$$\mu_t = \rho l_m{}^2 S \tag{2.1}$$

其中，混合长度 l_m 的定义式为

$$l_m = \min(\kappa d, 0.09 d_{max}) \tag{2.2}$$

式中 d——到墙面的距离；

κ——冯卡门常数值为0.419；

S——应变张量平均率的模，定义式为：

$$S = \sqrt{2S_{ij}S_{ij}} \tag{2.3}$$

应变张量率由下式给出：

$$S_{ij} = \frac{1}{2}\left(\frac{\partial u_j}{\partial x_i} + \frac{\partial u_i}{\partial x_j}\right) \tag{2.4}$$

该模型直观简单，对于如射流、混合层、扰动和边界层等带有薄的剪切层的流动比较有效，但只有在简单流动中才比较容易给定混合长度 l_m，对于复杂流动则很难确定 l_m，而且不能用于模拟带有分离回流的流动。因此，在复杂的实际工程中，零方程模型很少使用。

(2)室内零方程模型

室内零方程模型的提出专门用于室内流场模拟，所需计算资源较小，可以满足暖通工程师建立一个简便可靠的湍流模型的需要。该模型采用如下的关系式计算湍流黏度 μ_t：

$$\mu_t = 0.038\ 74 \rho v L \tag{2.5}$$

式中 v——局部速度大小；

ρ——流体密度；

L——到壁面的最小距离。

Airpak 通过计算一个对流传热系数来确定边界层表面的传热，该系数的定义式如下：

$$h = \frac{\mu_{eff}}{Pr_{eff}} \cdot \frac{c_p}{\Delta x_j} \tag{2.6}$$

式中 c_p——流体的比热；

Pr_{eff}——有效普朗特数；

Δx_j——临近壁面的网格间距；

μ_{eff}——是有效黏度，由下式给出：

$$\mu_{eff} = \mu + \mu_t \tag{2.7}$$

该模型可以非常理想地对考虑自然通风、机械通风、混合通风和置换通风的室内流场进行预测。

(3)Spalart-Allmaras 模型

Spalart-Allmaras 模型是相对简单的一方程模型，用于求解运动涡旋(湍流)黏度的模型输运方程。该模型不用计算与长度尺度相关的局部剪切层厚度，代表了一类较新的一方程模型。Spalart-Allmaras 模型是专门为涉及壁面流动的航空航天应用所设计，并且对于遭受不利压力梯度的边界层显示得到了良好的结果。

在 Airpak 中，当网格求解不是足够好时，Spalart-Allmaras 模型采用壁面方程。当精度要求不高时，这对于基于粗网格的相对粗糙的模拟来说是最好选择。而且，模型中传输变量的近壁面梯度要大大小于 k-ε 模型中传输变量的梯度。这使得当非层状网格在近壁面使用时，该模型对计算误差的敏感性更小。

Spalart-Allmaras 模型中的传输变量 $\tilde{v}$ 等同于近壁面区域之外的湍流运动黏度。$\tilde{v}$ 的运输方程是：

$$\frac{\partial}{\partial t}(\rho\tilde{v})+\frac{\partial}{\partial x_i}(\rho\tilde{v}u_i)=G_v+\frac{1}{\sigma_{\tilde{v}}}\left\{\frac{\partial}{\partial x_i}\left[(\mu+\rho\tilde{v})\frac{\partial\tilde{v}}{\partial x_j}\right]+C_{b_2}\rho\left(\frac{\partial\tilde{v}}{\partial x_j}\right)^2\right\}-Y_v+S_{\tilde{v}} \tag{2.8}$$

式中　G_v——湍流黏度的产生项；

Y_v——在近壁面区域由于壁面阻挡和黏度阻尼引起的湍流黏度的消除项；

v——分子运动黏度；

$\sigma_{\tilde{v}}, C_{b_2}$——常数项；

$S_{\tilde{v}}$——用户自定义源项。

在 Airpak 中，湍流传热建模和团流动量传递的雷诺类比概念。所建立的能量方程如下：

$$\frac{\partial}{\partial t}(\rho E)+\frac{\partial}{\partial x_i}[u_i(\rho E+p)]=\frac{\partial}{\partial x_j}\left[\left(k+\frac{c_p\mu_t}{\mathrm{Pr_t}}\right)\frac{\partial T}{\partial x_j}+u_i(\tau_{ij})_{\mathrm{eff}}\right]+S_h \tag{2.9}$$

式中　k——导热系数；

E——总能量；

$(\tau_{ij})_{\mathrm{eff}}$——偏应力张量。

但要注意的是，Spalart-Allmaras 模型仍然是相对较新的，并且不能保证适用于所有类型的复杂工程流体。例如，它不能用于均匀的各向同性湍流的衰减。此外，一方程模型常被批评不能快速适应长度尺寸的变化，比如当流体突然从壁面边界流变为自由剪切流。

(4)标准 k-ε 模型

最简单的湍流"复杂模型"是两方程模型，模型中两个离散运输方程的解允许湍流速度和长度尺度分别确定。Airpak 中的标准 k-ε 模型便属于这一类的湍流模型。该模型自从被 Launder 和 Spalding 提出以来，已经成为实际工程流体计算中的主力。对于很大一部分湍流流动的鲁棒性、经济性以及合理的精确性使该模型在工业流体和传热模拟中非常流行。标准 k-ε 模型属于半经验模型，其推导过程基于现象学考虑和经验主义。在标准 k-ε 模型的推导过程中，假设流体是完全湍流，而且分子黏性的影响可以忽略。因而标准 k-ε 模型仅适用于完全湍流流体。

标准 k-ε 模型的传输方程如下：

$$\frac{\partial}{\partial t}(\rho k)+\frac{\partial}{\partial x_i}(\rho k u_i)=\frac{\partial}{\partial x_i}\left[\left(\mu+\frac{\mu_t}{\sigma_k}\right)\frac{\partial k}{\partial x_j}\right]+G_k+G_b-\rho\varepsilon \tag{2.10}$$

以及

$$\frac{\partial}{\partial t}(\rho\varepsilon)+\frac{\partial}{\partial x_i}(\rho\varepsilon u_i)=\frac{\partial}{\partial x_i}\left[\left(\mu+\frac{\mu_t}{\sigma_\varepsilon}\right)\frac{\partial\varepsilon}{\partial x_i}\right]+C_{1\varepsilon}\frac{\varepsilon}{k}(G_k+C_{3\varepsilon}G_b)-C_{2\varepsilon}\rho\frac{\varepsilon^2}{k} \tag{2.11}$$

式中　G_k——由平均速度梯度生成的湍流动能；

G_b——由浮升力生成的湍流动能；

$\sigma_k, \sigma_\varepsilon$——$k$ 和 ε 的湍流普朗特数。

(5)RNG k-ε 模型

随着标准 k-ε 模型的优缺点逐渐为人所知，为提升性能不断有人对该模型进行升级。Airpak 中可用的其中一个变型就是 RNG k-ε 模型。RNG k-ε 湍流模型从瞬时 Navier-Stokes 方程导出,运用的数学技术叫作“重整化群”方法。解析推导得到的模型中的常数和标准 k-ε 模型中不同,而且在 k 和 ε 的传输方程中增加了项和功能。

RNG k-ε 湍流模型的传输方程与标准 k-ε 模型的形式类型,如下:

$$\frac{\partial}{\partial t}(\rho k)+\frac{\partial}{\partial x_i}(\rho k u_i)=\frac{\partial}{\partial x_i}\left(\alpha_k \mu_{\mathrm{eff}}\frac{\partial k}{\partial x_i}\right)+G_k+G_b-\rho\varepsilon \tag{2.12}$$

以及

$$\frac{\partial}{\partial t}(\rho\varepsilon)+\frac{\partial}{\partial x_i}(\rho\varepsilon u_i)=\frac{\partial}{\partial x_i}\left(\alpha_\varepsilon \mu_{\mathrm{eff}}\frac{\partial k}{\partial x_i}\right)+C_{1\varepsilon}\frac{\varepsilon}{k}(G_k+C_{3\varepsilon}G_b)-C_{2\varepsilon}\rho\frac{\varepsilon^2}{k}-R_\varepsilon \tag{2.13}$$

RNG k-ε 湍流模型与标准 k-ε 模型在形式上有相似之处,但是在以下几个方面进行了调整:

①RNG k-ε 模型在 ε 方程中增加了一项,从而明显提升了快速应变流的精确度;

②湍流中涡旋对湍流的影响也在 RNG 模型中得到了体现,增强了漩涡流的精确度;

③RNG 理论针对湍流普朗特数提供了一个解析式,而标准 k-ε 模型中采用用户自定义的恒定值;

④标准 k-ε 模型是一个高雷诺数模型,RNG 理论提出了一个分析导出的有效黏度微分方程来计算低雷诺数影响。

以上特征使得 RNG k-ε 模型相对于标准 k-ε 模型的应用范围更广,而且更精确,更可靠。

(6)增强两方程模型

k-ε 模型主要是对湍流核心流(例如,在远离壁面的区域的流动)有效。因此,应该考虑这些模如何满足壁面流动的需要。

湍流流动会受到墙壁的显著影响。很明显,当在壁面必须满足无滑移条件时,平均速度场受到了影响。然而,墙壁的出现也在非细节方面改变了湍流。在非常接近墙面处,黏性阻尼减小了切向速度波动,而运动阻断降低了正常波动。由于平均速度的大梯度引起的湍流动能使得湍流迅速扩张。

因为墙壁是平均涡度和湍流的主要来源,近壁面模型会很明显地影响数值解的保真度。近壁面区域附近的求解变量具有较大梯度,并且动量和标量运输也最大。因此,对流体近壁面区域的精确描述决定了带有墙壁的湍流流动的成功预测。

多数实验已经表明,近壁面区域大体上可以细分为 3 层。最里层叫作“黏性底层”,该区域的流动几乎是层流,并且黏性在动量和传热传质中起主导作用。最外层叫作“完全湍流层”,湍流起主要作用。最后,在黏性底层和完全湍流层之间的区域中,分子黏性和湍流同等重要。为了更精确地求解壁面附近流体,增强两方程模型结合标准 k-ε 模型进行增强壁面处理。

增强壁面处理是结合了一个带有增强壁面方程的两层模型的近壁面建模方法。该两层模型中,受黏度影响的近壁面区域得到充分求解直到黏性体层。两层方法是强化壁面处理的组成部分,用以指定近壁面单元的 ε 和湍流黏度。该方法中,整个区域划分为黏性影响区域和充分湍流区域。两个区域的分界由基于壁面距离的湍流雷诺数决定。为达成有一个近壁面建模方法,可以提高标准两层方法在近壁面网格的精确度,并且不会明显减少壁面方程网格的精确度,Airpak 把两层模型和增强壁面处理方程想结果得到了增强壁面处理。

第3章 单污染源辨识的理论基础

在确定了前处理阶段的模拟策略,并通过前处理阶段得到基础浓度数据后,并不能直接用于辨识,必须深层次挖掘数据之间的关系,找出内在规律,从而指导污染物源辨识。本章主要介绍源辨识所需的几个计算指标,以及如何根据传感器得到的污染物浓度信息获取源辨识计算指标。

3.1 污染源可及性概念

3.1.1 通风有效性评估指标

在室内空气品质研究领域,为便于描述室内空气特性,有效评估室内通风的有效性,从而合理完善通风形式设计,各国学者经过大量研究,提出了很多经典的评价指标参数。如今常见的指标有:空气龄、换气效率(AEE)、污染物去除效率(CRE)和通风有效性测量尺度(SVE)等。

1)空气龄

空气龄是房间内某点处空气在房间内已经滞留的时间,反映了室内空气的新鲜程度。空气龄概念由瑞典的 Mats Sandberg 在 1983 年提出,可以综合衡量房间内的通风换气效果,是评价室内空气品质的重要指标。该指标不涉及室内污染物信息,只跟室内气流组织类型有关。

2)换气效率

换气效率(AEE)同样是衡量换气效果好坏的指标之一。如室内某点的局部平均空气龄较小,就意味着该点换气效率较高。换气效率的概念主要有两个:

相对换气效率:考虑室内各点换气的不均衡,一般用某个与室内位置无关的空气龄如全室平均空气龄与所考虑点的空气龄之比来定义。

绝对换气效率:该指标主要考虑实际换气能力与最大可能能力的差异,因此其定义总是用具有最大换气能力的气流流型(绝对单向流)的空气龄除以实际情况的空气龄得到。

3)污染物去除效率

污染物去除效率(VE)是指通风系统去除从室内某污染源散发的污染物的能力。稳态下该指标的定义是基于通风系统的两个特征。

相对污染物去除效率:表现的是系统去除能力在房间不同部分是如何变化的。稳态条件下,相对污染物去除效率定义式如下:

$$\varepsilon_j^r = \frac{C_f^s - C_t}{C_j^s - C_t} \tag{3.1}$$

式中 C_f^s——出风口末端的污染物浓度;

C_j^s——点 j 处的污染物浓度;

C_t——进风口末端的污染物浓度。

相对污染物去除效率总是正值,并可以大于1。该指标并不考虑室内污染物的绝对浓度水平以及从初始浓度水平开始的浓度变化。如需要度量房间的整体相对污染物去除效率,只需在式(3.1)中用房间平均浓度 $\overline{C}$ 代替局部污染物浓度 C_j^s。

绝对污染物去除效率:以稳态时的数值作为开始初始值,定义式如下:

$$\varepsilon_j^a = \frac{C(0) - C_j^s}{\Delta C_{\max}} = \frac{C(0) - C_j^s}{C(0) - C_t} \tag{3.2}$$

式中 $C(0)$——零时刻室内污染物浓度。

绝对污染物去除效率的值总是小于1,而且涉及变化的方向。由于当进风风量增加时,相对污染物去除效率会下降,因此绝对污染物去除效率对效率的变化情况具有更好的衡量结果。

4)污染物去除效率测量标尺

为了评价污染物去除效率在室内的分布,1986年S. Murakami和S. Kato提出了三个污染物去除效率标尺(SVE)。它们均是根据污染物在室内的分布定义的。

去除效率测量标尺1:定义为一个房间中污染物浓度的空间平均值,该指标的取值定义在污染物是作为一个点源释放的位置点上。

去除效率测量标尺2:定义为一个房间中污染物扩散的平均扩散半径,该指标的取值同样定义在污染物释放的位置点上。该指标是对房间中污染物的扩散性进行评估。

去除效率测量标尺3:定义为一个房间中每个点的污染物浓度值,污染物是在房间整个空间内均匀产生的。该指标与空气从送风口到室内各点所经历的时间有关。

整体来说,标尺1和标尺2可以很好地代表由进风口和出风口数量不同所引起的污染物去除效率的不同。标尺3可以代表新风从送风口经历的时间。三个标尺都可以很好地表示污染源位置对室内空气清洁度的影响。

可以发现,以上指标皆是针对稳态时室内通风和污染物分布情况进行的评价。一旦室内突发污染物状况,这时需要了解非稳态下室内污染物的逐时变化情况,以及送风或者室内污染源在特定时间对室内某点的影响程度,而以上指标显然无法满足需要。因此,本文这里需要引入可及性的概念，可及性指标可以有效评估在一个有限时段内的通风性能。

3.1.2　可及性指标

2004年，李先庭教授和赵彬教授提出可及性的概念，能够反映送风或污染源在任何时间到达通风房间任何地方的能力，因此适合用来评估送风或污染源影响室内环境的能力随时间的变化。可及性包括送风可及性(ASA)以及污染源可及性(ACS)两个指标，分别从不同角度评价有限时段内的通风性能。

1)送风可及性

假设送风内含有指示剂，并且室内没有这种指示剂的源头，室内空气会逐渐被这种指示剂充满。送风可达性(ASA)随后定义为：

$$A_s(x,y,z,\tau)=\frac{\int_0^{\tau}C(x,y,z,t)\,\mathrm{d}t}{C_{\text{in}}\ \tau} \tag{3.3}$$

C_{in}是送风的指示剂浓度，τ是从指示剂送入的时刻开始算起的时间。从式(3.1)可见ASA是时空的函数，属于无因次量。由于室内无指示剂源，送风唯一决定室内指示剂浓度。因此指示剂浓度随着τ增加而增加，并且最大值不会超出送风的指示剂浓度C_{in}。因此，ASA具有如下性质：

(a) $$0\leqslant A_s(x,y,z,\tau)\leqslant 1 \tag{3.4}$$

(b) $$A_s(x,y,z,\infty)=\lim_{\tau\to\infty}A_s(x,y,z,\tau)=1 \tag{3.5}$$

(c) $$A_s(x,y,z,0)=\lim_{\tau\to 0}A_s(x,y,z,\tau)=0 \tag{3.6}$$

(d) $$\frac{\partial A_s(x,y,z,\tau)}{\partial\tau}>0 \tag{3.7}$$

以上的性质表明，ASA定义为衡量送风可达性，作为无因次量评价某一确定时刻的通风性能是很有用的。随着时间段τ增加，送风在室内各点的累积会越来越多，ASA也会随着增加，直至达到稳态。然而，当突发事件发生时，通风系统需要在有限时间内向所需区域送风。因此，可使用ASA，通过选择合适的τ值来达到目的。

2)污染源可及性

为了评价一段确定时期内，室内一个污染源的影响，定义了污染源可达性(ACS)的指标。假设送风不包含污染物，ACS定义为：

$$A_C(x,y,z,\tau)=\frac{\int_0^{\tau}C(x,y,z,t)\,\mathrm{d}t}{\overline{C}\ \tau} \tag{3.8}$$

式中　$A_C(x,y,z,\tau)$——无量纲数，在时段τ内，点(x,y,z)处的污染源可及性；

$C(x,y,z,t)$——房间中，t时刻在点(x,y,z)处污染物的浓度，mg/kg；

$\overline{C}$——稳态时，出口处的平均污染物浓度，mg/kg，可以通过室内污染物的质量平衡得到，见式(3.9)：

$$\overline{C}=\sum_{i}\frac{S_i}{m} \tag{3.9}$$

式中　S_i——房间第 i 个污染源，mg/s；

m——送风质量流速，kg/s。

ACS 同样是无因次量，并且是空间和时间的函数。污染物的浓度会随着τ值增加而增加。然而，随着污染物通风和扩散产生室内一个确定的浓度分布，某已确定位置的浓度可能会高于平均浓度 $\overline{C}$。因此，ACS 可能大于 1。ACS 的性质如下：

(a)
$$A_C(x,y,z,\tau)\geqslant 1 \tag{3.10}$$

(b)
$$A_C(x,y,z,0)=\lim_{\tau\to 0}A_C(x,y,z,\tau)=0 \tag{3.11}$$

(c)
$$\frac{\partial A_C(x,y,z,\tau)}{\partial\tau}>0 \tag{3.12}$$

(d)当污染源就在送风口且仅在送风口时，ACS 等于 ASA。

与送风可及性 ASA 类似，污染源可及性 ACS 反映了房间不同部分在任意时刻污染物的可达性。对于实际应用，特定时间尺度必须是固定的，从而可通过检查 ACS 分布来反映室内污染物如何影响室内环境。本文开展室内污染物源辨识的对象是突发性污染源，需要以污染源从开始释放污染物起始时刻开始的逐时变化趋势作为辨识的数据来源项。因此，基于 ACS 的以上特征，该指标适合作为源辨识的研究手段。

3.2　源辨识指标

3.2.1　相似特征

由上节污染源可及性的定义，污染源可及性是流场特征和污染源位置的函数，与污染源散发强度无关。因此，在同一流场内，当污染源位置确定后，室内某点的污染源可及性 $A_C(x,y,z,\tau)$ 也是固定值，不会随着污染源散发强度变化而变化。假设污染源位于室内点 α，另外污染源传感器的位置在点 $\beta(x,y,z)$。在时间 t，当污染源的释放强度分别为 S^* 和 S 时，由于污染源可及性与释放强度无关，那么有式(3.13)成立：

$$A_C{}^*(x,y,z,\tau)=A_C(x,y,z,\tau) \tag{3.13}$$

把式(3.8)和式(3.9)代入式(3.13)，移项后可得：

$$\frac{\int_0^\tau C^*(x,y,z,t)\,\mathrm{d}t}{\frac{S^*}{m}\cdot\tau}=\frac{\int_0^\tau C(x,y,z,t)\,\mathrm{d}t}{\frac{S}{m}\cdot\tau} \tag{3.14}$$

对式(3.14)进一步整理得到：

$$\frac{\int_0^\tau C^*(x,y,z,t)\,\mathrm{d}t}{\int_0^\tau C(x,y,z,t)\,\mathrm{d}t}=\frac{S^*}{S} \tag{3.15}$$

接下来思考一个问题,已知道式(3.15)中等号前后之所以相等,是由于数据来自同一个污染源。现在假设,如果其他条件不变,唯独改变污染源的位置,即当污染源位于室内点 α,t 时刻,污染源的释放强度为 S,而当污染源位于室内点 α^*,t 时刻,污染源的释放强度为 S^*。我们从而可以推断出,由于点 α 和点 α^* 位置不同,等式(3.15)等号前后不相等;当点 α 和点 α^* 位置逐渐接近,等号前后项之差越小,而当点 α 和点 α^* 位置的距离非常小时,则可认为:

$$\frac{\int_0^\tau C^*(x,y,z,t)\,\mathrm{d}t}{\int_0^\tau C(x,y,z,t)\,\mathrm{d}t} \approx \frac{S^*}{S} \tag{3.16}$$

接下来我们定义一个"相似特征"指标来表达点 α 和点 α^* 位置的这种关系,该指标是一个无因次量,而且是空间位置和时间的函数,记为 $SC(\alpha_i,\tau)$,定义式如下:

$$SC(\alpha_i,\tau) = \lg\left[\frac{\int_0^\tau C^*(x,y,z,t)\,\mathrm{d}t}{\int_0^\tau C(x,y,z,t)\,\mathrm{d}t}\right] \tag{3.17}$$

而当点 $\alpha \approx \alpha^*$ 时,既有:

$$SC(\alpha_i,\tau) \approx \lg\left(\frac{S^*}{S}\right) \tag{3.18}$$

由于污染源散发强度 S^* 和 S 是稳定不变的,于是得到一条推论:当点 α 和点 α^* 位置非常接近时,点 α 和点 α^* 的相似特征 $SC(\alpha_i,\tau)$ 接近于一个常数,此时 $SC(\alpha_i,\tau)$ 随时间变化的曲线在图形上表现为一条近乎平直的线,当点 α 和点 α^* 位置重合的话,$SC(\alpha_i,\tau)$ 曲线完全呈一条水平直线。

基于相似特征 $SC(\alpha_i,\tau)$ 的这个推论,可以定性地完成对污染源位置的简单辨识。过程如下:

①把房间划分为 N 个控制体,各控制体的位置用其体心的位置表示,全部体心构成一个集合 $\alpha=\{\alpha_1,\alpha_2,\cdots,\alpha_N\}$,实际污染源所在位置是 α^*,该点必然位于某控制体内,因此要找出其所属的控制体。

②把 α^* 与每个控制体体心的接近程度均用相似特征来表示,构成一个相似特征集合 $SC(\alpha,\tau)=\{SC(\alpha_1,\tau),SC(\alpha_2,\tau),\cdots,SC(\alpha_N,\tau)\}$。

③如果集合 α 中有一个 α_k 与 α^* 最接近,那么则有集合 $SC(\alpha,\tau)$ 中的 N 条相似特征曲线中,以 $SC(\alpha_k,\tau)$ 曲线最接近于一条水平线。

3.2.2 绝对相似度

优化法是源辨识常用的策略之一,利用优化法求解污染源位置时,首先要假设所有可能存在的污染源即各控制体心为已知,然后通过 CFD 前处理过程得到传感器所在位置的污染物浓度信息,最后通过数学优化手段计算每个体心污染源浓度信息与待求实际污染源的浓度信息之间的匹配度。匹配度的计算过程基于目标函数的建立,针对不同求解问题,目标函数的构建方式和目标优化方向也不同。

针对本文的源辨识情景,在相似特征的基础上建立了优化指标"绝对相似度",记作 *ASD*

(α_i,τ)。该指标的目标函数的构建形式为:

$$ASD(\alpha_i,\tau)=\left\{\int_0^{\tau}\left|\frac{\mathrm{d}[SC(\alpha_i,t)]}{\mathrm{d}t}\right|\frac{\mathrm{d}t}{\tau}\right\}^{-1} \tag{3.19}$$

根据式(3.19)的形式,绝对相似度表征控制体心 α_i 点和待求实际污染源 α^* 点的接近程度,且优化指标绝对相似度 $ASD(\alpha_i,\tau)$ 的值越大,体心 α_i 点和 α^* 点就越接近。把待求污染源 α^* 与每个控制体体心的接近程度均用绝对相似度来表示,从而构成一个目标函数优化集合 $ASD(\alpha,\tau)=\{ASD(\alpha_1,\tau),ASD(\alpha_2,\tau),\cdots,ASD(\alpha_N,\tau)\}$,在集合中的全部 N 个元素,如果有 $ASD(\alpha_i,\tau)$满足:

$$ASD(\alpha_k,\tau)=\max\{ASD(\alpha_1,\tau),ASD(\alpha_2,\tau),\cdots,ASD(\alpha_N,\tau)\} \tag{3.20}$$

那么 $ASD(\alpha_k,\tau)$代表的体心 α_k 点,就是与实际污染源 α^* 点最接近的点。而且集合中最大值是唯一的,即只有一个最接近的点。因此,可以看出优化法的优化结果是找出最优解。绝对相似度的其他性质如下:

①$ASD(\alpha_i,\tau)\geqslant 0$;

②$ASD(\alpha_i,\tau)$的值越大,则 $SC(\alpha_i,\tau)$越接近于水平线;

③当 $ASD(\alpha_i,\tau)\to+\infty$时,$SC(\alpha_i,\tau)$完全呈水平线;

④当 $ASD(\alpha_i,\tau)\to 0$ 时,$SC(\alpha_i,\tau)$呈一条垂直线。

3.2.3 相似隶属度

采用优化法建立优化指标进行污染源位置预测,有效解决了相似特征指标只能定性判断,不能量化预测结果的缺点。但优化法也有弊端,由于给出的是唯一最优解,当面临复杂情景时,或者实际污染源位置恰巧处于两个控制体交界处时,非此即彼的优化结果稍有偏差便会判断失误。另外,绝对相似度指标是基于 Airpak 模拟结果和传感器反馈浓度信息,通过 Matlab 计算得到,由于模拟误差和计算误差不可避免,难免对辨识结果造成影响。因此,需要有一种非绝对的辨识策略,能够以概率的形式给出所有可能性的污染源位置,避免辨识结果空值的出现。

概率法是对事件的可能发生概率进行估计,如某一时刻某事件发生的概率。由于得到的结果是参数的后验概率分布,不是单一解,所以可以量化解的不确定性。因此,如果利用概率法建立一个后验概率分布指标,将弥补绝对相似度指标单一解的缺点。传统概率法通常以贝叶斯推理为基础,本节尝试利用贝叶斯推理建立基于概率法的污染源位置辨识量化指标。

1)贝叶斯公式

贝叶斯定理是由条件概率推导出的。条件概率定义式为:

$$P(A|B)=\frac{P(A\cap B)}{P(B)} \tag{3.21}$$

条件概率表示事件 B 发生的条件下事件 A 发生的概率。同理可以得到事件 A 发生的条件下事件 B 发生的概率,与式(3.21)合并可得:

$$P(A|B)P(B)=P(A\cap B)=P(B|A)P(A) \tag{3.22}$$

若 $P(B)$非零,式(3.22)两边同时除以 $P(B)$,便得到贝叶斯定理的公式表达式:

$$P(A|B)=\frac{P(B|A)P(A)}{P(B)} \tag{3.23}$$

通常称各“原因”事件A的概率$P(A)$为先验概率,“结果”事件B发生的条件下各“原因”的概率$P(A|B)$为后验概率。前者往往是根据以往经验确定的一种主观概率,而后者是在结果B发生后对原因事件A的重新认识,$P(B|A)/P(B)$称为可能性(似然)函数。所以,条件概率可以理解成下面的式子:

$$后验概率=先验概率\times 调整因子 \tag{3.24}$$

这就是贝叶斯推断的含义。对于结果B,原因A有多个可能性,若$A_1,A_2,\cdots,A_N$构成一个完备事组,而且$P(A_i)>0,i=1,2,\cdots,n$,则对于结果B,有:

$$P(B)=\sum_{i=1}^{n}P(A_i)P(B|A_i) \tag{3.25}$$

式(3.25)即为事件B的全概率公式,把全概率公式代入式(3.23),便得到贝叶斯公式:

$$P(A_i|B)=\frac{P(A_iB)}{P(B)}=\frac{P(A_i)P(B|A_i)}{\sum_{j=1}^{n}P(A_j)P(B|A_j)},i=1,2,\cdots,n \tag{3.26}$$

贝叶斯公式是在“结果”已知的条件下,寻找各种“原因”发生的条件概率。可以说,贝叶斯公式解决的是溯源问题。因此贝叶斯公式常用来帮助人们确定结果(事件B)发生的主要原因。基于贝叶斯公式的特性,经常在概率法中用于室内污染源的辨识工作。

2)辨识指标的推导

在本文的应用中,把房间划分为N个控制体,各控制体的位置用其体心的位置表示,全部体心构成一个集合$\alpha=\{\alpha_1,\alpha_2,\cdots,\alpha_N\}$,实际污染源所在位置是$\alpha^*$,该点位于某一控制体内。首先举例考虑实际污染源在控制体1内的情景:

事件B为污染源实际位置位于控制体1内,体心为α_1,即已知的“结果”,控制的个数一共为N个,则B发生的概率为

$$P(B)=\frac{1}{N} \tag{3.27}$$

假设事件A_i为假设污染源位于体心α_i,即为与结果一致的“原因”,事件A_i发生的先验概率可根据绝对相似度指标给出,更接近于实际情况,则事件A_i发生的概率为:

$$P(A_i)=\frac{ASD(\alpha_i,\tau)}{\sum_{j=1}^{N}ASD(\alpha_j,\tau)},i=1,2,\cdots,N \tag{3.28}$$

由于在本文的应用中,事件A_i和事件B为相互独立事件,故有:

$$P(B|A_i)=P(B)=\frac{1}{N} \tag{3.29}$$

可知调整因子$\dfrac{P(B|A_i)}{P(B)}$的值为1,$P(A_i|B)$的结果只与事件A_i发生的概率$P(A_i)$有关。把式(3.27)和式(3.28)代入式(3.26),从而得到当污染源实际位置在α_1的控制体内时,假设污染源位于体心α_i的概率是:

$$P(A_k|B)=\frac{ASD(\alpha_i,\tau)}{\sum_{j=1}^{N}ASD(\alpha_j,\tau)} \tag{3.30}$$

其中,$i=1,2,\cdots,N$。

若 $P(A_k|B)$ 的值越大,说明假设污染源位于体心 α_k 的可能性越大,进一步说明实际污染源在控制体 1 中的位置与体心 α_k 最接近。为此,用一个量化指标“相似隶属度”重新表征 $P(A_k|B)$,该指标记为 $MGS(\alpha_i,\tau)$,如下式:

$$MGS(\alpha_i,\tau)=\frac{ASD(\alpha_i,\tau)}{\sum_{j=1}^{N}ASD(\alpha_i,\tau)} \tag{3.31}$$

和绝对相似度类似,相似隶属度同样表征控制体心 α_i 点和待求实际污染源 α^* 点的接近程度。把实际污染源 α^* 与每个控制体体心的接近程度均用绝对相似度来表示,从而构成一个目标函数优化集合 $MGS(\alpha,\tau)=\{MGS(\alpha_1,\tau),MGS(\alpha_2,\tau),\cdots,MGS(\alpha_N,\tau)\}$,在集合中的全部 N 个元素,如果有 $MGS(\alpha_k,\tau)$ 满足:

$$MGS(\alpha_k,\tau)=\max\{MGS(\alpha_1,\tau),MGS(\alpha_2,\tau),\cdots,MGS(\alpha_N,\tau)\} \tag{3.32}$$

那么与实际污染源 α^* 点最接近的点中,$MGS(\alpha_k,\tau)$ 代表的体心 α_k 点的发生概率最大。因此,可以看出概率法的目的是找出所有可能位置的发生概率,而不仅仅给出最优解。因此相对于优化法可以具有更好的适应性和准确度。相似隶属度的其他性质如下:

① $0\leqslant MGS(\alpha_i,\tau)\leqslant 1$;

② $\sum_{i=1}^{N}MGS(\alpha_i,\tau)=1$。

3.3 本章小结

本章就室内污染物源辨识的理论基础展开工作,确认了本文源辨识所需的策略和源辨识评估指标。本章主要结论如下:

①引入了可及性指标,该指标表征通风或污染物在确定时段内对室内环境的影响,其逐时的特性相比其他稳态表征指标更适用于室内源辨识研究工作。基于污染源可及性的概念,给出了相似特征评价指标 $SC(\alpha_i,\tau)$,该指标可定性描述表达分别位于点 α 和点 α^* 位置的两个污染源的接近程度。

②采取优化法源辨识策略,对相似特征进行量化表述,得到了绝对相似度 $ASD(\alpha_i,\tau)$,表征控制体心 α_i 点和待求实际污染源 α^* 点的接近程度。

③采取基于贝叶斯定理的概率法源辨识策略,改进了 $ASD(\alpha_i,\tau)$,得到了相似隶属度 $MGS(\alpha_i,\tau)$,同样表征控制体心 α_i 点和待求实际污染源 α^* 点的接近程度。结果相对于优化法具有更广的适应性和准确度。

第4章 单传感器下单污染源的位置辨识

确定了室内污染物扩散的模拟方案以及污染源位置辨识策略之后，本章首先将在房间只有一个传感器的情况下开展污染物源辨识研究，并基于辨识结果对源辨识精度的影响因素进行讨论。

4.1 位置辨识研究思路

源辨识要解决的问题主要依赖于传感器反馈得到的数据信息（一般为污染物的浓度信息），利用传感器监测到的信息推导出污染源的位置。理想状态下，室内传感器的布置越密集，所得到的污染物浓度信息的位置点越多，就越容易判断出气体污染物的源头。因此，传感器的数量将很大程度上影响源辨识的结果。但在实际应用中，受房间空间大小和经济成本的限制，不可能在整个空间内布置很多传感器。这就要求找到一种思路，在传感器数量有限的情况下，利用有限的数据展开源辨识研究。当前的源辨识研究大都是基于极少的甚至一个传感器完成的，例如，2012 年，加拿大的 Arash Bastani 便是仅利用几个传感器完成了对整栋建筑的化学污染物源辨识。

首先考虑室内只有一个气体污染物传感器的情况，传感器位于空间内某点。本章要实现的内容是：根据该 β 点的浓度信息找到污染源 CS^* 的空间位置 α^*。

根据前文所述，首先把空间划分为 N 个控制体，各个控制体的体心记为 $\alpha_i(i=1,2,\cdots,N)$。全部 α_i 点组成一个集合，记为：$A=\{\alpha_1,\alpha_2,\cdots,\alpha_N\}$。当散发强度为 S 的污染源 CS 位于 α_i 点时，β 点处污染物的浓度记为 $C_i(\beta,t)$。当气体污染源 CS^* 的强度为 S^* 时，β 点处污染物的浓度记为 $C^*(\beta,t)$。

首先通过相似特征指标定性地表示 α_i 点与 α^* 点的接近程度，在单传感器辨识的情景下，相似特征的定义式为：

$$SC_1(\alpha_i,\tau)=\lg\left(\frac{\int_0^\tau C^*(\beta,t)\,\mathrm{d}t}{\int_0^\tau C_i(\beta,t)\,\mathrm{d}t}\right) \tag{4.1}$$

式中 $SC_1(\alpha_i,\tau)$——无量纲数，在时段τ内，控制体的体心 α_i 点与待辨识的污染源位置 α^* 点的相似特征，下标中的"1"表示此量化指标所采用的是传感器 β_1 的浓度信息；

$C^*(\beta,t)$——污染源 α^* 点散发污染物所形成的浓度场中，t 时刻在 β 点处污染物的浓度，mg/m^3；

$C_i(\beta,t)$——假设强度为 S 的污染源位于控制体体心 α_i 点时，该点散发污染物所形成的浓度场中，t 时刻在 β 点处污染物的浓度，mg/m^3。

根据第 3 章关于相似特征的推论，在污染源 α^* 与全部 N 个控制体体心 α_i 点的相似特征曲线所构成一个相似特征曲线的集合 $SC_1(\alpha,\tau)=\{SC_1(\alpha_1,\tau),SC_1(\alpha_2,\tau),\cdots,SC_1(\alpha_N,\tau)\}$ 中，如果第 k 个控制体体心 α_k 与 α^* 最接近，那么 $SC_1(\alpha_k,\tau)$ 曲线是集合 N 条曲线中最接近于一条水平线的，即为所求的体心位置。

随后通过基于优化法的绝对相似度指标进一步量化 α_i 点与 α^* 点的接近程度，在单传感器辨识的情景下，绝对相似度的定义式为：

$$ASD_1(\alpha_i,\tau)=\left\{\frac{\int_0^\tau\left|\frac{\mathrm{d}[SC_1(\alpha_i,t)]}{\mathrm{d}t}\right|\mathrm{d}t}{\tau}\right\}^{-1} \tag{4.2}$$

该式 $ASD_1(\alpha_i,\tau)$ 下标中的"1"表示此量化指标所采用的是传感器 β_1 的浓度信息。同样根据第 3 章的推论，在污染源 α^* 与全部 N 个控制体体心 α_i 点的绝对相似度所构成的集合 $ASD_1(\alpha,\tau)=\{ASD_1(\alpha_1,\tau),ASD_1(\alpha_2,\tau),\cdots,ASD_1(\alpha_N,\tau)\}$ 中，如果第 k 个控制体体心 α_k 与 α^* 最接近，那么：

$$ASD_1(\alpha_k,\tau)=\max\{ASD_1(\alpha_1,\tau),ASD_1(\alpha_2,\tau),\cdots,ASD_1(\alpha_N,\tau)\} \tag{4.3}$$

$ASD_1(\alpha_k,\tau)$ 代表的体心 α_k 点，就是与实际污染源 α^* 点最接近的点，即可作为实际污染源的近似位置。

继续利用概率法的计算相似隶属度指标，针对所有污染物在可能位置存在污染源的概率进行预测，在单传感器辨识的情景下，相似隶属度的定义式为：

$$MGS_1(\alpha_i,\tau)=\frac{ASD_1(\alpha_i,\tau)}{\sum_{j=1}^{N}ASD_1(\alpha_i,\tau)} \tag{4.4}$$

该式 $MGS_1(\alpha_i,\tau)$ 下标中的"1"表示此量化指标所采用的是传感器 β_1 的浓度信息。同样根据第 3 章的推论，在污染源 α^* 与全部 N 个控制体体心 α_i 点的相似隶属度所构成的集合 $MGS_1(\alpha,\tau)=\{MGS_1(\alpha_1,\tau),MGS_1(\alpha_2,\tau),\cdots,MGS_1(\alpha_N,\tau)\}$ 中，如果第 k 个控制体体心 α_k 与 α^* 最接近，那么：

$$MGS_1(\alpha_k,\tau)=\max\{MGS_1(\alpha_1,\tau),MGS_1(\alpha_2,\tau),\cdots,MGS_1(\alpha_N,\tau)\} \tag{4.5}$$

表示实际污染源 α^* 点在 α_k 点附近的概率最大，以此类推，α_k 点即为所求的污染源的近似位置。

4.2　模型建立

4.2.1　几何模型建立

为了检验所提出的辨识策略，需要建立 Airpak 模型进行验证，考虑到建立模型的作用，同时本次课题接下来需要大量的模拟工况，如果建立较为复杂的房间模型，会大大增加计算时间，为了提高效率，本文对模型做如下简化，以减少网格的数量。

①不考虑房间室内和室外的热交换，将全部围护结构，包括地面和天花板设置为绝热表面；

②模拟过程中门窗将始终处于关闭状态，为简化模型，不再设置门窗模型；

③内部不设置其他模型，无内热源；

④送风口新风污染物浓度为零，即假设无室外污染源；

⑤室外环境温度为恒定值，不随时间变化；

⑥基础参数设置时，根据研究课题需要，关闭辐射模块、太阳能负荷模块和 IAQ 舒适度模块。

本节首先选用 Airpak 中的 Room 模块建立风房间模型，房间模型的长宽高分别为6 m(x)×4 m(y)×3 m(z)，围护结构设置为绝热。从房间尺寸和工作强度角度考虑，把整个模型划分为 16 个控制体，即假设房间中有 16 个污染源可能出现的区域。其中 x 方向平均划分成四部分，y 和 z 方向平均划分为两部分。房间模型如图 4.1 所示。所划分的每个控制体的起止坐标和编号见表 4.1，各个控制体的体心位置如表 4.2 所示。

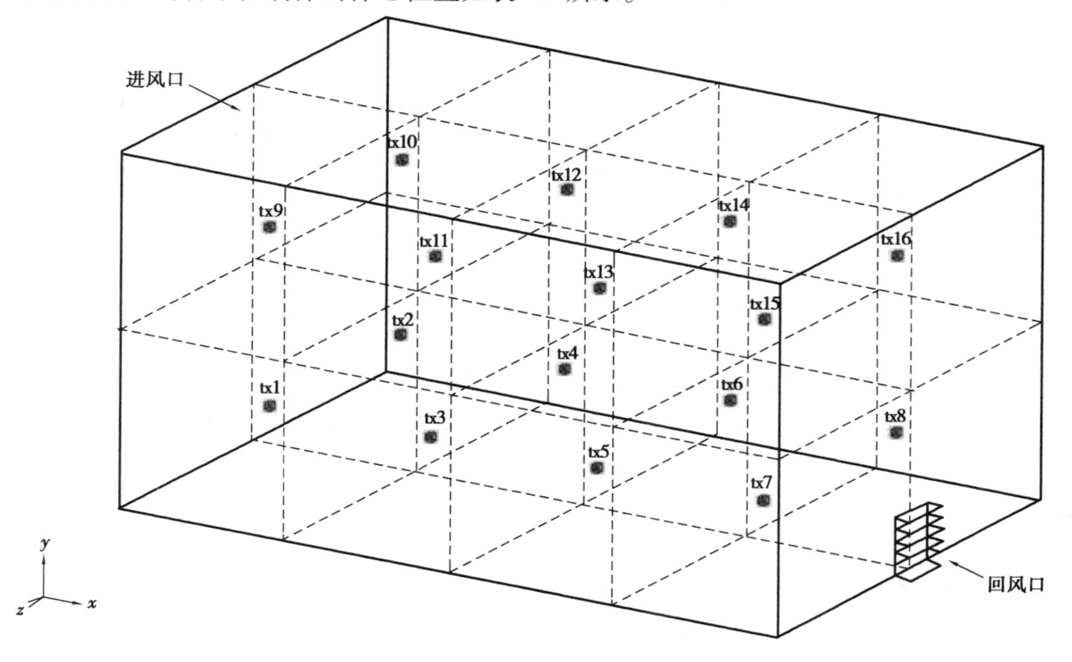

图 4.1　房间模型构造

表 4.1　各控制体的起止坐标和编号

区域编号	起始坐标(m)			结束坐标(m)			区域编号	起始坐标(m)			结束坐标(m)		
	x	y	z	x	y	z		x	y	z	x	y	z
1	0	0	0	1.5	1.5	−2	2	0	0	−2	1.5	1.5	−4
3	1.5	0	0	3	1.5	−2	4	1.5	0	−2	3	1.5	−4
5	3	0	0	4.5	1.5	−2	6	3	0	−2	4.5	1.5	−4
7	4.5	0	0	6	1.5	−2	8	4.5	0	−2	6	1.5	−4
9	0	1.5	0	1.5	3	−2	10	0	1.5	−2	1.5	3	−4
11	1.5	1.5	0	3	3	−2	12	1.5	1.5	−2	3	3	−4
13	3	1.5	0	4.5	3	−2	14	3	1.5	−2	4.5	3	−4
15	4.5	1.5	0	6	3	−2	16	4.5	1.5	−2	6	3	−4

表 4.2　各控制体的体心位置坐标

编号	中心位置			所属区域	编号	中心位置			所属区域
	x	y	z			x	y	z	
α_1	0.75	0.75	−1	1 区	α_2	0.75	0.75	−3	9 区
α_3	2.25	0.75	−1	2 区	α_4	2.25	0.75	−3	10 区
α_5	3.75	0.75	−1	3 区	α_6	3.75	0.75	−3	11 区
α_7	5.25	0.75	−1	4 区	α_8	5.25	0.75	−3	12 区
α_9	0.75	2.25	−1	5 区	α_{10}	0.75	2.25	−3	13 区
α_{11}	2.25	2.25	−1	6 区	α_{12}	2.25	2.25	−3	14 区
α_{13}	3.75	2.25	−1	7 区	α_{14}	3.75	2.25	−3	15 区
α_{15}	5.25	2.15	−1	8 区	α_{16}	5.25	2.15	−3	16 区

房间采用机械通风形式，通风方式为室内通风常见的异侧上送下回通风，送风口尺寸为 0.2 m(y)×0.3 m(z)，风速为 0.5 m/s，送风温度为 20 ℃，送风污染物浓度为零，即污染物的来源仅为室内污染源。出风口尺寸为 0.5 m(y)×0.5 m(z)。房间壁面、屋顶和地板均设为绝热，室内无热源。

4.2.2　计算方法

本节采用的方法是有限容积法，两方程（标准 k-ε）模型，用于求解三维稳态下的不可压缩黏性流体的湍流流动，近壁面区域网格计算采用壁面函数法。同时采用 SIMPLE 算法进行速度分量和压力方程的分离式求解计算。

能量方程的收敛准则取 e^{-7}，流动方程和物质种类的收敛准则取 e^{-3}，迭代次数取 50 次。收敛准则和迭代次数的选取反映了模拟计算的精度。

用 Airpak 生成非结构网格，在送风口、排风口处对网格进行局部细化。首先通过模拟得到室内的稳态流场，图 4.2 所示为室内稳态的流畅界面矢量图。

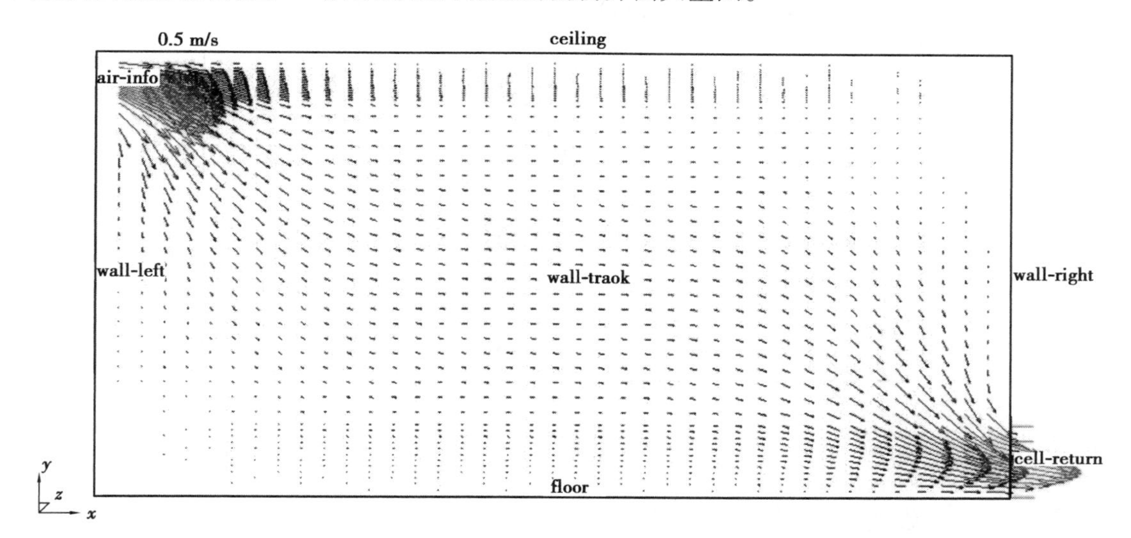

图 4.2　房间流畅截面矢量图

4.3　前处理过程

4.3.1　室内传感器布置

在利用单传感器进行污染物源辨识之前，首先要考虑几个问题：传感器的摆放位置会不会对源辨识的结果造成影响，哪个位置是单个传感器的最佳摆放位置，以及选择位置的依据是什么。为解答以上问题，共设置了 3 个传感器布置点 β_1、β_2、β_3，传感器坐标如表 4.3 所示。

表 4.3　传感器位置坐标

编号	位置		
	x	y	z
β_1	1.5	1	−1
β_2	3	1.5	−2
β_3	4.5	2	−3

图 4.3 显示了 3 个传感器在室内的具体位置，其中 β_1 靠近送风口下方左边位置，β_2 位于室内的中间位置，β_3 靠近回风口上侧偏右位置。

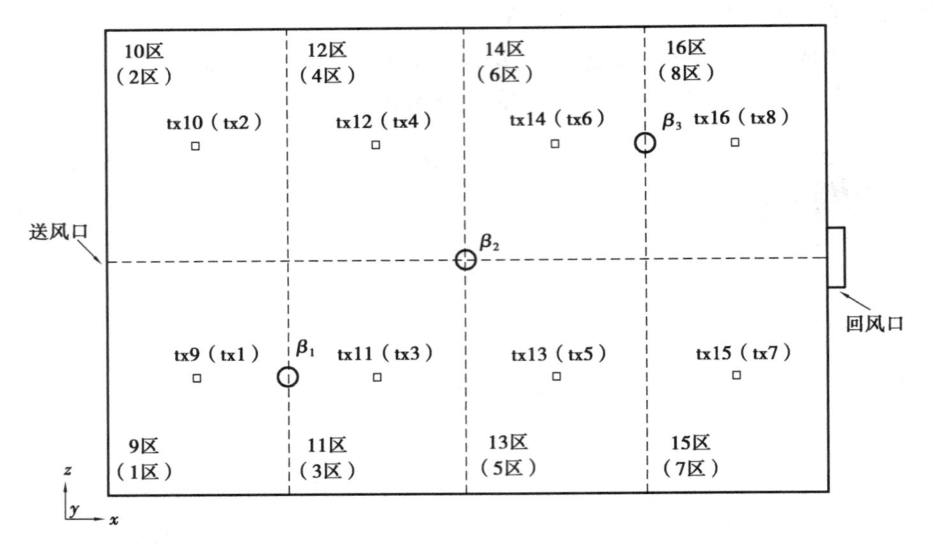

图 4.3 传感器布点位置

4.3.2 假设污染源污染物散发模型

首先在室内 β_1 点布置一个污染物传感器，其位置见图 4.3。假设污染源位于各个控制体的体心点 $\alpha_i(i=1,2,\cdots,6)$ 上，污染源的强度即污染物释放速率统一设定为 $S=0.1$ g/s。在稳态流场的基础上，通过 Airpak 模拟计算污染物从各个控制体体心位置开始散发后一段时间内的非稳态浓度场，共计 16 次。数值计算的时间步长为 0.5 s，总时长取 200 s。模拟结束后，读取各个浓度场中 β_1 点处的污染物浓度 $C_i(\beta_1,t)$，间隔为 0.5 s。

4.3.3 待辨识污染源污染物散发模型

待辨识的污染源位置在初始阶段未知，因此需要对其可能出现的位置进行假设。现假设该待辨识的污染源可能出现的位置有 16 个，具体位置坐标可见表 4.4。为区别位于体系的假设污染源，待辨识污染源的强度统一设定为 $S^*=0.1\times S=0.01$ g/s。在稳态流场的基础上，通过 Airpak 模拟计算污染物从各个待测污染源位置开始散发后，一段时间内的非稳态浓度场，数值计算的时间步长为 0.5 s，总时长取 200 s。模拟结束后，同样读取各个浓度场中 β_1 点处的污染物浓度 $C_i^*(\beta_1,t)$，间隔为 0.5 s。

表 4.4 待辨识污染源的坐标

待辨源	起始坐标	结束坐标	待辨源	起始坐标	结束坐标
α_1^*	0.72,0.62,−0.97	0.78,0.68,−1.03	α_2^*	0.72,0.62,−2.97	0.78,0.68,−3.03
α_3^*	2.22,0.62,−0.97	2.28,0.68,−1.03	α_4^*	2.22,0.62,−2.97	2.28,0.68,−3.03

续表

待辨源	起始坐标	结束坐标	待辨源	起始坐标	结束坐标
α_5^*	3.72,0.62,-0.97	3.78,0.68,-1.03	α_6^*	3.72,0.72,-2.97	3.78,0.68,-3.03
α_7^*	5.22,0.62,-0.97	5.28,0.62,-1.03	α_8^*	5.22,0.62,-2.97	5.28,0.68,-3.03
α_9^*	0.72,2.12,-0.97	0.78,2.18,-1.03	α_{10}^*	0.72,2.12,-2.97	0.78,2.18,-3.03
α_{11}^*	2.22,2.12,-0.97	2.28,2.18,-1.03	α_{12}^*	2.22,2.12,-2.97	2.78,2.18,-3.03
α_{13}^*	3.72,2.12,-0.97	3.78,2.18,-1.03	α_{14}^*	3.72,2.12,-2.97	3.78,2.18,-3.03
α_{15}^*	5.22,2.12,-0.97	5.28,2.18,-1.03	α_{16}^*	5.22,2.12,-2.97	5.28,2.18,-3.03

4.4　污染源位置辨识阶段

4.4.1　污染源位置定性辨识

在前处理阶段,通过体心散发模拟和待辨识污染源散发模拟分别得到了传感器 β_1 点随时间变化的污染物浓度 $C_i(\beta_1,t)$ 和 $C_i^*(\beta_1,t)$。按照前文所提出的求解相似特征的方法进一步整理计算,可得到每一个待辨识污染源分别对应全部16个体心散发位置的相似特征 $SC_1(\alpha_i,\tau)(i=1,2,\cdots,16)$,对应每个体心散发位置的相似特征随着时段$\tau$的变化曲线见图4.4。

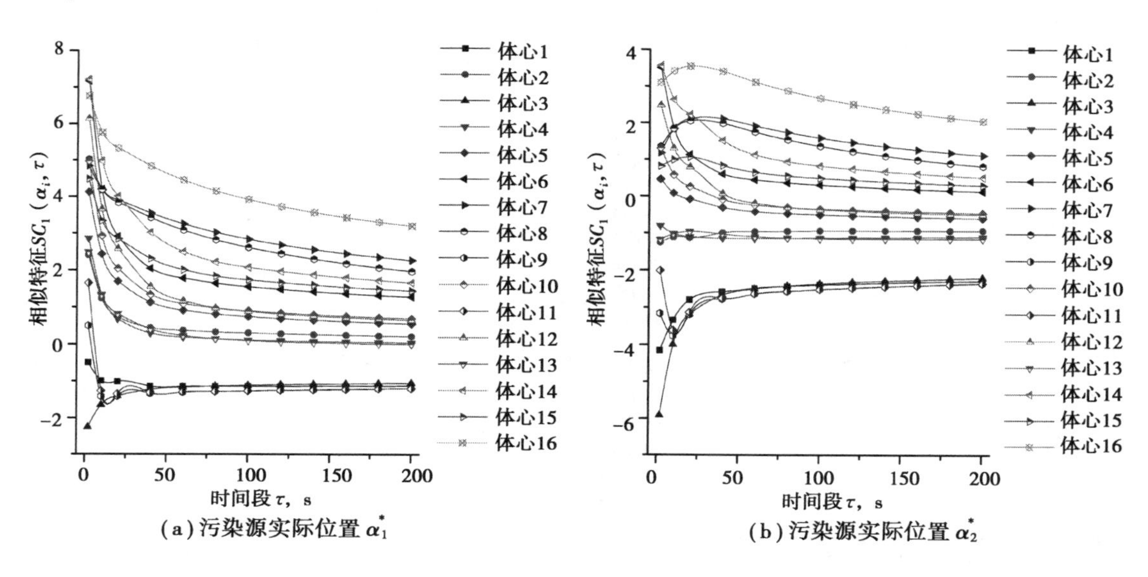

(a)污染源实际位置 α_1^*　　(b)污染源实际位置 α_2^*

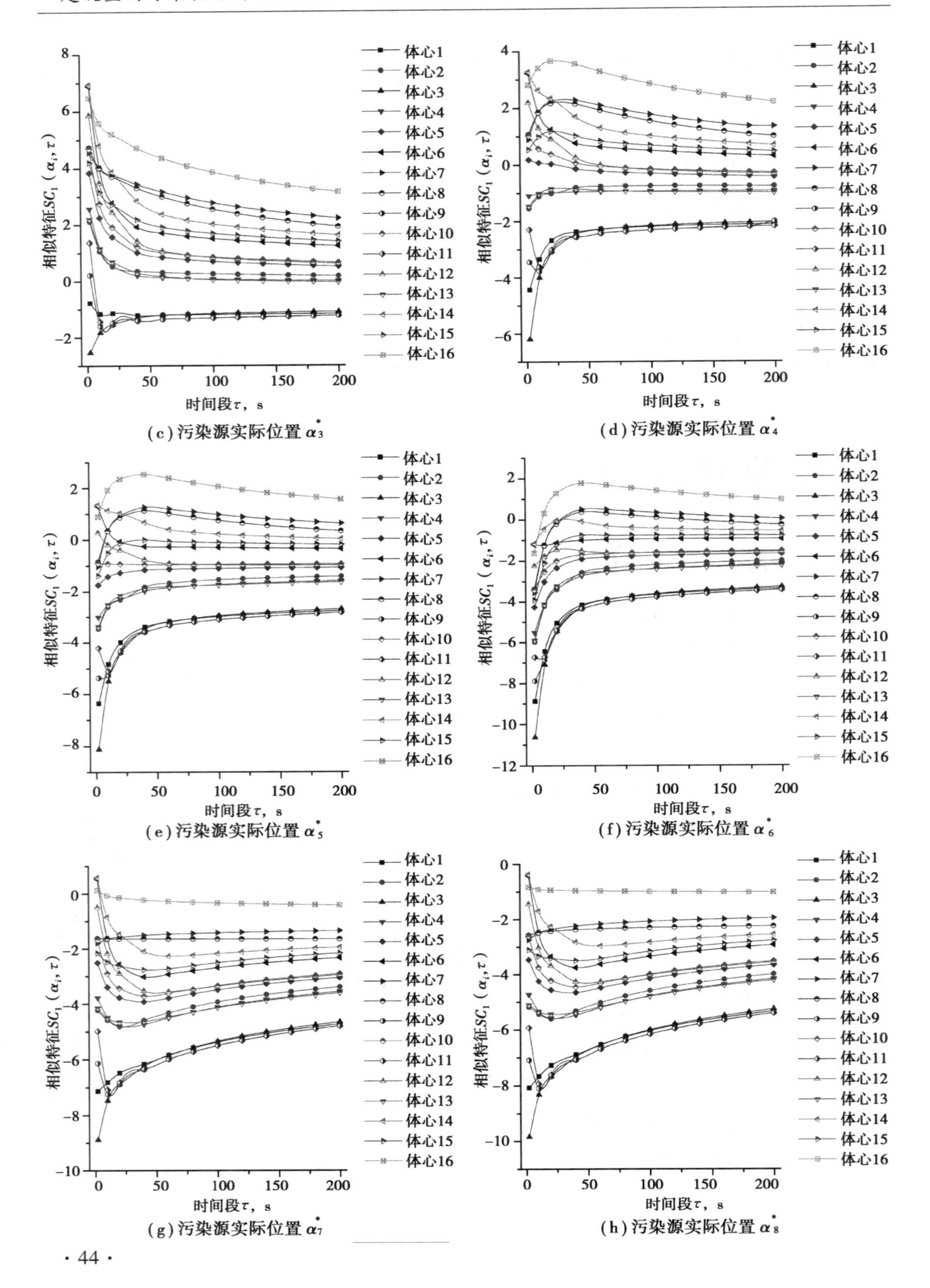

(c)污染源实际位置α_3^*

(d)污染源实际位置α_4^*

(e)污染源实际位置α_5^*

(f)污染源实际位置α_6^*

(g)污染源实际位置α_7^*

(h)污染源实际位置α_8^*

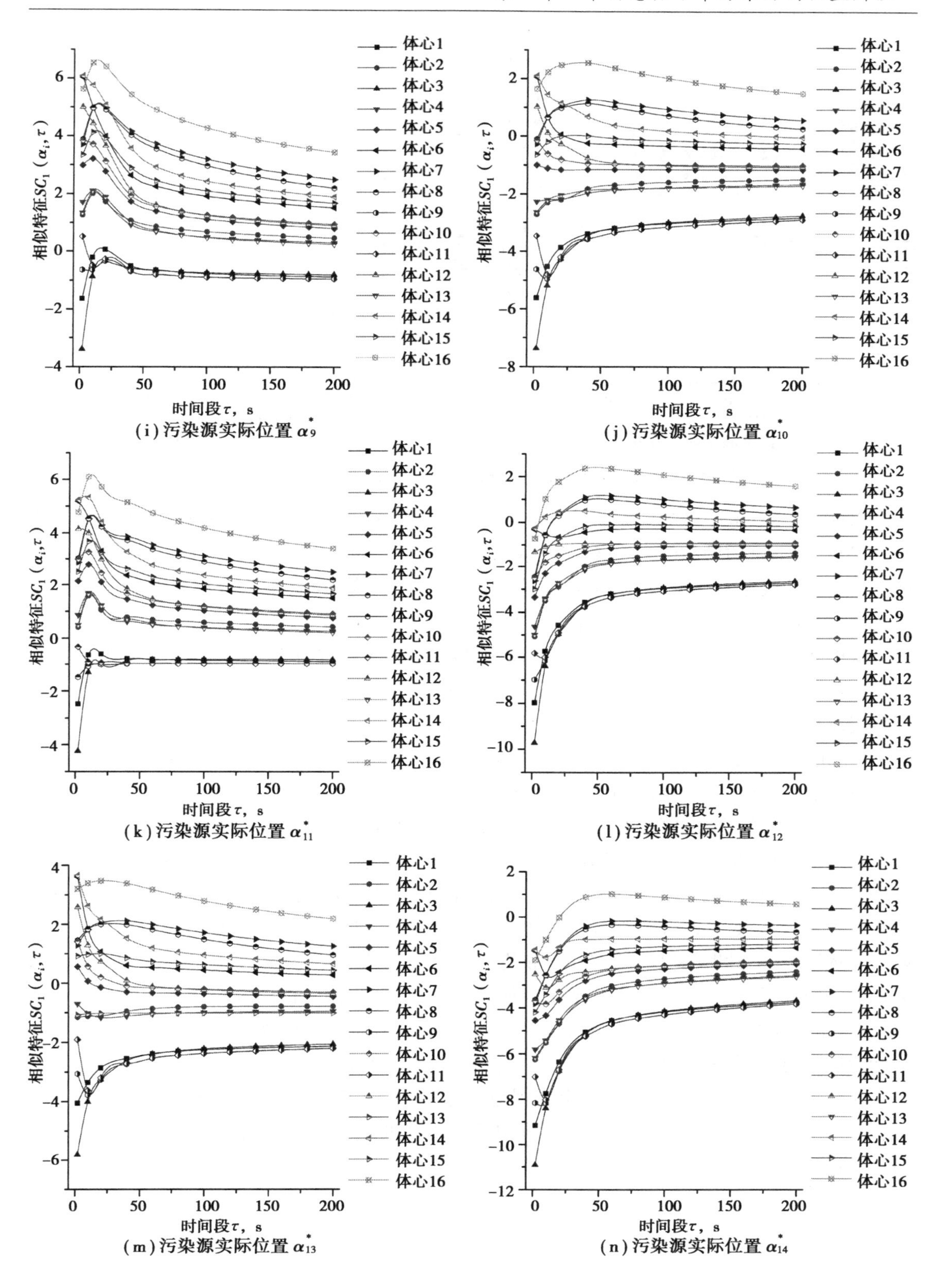

(i) 污染源实际位置 α_9^*

(j) 污染源实际位置 α_{10}^*

(k) 污染源实际位置 α_{11}^*

(l) 污染源实际位置 α_{12}^*

(m) 污染源实际位置 α_{13}^*

(n) 污染源实际位置 α_{14}^*

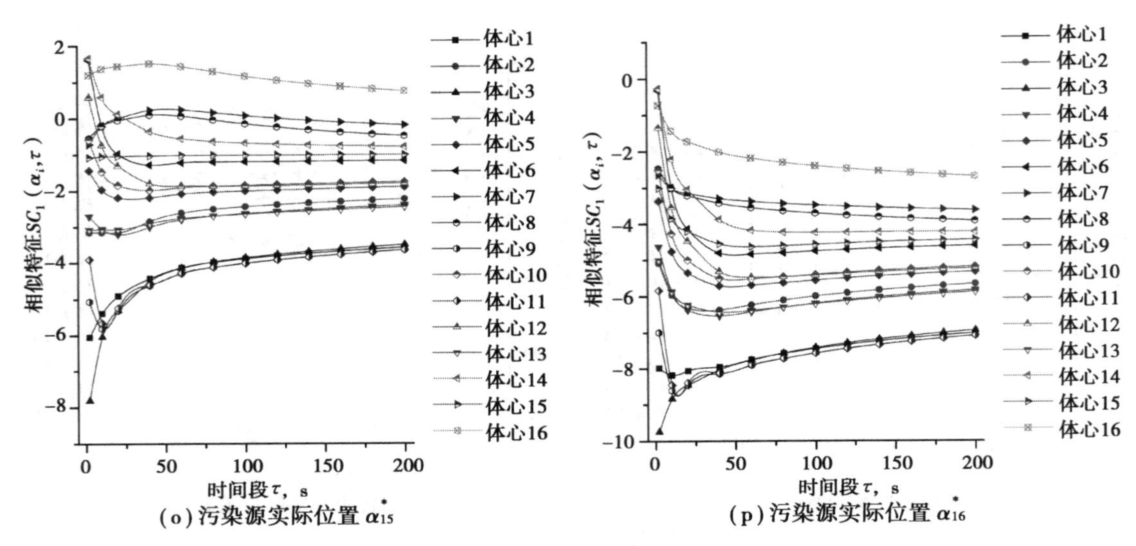

图 4.4　待辨识污染源对各体心的相似特征曲线(传感器 β_1)

由前文公式(4.1)可知,当 $\alpha_k \approx \alpha^*$ 时,即体心位置 α_k 是与待辨识污染源 α^* 最接近的点时,如果体心散发污染物的强度 S_k 和待辨识源的强度 S^* 均不随时间变化,那么它们的相似特征 $SC_1(\alpha_k,\tau)$ 接近与某个常数 $\lg(S^*/S_k)$。这也意味着,在 16 条 $SC_1(\alpha_i,\tau)$ 随时段τ的变化曲线中,以 $SC_1(\alpha_k,\tau)$ 曲线最接近于水平线。

从图 4.4 可以直观地看到,每个待辨识污染源对应的 16 条相似特征曲线各不相同,前后变化较大的曲线表明该体心点与污染源实际位置相似性较差,曲线越平缓意味着与污染源实际位置越接近。以图 4.4(d)为例,该图的污染源 α_4^* 实际位置在控制体 4 内。据观察,在所有 16 条相似特征曲线中,体心 4 对应的曲线最为平直,因此体心 4 是与污染源实际位置最接近的点,该辨识结果与污染源的实际位置相吻合。

另外对所有数据曲线的观察结果显示,在污染物释放的开始阶段,不同位置曲线的差异较大,更容易判断出来污染源所属的控制体位置;随着时间增加,所有曲线均趋于平缓,并有逐渐靠拢的趋势,辨别污染源的难度越来越高,误差越来越大。这是因为在污染源释放强度不高以及室内新风量较小时,随着污染物不断释放,污染物会逐渐充斥整个空间,不同位置的浓度差逐渐缩小,此时污染物的空间分布更多受到室内流场的影响,受污染源影响的作用大大降低。因此可认为,由于污染源开始释放的初始阶段中,污染物尚未广泛分布于空间所有位置,这是污染物源辨识的黄金时间。以此为基础,源辨识工作应优先在污染源开始释放的初始阶段从传感器提取反馈的浓度信息。本文的初始阶段取 2 min。

相似特征曲线可以从曲线形状上直观地进行初步的污染源位置辨识,但是由于直接观察法会严重受主观因素影响,误差较大,只能用于定性判断。下面还需定量地表达体心位置 α_k 与待辨识污染源 α^* 的接近程度。

4.4.2 污染源位置定量辨识

上一节通过计算待辨识污染源实际位置和各个控制体体心的相似特征，达到了初步定性辨识污染源位置的目的。为了进一步定量辨识，需要在相似特征的基础上，计算绝对相似度 $ASD_1(\alpha_i,\tau)$ 和相似隶属度 $MGS_1(\alpha_i,\tau)$ 指标，这两个指标能够如实反映在时段 τ 内待辨识污染源实际位置与各个控制体体心的接近程度。根据本章第 1 节的结论，绝对相似度 $ASD_1(\alpha_i,\tau)$ 的值越大，说明相似特征曲线越平缓；相似隶属度 $MGS_1(\alpha_i,\tau)$ 的值越大，意味着该待辨识污染源出现在该位置的概率越高。二者共同作用，从而对全部污染源可能发生位置按照其发生概率从大到小进行排序。

为了对辨识方法的有效性进行评估，本节引入模拟"打靶射击"得分制的评价方法，如表 4.5，最终给出每种辨识方法的辨识准确度。

表 4.5　辨识有效性评价标准

接近程度排序	相似隶属度	评价得分
第 1 名	≥0.5	6
	<0.5	5
第 2 名	≥0.3	4
	<0.3	3
第 3 名	≥0.1	2
	<0.1	1
3 名以后	—	0

下面举例说明该评价方法的运用：当污染源实际位置在 α_1^*，即污染源实际上位于控制体 1 区内时，如果体心 α_1 与 α_1^* 的 $MGS_1(\alpha_1,\tau)$ 在集合中排名第一，且当 $MGS_1(\alpha_1,\tau)\geqslant 0.5$ 时，表示完全击中靶心，得分为 6 分；如果体心 α_1 与 α_1^* 的 $MGS_1(\alpha_1,\tau)$ 在集合中排名第一，但是 $MGS_1(\alpha_1,\tau)<0.5$，表示稍微偏离靶心，得分为 5 分；以此类推，当 $MGS_1(\alpha_1,\tau)$ 在集合中排名第四或更靠后，则表示本次射击脱靶，得 0 分。如果污染源实际可能出现的位置共有 N 个，则一共要进行 N 次评价，理想时评价满分为 $6\cdot N$。如果最后总得分为 T，那么定义此辨识方法的准确率 η，定义式为：

$$\eta=\frac{T}{6\cdot N}\times 100\% \tag{4.6}$$

采用准确率 η 作为对一种辨识方法的整体评价指标，能够合理地反映出所采用辨识方法的准确性，基于该指标可以做到对不同方法进行合理的评判，从而有助于选择更加良好的辨识方法。

于是在污染源位置定量辨识阶段，首先利用 Matlab 软件对源辨识量化指标 $ASD_1(\alpha_i,\tau)$ 和 $MGS_1(\alpha_i,\tau)$ 进行求解，得到不同时段的量化指标数值。为分析源辨识效果随时段变化情况，选取几个典型时段（τ = 30 s，60 s，90 s，120 s，150 s，180 s，200 s）分别导出其 $ASD_1(\alpha_i,\tau)$ 和

$MGS_1(\alpha_i,\tau)$指标,并运用准确率评价方法对不同时段下的辨识过程进行评价,由于篇幅有限,本节只列举$\tau=30$ s和$\tau=200$ s两种情况,分别见表4.6和表4.7。

表4.6 $\tau=30$ s时污染源辨识的准确度评价(单传感器β_1)

污染源实际位置	体心位置与实际位置的接近程度排序($\tau=30$ s)				是否准确	是否大于0.5/0.3/0.1	得分
	排名	体心位置	绝对相似度 $ASD_1(\alpha_i,\tau)$	相似隶属度 $MGS_1(\alpha_i,\tau)$			
α_1^*	1	1	27.1	0.148	是	否	5
	2	3	25.7	0.140			
	3	7	19.4	0.106			
α_2^*	1	2	75.4	0.161	是	否	5
	2	13	72.9	0.155			
	3	15	70.6	0.150			
α_3^*	1	7	23.4	0.135	否	否	3
	2	3	21.3	0.123			
	3	8	18.7	0.108			
α_4^*	1	4	178.7	0.324	是	否	5
	2	5	109.4	0.199			
	3	10	36.2	0.066			
α_5^*	1	10	475.8	0.625	否	是	1
	2	14	45.1	0.059			
	3	5	42.8	0.056			
α_6^*	1	6	33.6	0.187	是	否	5
	2	12	22.3	0.124			
	3	14	18.9	0.105			
α_7^*	1	8	1 159.9	0.729	否	是	3
	2	7	96.8	0.061			
	3	16	78.1	0.049			
α_8^*	1	16	162.4	0.270	否	否	3
	2	8	143.3	0.239			
	3	7	55.7	0.093			

续表

污染源实际位置	体心位置与实际位置的接近程度排序(τ = 30 s)				是否准确	是否大于0.5/0.3/0.1	得分
	排名	体心位置	绝对相似度 $ASD_1(\alpha_i, \tau)$	相似隶属度 $MGS_1(\alpha_i, \tau)$			
α_9^*	1	11	58.2	0.168	否	否	3
	2	9	45.4	0.132			
	3	6	24.6	0.711			
α_{10}^*	1	4	109.5	0.220	否	否	0
	2	2	38.6	0.078			
	3	13	37.7	0.076			
α_{11}^*	1	11	415.1	0.616	是	是	6
	2	7	44.3	0.066			
	3	8	32.9	0.049			
α_{12}^*	1	12	58.7	0.247	是	否	5
	2	6	36.9	0.155			
	3	14	25.6	0.107			
α_{13}^*	1	13	425.5	0.394	是	否	5
	2	2	189.4	0.175			
	3	15	149.5	0.138			
α_{14}^*	1	6	33.8	0.182	否	否	1
	2	12	25.2	0.136			
	3	14	16.4	0.088			
α_{15}^*	1	15	490.4	0.452	是	否	5
	2	2	151.8	0.140			
	3	13	141.2	0.130			
α_{16}^*	1	1	95.2	0.223	否	否	0
	2	11	75.5	0.177			
	3	9	65.7	0.154			
总分		55	准确率 η(%)		57.3		

从表 4.6 中得知，在τ = 30 s 时段内，对 16 个待辨识污染源可能出现的位置中只有 8 个位置判断准确，即实际污染源所在控制体在相似隶属度集合中排名第一，这其中完全辨识准确的只有 1 个位置；实际位置排在第 2 位的有 4 个，实际位置排在第 3 位的有 2 个，脱靶的有 2 个位置，评价总得分为 55 分，总共的准确率仅为 57.3%。

表 4.7　τ = 200 s 时污染源辨识的准确度评价（单传感器 β_1）

污染源实际位置	体心位置与实际位置的接近程度排序（τ = 200 s）				是否准确	是否大于0.5/0.3/0.1	得分
	排名	体心位置	绝对相似度 $ASD_1(\alpha_i, \tau)$	相似隶属度 $MGS_1(\alpha_i, \tau)$			
α_1^*	1	1	104.9	0.178	是	否	5
	2	3	86.7	0.147			
	3	2	48.5	0.082			
α_2^*	1	2	254.2	0.191	是	否	5
	2	13	204.7	0.154			
	3	15	125.3	0.094			
α_3^*	1	3	72.2	0.136	是	否	5
	2	7	53.3	0.100			
	3	2	53.1	0.100			
α_4^*	1	4	623.4	0.380	是	否	5
	2	5	214.4	0.131			
	3	2	103.8	0.063			
α_5^*	1	10	1 507.7	0.631	否	是	3
	2	5	146.9	0.062			
	3	5	96.9	0.041			
α_6^*	1	6	119.8	0.197	是	否	5
	2	12	67.6	0.111			
	3	14	57.1	0.094			
α_7^*	1	8	3 542.9	0.766	否	是	3
	2	7	270.2	0.058			
	3	16	218.9	0.047			
α_8^*	1	16	508.2	0.317	否	否	3
	2	8	379.5	0.237			
	3	7	152.6	0.095			
α_9^*	1	11	132.4	0.179	否	否	3
	2	9	120.4	0.163			
	3	6	59.7	0.081			

续表

污染源实际位置	体心位置与实际位置的接近程度排序($\tau=200$ s)				是否准确	是否大于0.5/0.3/0.1	得分
	排名	体心位置	绝对相似度 $ASD_1(\alpha_i, \tau)$	相似隶属度 $MGS_1(\alpha_i, \tau)$			
α_{10}^*	1	5	426.7	0.286	否	否	1
	2	4	215.0	0.144			
	3	10	127.0	0.085			
α_{11}^*	1	11	1 322.2	0.683	是	是	6
	2	2	74.2	0.038			
	3	7	66.2	0.034			
α_{12}^*	1	12	230.5	0.256	是	否	5
	2	16	133.4	0.148			
	3	6	110.5	0.123			
α_{13}^*	1	13	1 529.0	0.531	是	是	6
	2	2	292.6	0.102			
	3	15	214.9	0.075			
α_{14}^*	1	6	77.4	0.142	否	是	2
	2	12	73.3	0.135			
	3	14	61.1	0.112			
α_{15}^*	1	15	1 478.9	0.569	是	是	6
	2	13	212.3	0.082			
	3	16	146.2	0.056			
α_{16}^*	1	1	123.3	0.143	否	否	0
	2	11	118.7	0.139			
	3	9	102.4	0.119			
总分		63	准确率 η(%)		65.6		

从表4.7中得知，当$\tau=200$ s时，对16个待辨识污染源可能出现的位置中有9个位置判断准确，即实际污染源所在控制体在相似隶属度集合中排名第一，其中，完全辨识准确的位置增加至3个；实际位置排在第2位的有4个，实际位置排在第3位的有2个，脱靶的有1个位置，评价总得分来到63分，总共的准确率为65.6%。

在基于传感器β_1的辨识情景中，将选取时段下的污染源位置辨识准确率的评估结果一一求出，可得到辨识率在200 s的时段内随τ值的变化趋势，如图4.5所示。从中可以看出，辨识准确率在$\tau=120$ s的时段内处于上升状态，之后不再变化，其中$\tau=60$ s的时段内的增长最为快速。最终的准确率相对于$\tau=30$ s上升了8.4%。

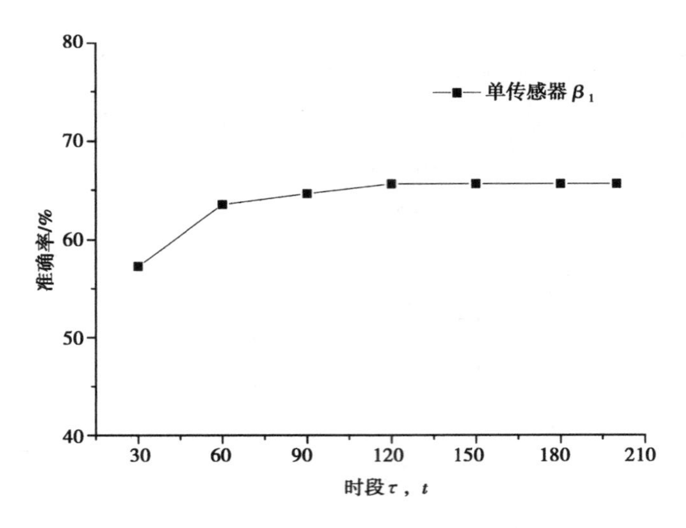

图 4.5　辨识准确率随时段的变化趋势(单传感器 β_1)

4.5　传感器位置对源辨识结果的影响分析

4.5.1　传感器 β_2的辨识结果

传感器 β_2点的位置坐标为$(x,y,z)=(3.0,1.5,-2.0)$,其位置见图 4.3。通过体心散发模拟和待辨识污染源散发模拟分别得到了传感器 β_2点随时间变化的污染物浓度 $C_i(\beta_2,t)$和 $C_i^*(\beta_2,t)$。每一个待辨识污染源分别对应全部 16 个体心散发位置的相似特征为 $SC_2(\alpha_i,\tau)$ $(i=1,2,\cdots,16)$,对应每个体心散发位置的相似特征随着时段τ的变化曲线见图 4.6。

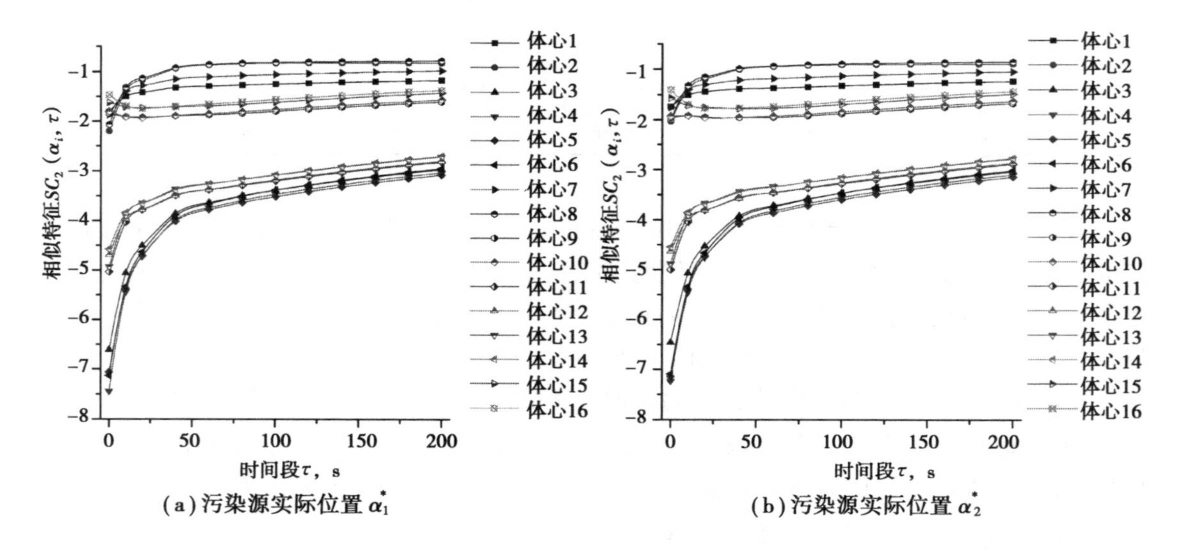

(a)污染源实际位置 α_1^*　　(b)污染源实际位置 α_2^*

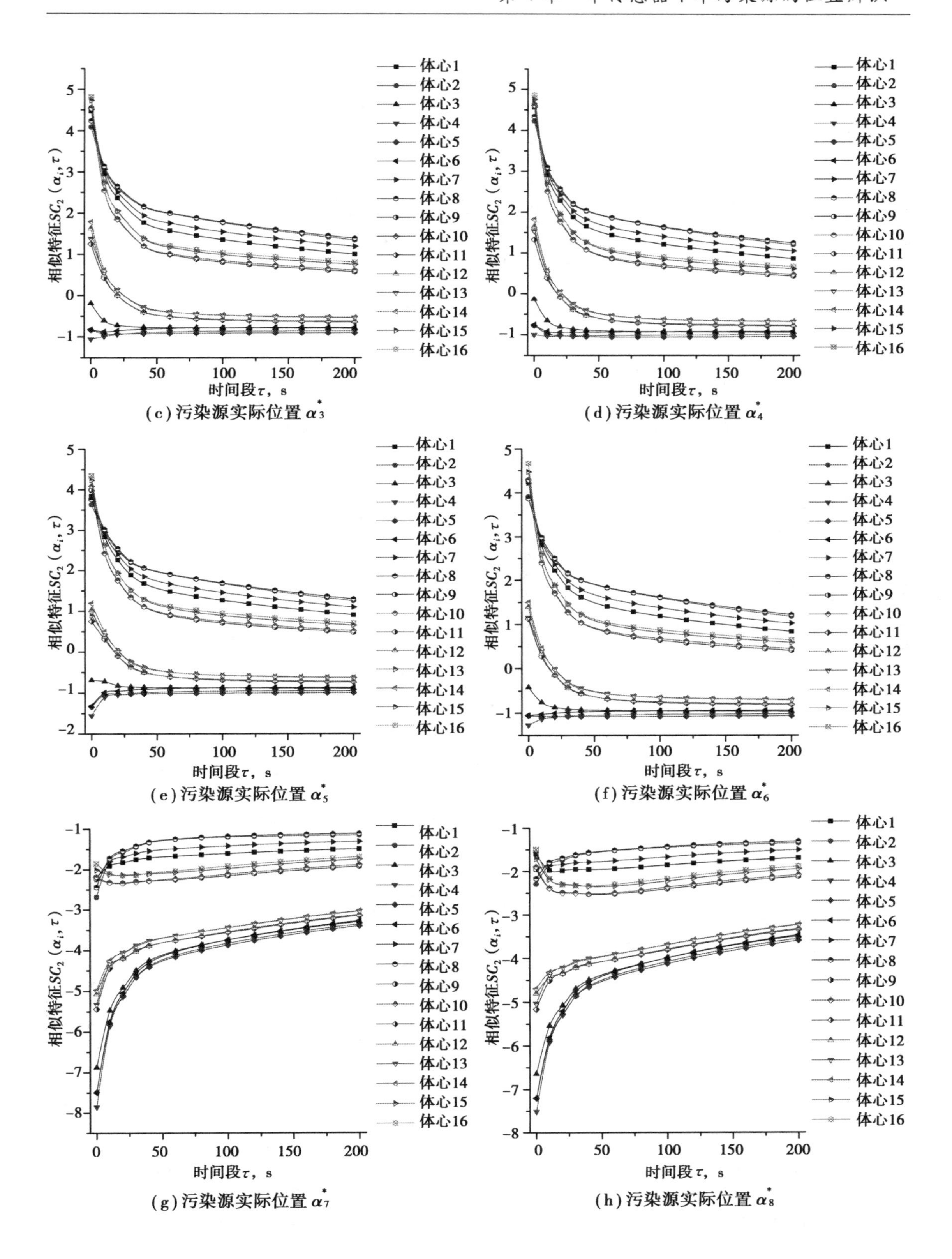

(c)污染源实际位置 α_3^*

(d)污染源实际位置 α_4^*

(e)污染源实际位置 α_5^*

(f)污染源实际位置 α_6^*

(g)污染源实际位置 α_7^*

(h)污染源实际位置 α_8^*

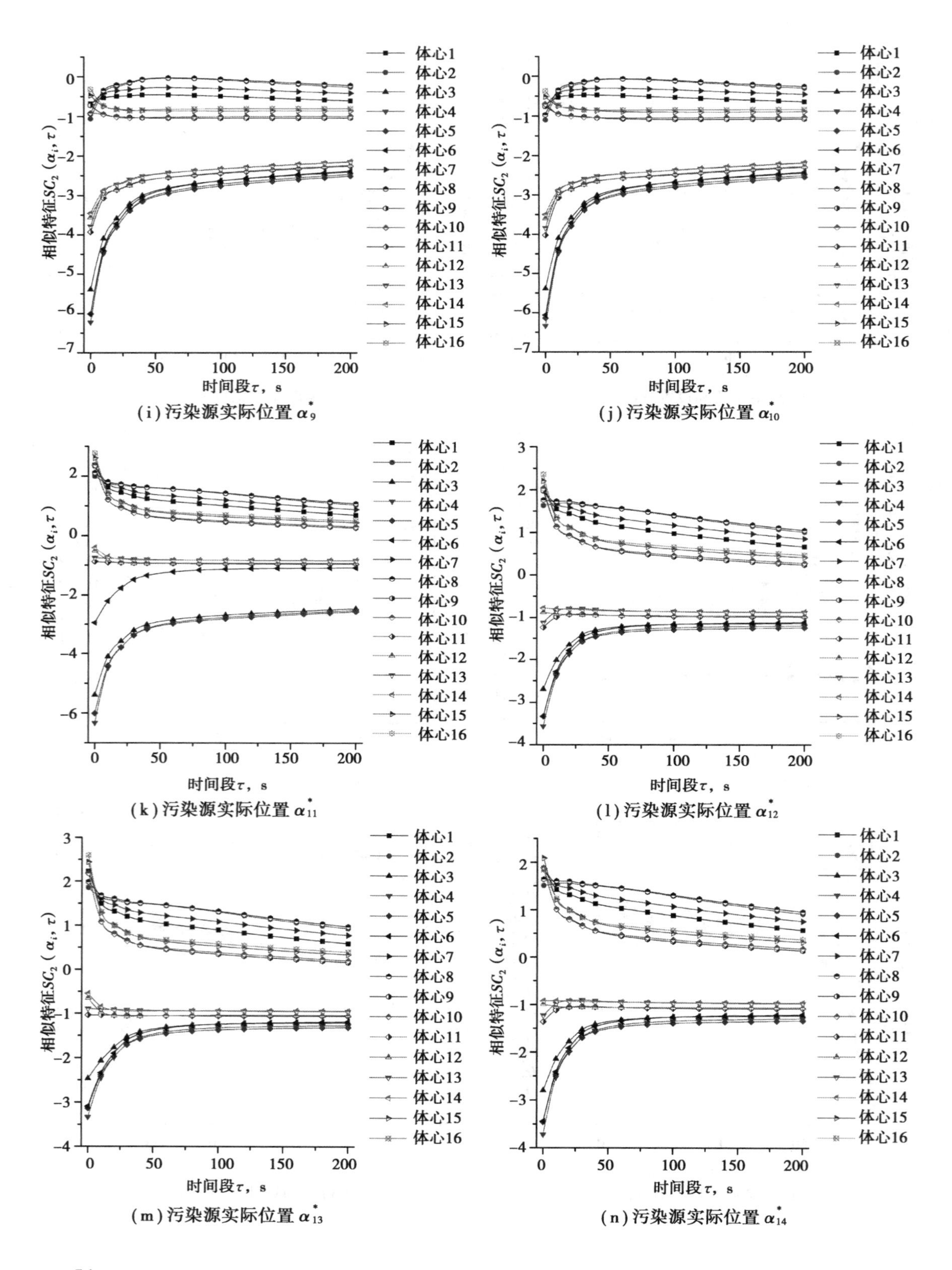

(i)污染源实际位置α_9^*

(j)污染源实际位置α_{10}^*

(k)污染源实际位置α_{11}^*

(l)污染源实际位置α_{12}^*

(m)污染源实际位置α_{13}^*

(n)污染源实际位置α_{14}^*

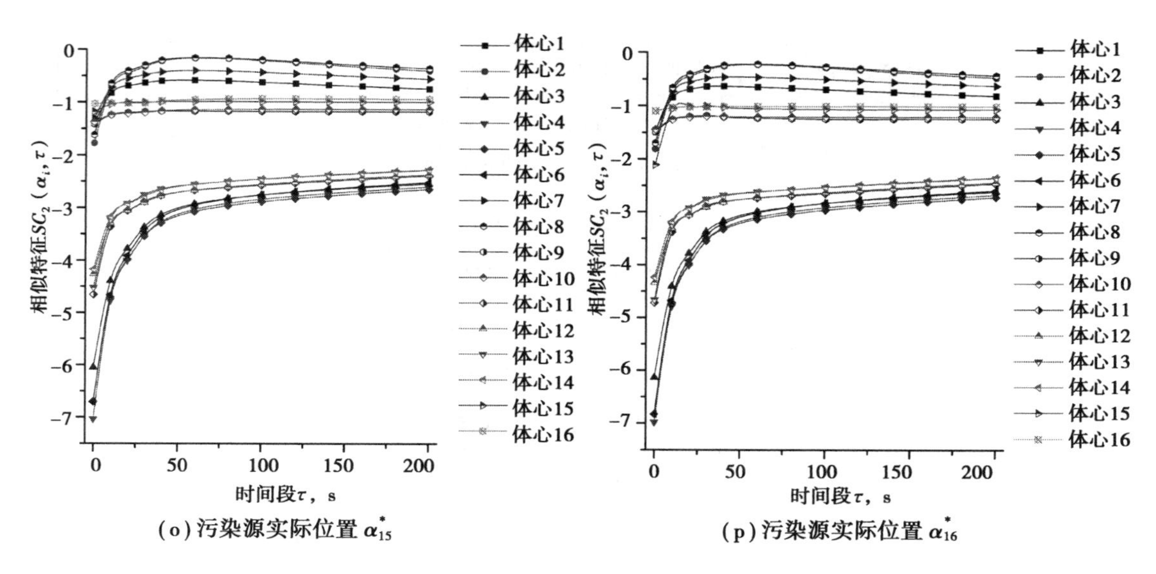

(o)污染源实际位置 α_{15}^*

(p)污染源实际位置 α_{16}^*

图 4.6　待辨识污染源对各体心的相似特征曲线(传感器 β_2)

图 4.6 反映了基于传感器 β_2 反馈数据的,待测实际污染源位置对各个体心的相似特征。仔细观察可发现通过该传感器得到的相似特征曲线中,大部分不能很直接地找到一条最平缓的曲线。因此,更需要计算绝对相似度 $ASD_2(\alpha_i,\tau)$ 和相似隶属度 $MGS_2(\alpha_i,\tau)$ 指标,下标 2 表示基于传感器 β_2 的反馈数据。通过这两个指标反映在时段 τ 内待辨识污染源实际位置与各个控制体体心的接近程度,从而完成辨识。表 4.8 和表 4.9 分别是 $\tau=30$ s 及 $\tau=180$ s 时,各个待辨识污染源对应的绝对相似度 $ASD_2(\alpha_i,\tau)$ 和相似隶属度 $MGS_2(\alpha_i,\tau)$ 指标统计表。

表 4.8　$\tau=30$ s 时污染源辨识的准确度评价(单传感器 β_2)

污染源实际位置	体心位置与实际位置的接近程度排序($\tau=30$ s)				是否准确	是否大于 0.5/0.3/0.1	得分
	排名	体心位置	绝对相似度 $ASD_2(\alpha_i,\tau)$	相似隶属度 $MGS_2(\alpha_i,\tau)$			
α_1^*	1	9	358.9	0.292	否	否	0
	2	15	246.0	0.200			
	3	10	198.2	0.161			
α_2^*	1	9	159.1	0.200	否	否	0
	2	15	134.6	0.169			
	3	10	123.9	0.156			
α_3^*	1	5	277.7	0.277	否	否	0
	2	6	262.0	0.261			
	3	4	227.8	0.227			

续表

污染源实际位置	体心位置与实际位置的接近程度排序（$\tau=30$ s）				是否准确	是否大于0.5/0.3/0.1	得分
	排名	体心位置	绝对相似度 $ASD_2(\alpha_i, \tau)$	相似隶属度 $MGS_2(\alpha_i, \tau)$			
α_4^*	1	4	1 202.2	0.716	是	是	6
	2	6	167.4	0.099			
	3	5	71.2	0.042			
α_5^*	1	1	153.5	0.252	否	否	3
	2	5	92.6	0.152			
	3	6	73.8	0.121			
α_6^*	1	5	1 985.2	0.687	否	否	3
	2	6	449.9	0.156			
	3	4	173.4	0.060			
α_7^*	1	9	259.8	0.250	否	否	0
	2	15	206.1	0.199			
	3	10	161.2	0.155			
α_8^*	1	7	251.1	0.265	否	否	1
	2	1	96.5	0.102			
	3	8	69.2	0.073			
α_9^*	1	1	183.2	0.217	否	否	3
	2	9	96.8	0.115			
	3	7	79.8	0.094			
α_{10}^*	1	9	107.8	0.132	否	是	2
	2	1	99.0	0.122			
	3	10	89.1	0.110			
α_{11}^*	1	11	851.9	0.414	是	否	5
	2	13	656.5	0.319			
	3	2	113.5	0.055			
α_{12}^*	1	14	683.4	0.271	否	否	3
	2	12	669.5	0.265			
	3	2	385.0	0.153			

续表

污染源实际位置	体心位置与实际位置的接近程度排序（$\tau=30$ s）				是否准确	是否大于0.5/0.3/0.1	得分
	排名	体心位置	绝对相似度 $ASD_2(\alpha_i,\tau)$	相似隶属度 $MGS_2(\alpha_i,\tau)$			
α_{13}^*	1	13	1 067.4	0.364	是	否	5
	2	11	1 048.2	0.358			
	3	2	270.6	0.092			
α_{14}^*	1	14	993.1	0.371	是	否	5
	2	12	533.0	0.199			
	3	2	331.8	0.124			
α_{15}^*	1	15	171.1	0.214	是	否	5
	2	10	138.0	0.173			
	3	16	100.1	0.125			
α_{16}^*	1	16	403.0	0.424	是	否	5
	2	10	119.3	0.126			
	3	15	109.6	0.115			
总分		43	准确率 η(%)		44.8		

从表 4.8 中得知，在$\tau=30$ s 时段内，对 16 个待辨识污染源可能出现的位置中只有 6 个位置判断准确，即实际污染源所在控制体在相似隶属度集合中排名第一，这其中完全辨识准确的只有 1 个位置；实际位置排在第 2 位的有 4 个，实际位置排在第 3 位的有 2 个，脱靶的有 4 个位置，评价总得分为 43 分，总共的准确率仅为 44.8%。

表 4.9　$\tau=180$ s 时污染源辨识的准确度评价（单传感器 β_2）

污染源实际位置	体心位置与实际位置的接近程度排序（$\tau=180$ s）				是否准确	是否大于0.5/0.3/0.1	得分
	排名	体心位置	绝对相似度 $ASD_2(\alpha_i,\tau)$	相似隶属度 $MGS_2(\alpha_i,\tau)$			
α_1^*	1	9	508.1	0.161	否	否	3
	2	1	463.1	0.146			
	3	15	458.2	0.145			

续表

污染源实际位置	体心位置与实际位置的接近程度排序（τ = 180 s）				是否准确	是否大于 0.5/0.3/0.1	得分
	排名	体心位置	绝对相似度 $ASD_2(\alpha_i, \tau)$	相似隶属度 $MGS_2(\alpha_i, \tau)$			
α_2^*	1	1	381.2	0.145	否	否	0
	2	9	374.2	0.142			
	3	15	347.7	0.132			
α_3^*	1	5	1 338.1	0.301	否	否	0
	2	6	1 037.9	0.234			
	3	4	927.1	0.209			
α_4^*	1	4	3 465.1	0.586	是	是	6
	2	6	930.2	0.157			
	3	5	414.5	0.070			
α_5^*	1	3	750.9	0.258	否	否	3
	2	5	515.0	0.177			
	3	6	386.0	0.133			
α_6^*	1	5	6 247.3	0.625	否	否	3
	2	6	1 623.6	0.163			
	3	4	825.0	0.083			
α_7^*	1	9	387.0	0.149	否	否	0
	2	15	363.3	0.140			
	3	10	309.5	0.120			
α_8^*	1	7	446.4	0.169	否	否	1
	2	1	311.5	0.118			
	3	8	248.2	0.094			
α_9^*	1	1	573.3	0.159	否	否	3
	2	9	533.6	0.148			
	3	10	374.0	0.104			
α_{10}^*	1	9	515.8	0.138	否	否	3
	2	10	496.3	0.133			
	3	1	440.0	0.118			

续表

污染源实际位置	体心位置与实际位置的接近程度排序(τ=180 s)				是否准确	是否大于0.5/0.3/0.1	得分
	排名	体心位置	绝对相似度 $ASD_2(\alpha_i, \tau)$	相似隶属度 $MGS_2(\alpha_i, \tau)$			
α_{11}^*	1	11	2 738.9	0.413	是	否	5
	2	13	1 821.3	0.274			
	3	12	482.9	0.073			
α_{12}^*	1	12	2 421.3	0.352	是	否	5
	2	14	1 888.3	0.274			
	3	11	433.3	0.063			
α_{13}^*	1	11	4 613.8	0.449	否	否	3
	2	13	2 986.8	0.291			
	3	14	537.9	0.052			
α_{14}^*	1	14	3 061.3	0.352	是	否	5
	2	12	2 908.1	0.334			
	3	11	451.9	0.052			
α_{15}^*	1	15	960.3	0.242	是	否	5
	2	9	675.7	0.170			
	3	10	654.1	0.165			
α_{16}^*	1	16	2 115.7	0.462	是	否	5
	2	10	690.2	0.151			
	3	15	538.2	0.117			
总分		50	准确率 η(%)		52.1		

从表 4.9 中得知,当τ=180 s 时,对 16 个待辨识污染源可能出现的位置中有 9 个位置判断准确,即实际污染源所在控制体在相似隶属度集合中排名第一,其中,完全辨识准确的位置仍然只有 1 个;实际位置排在第 2 位的有 6 个,增加了 2 个,实际位置排在第 3 位的有 1 个,脱靶的有 3 个位置,评价总得分达到 50 分,总共的准确率为 52.1%。

在基于传感器β_2的辨识情景中,将选取时段下的污染源位置辨识准确率的评估结果一一求出,可得到辨识率在 200 s 的时段内随τ值的变化趋势,如图 4.7 所示。从中可以看出,辨识准确率在τ=60 s 的时段内的增长最为快速,之后进入缓慢上升阶段,最终的准确率达到了 54.2%,相对于τ=30 s 上升了 9.4%。

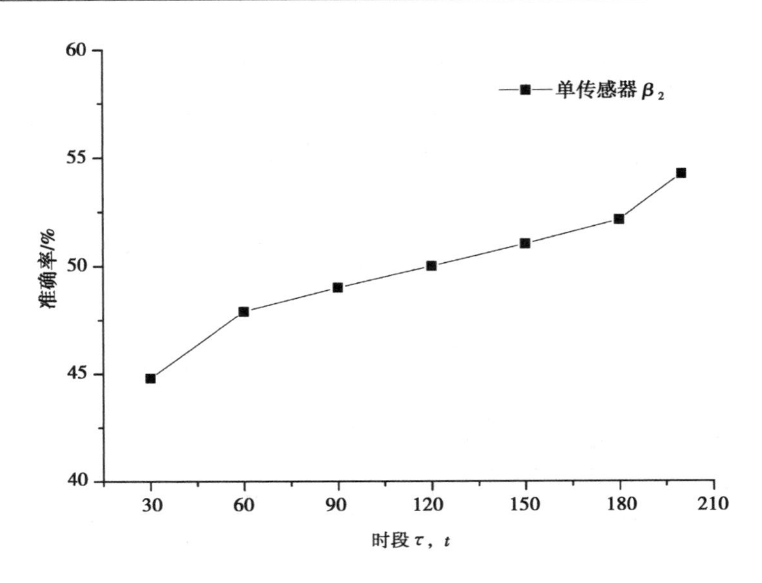

图 4.7　辨识准确率随时段的变化趋势(单传感器 β_2)

4.5.2　传感器 β_3 的辨识结果

传感器 β_3 点的位置坐标为 $(x,y,z)=(4.5,2.0,-3.0)$,其位置见图 4.3。通过体心散发模拟和待辨识污染源散发模拟分别得到了传感器 β_3 点随时间变化的污染物浓度 $C_i(\beta_3,t)$ 和 $C_i^*(\beta_3,t)$。每一个待辨识污染源分别对应全部 16 个体心散发位置的相似特征为 $SC_3(\alpha_i,\tau)$ $(i=1,2,\cdots,16)$,对应每个体心散发位置的相似特征随着时段 τ 的变化曲线见图 4.8。

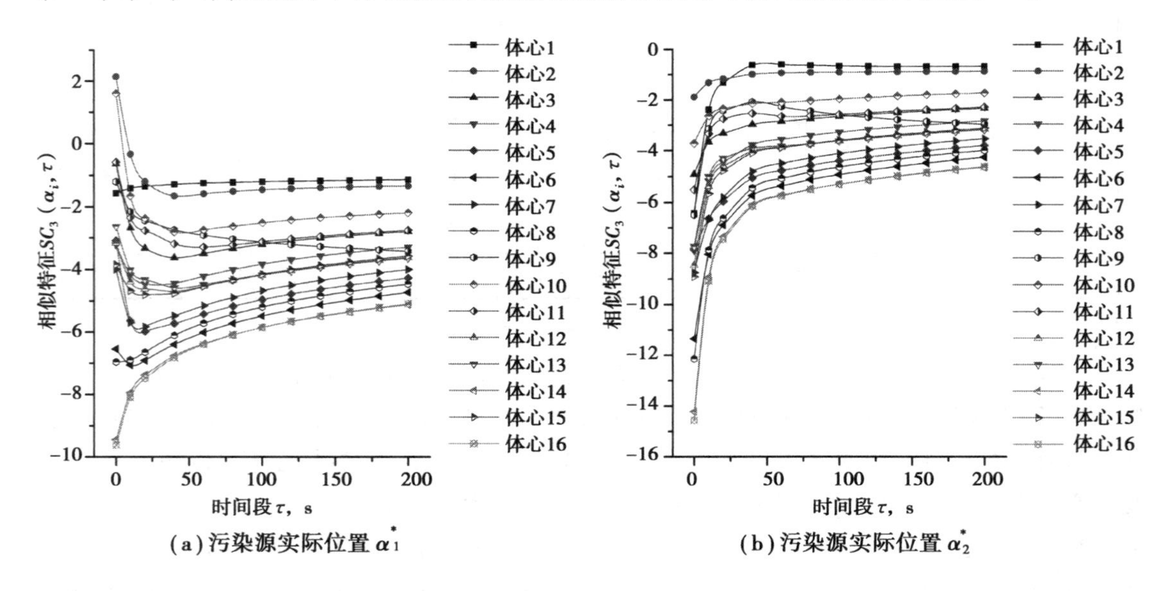

(a) 污染源实际位置 α_1^*　　(b) 污染源实际位置 α_2^*

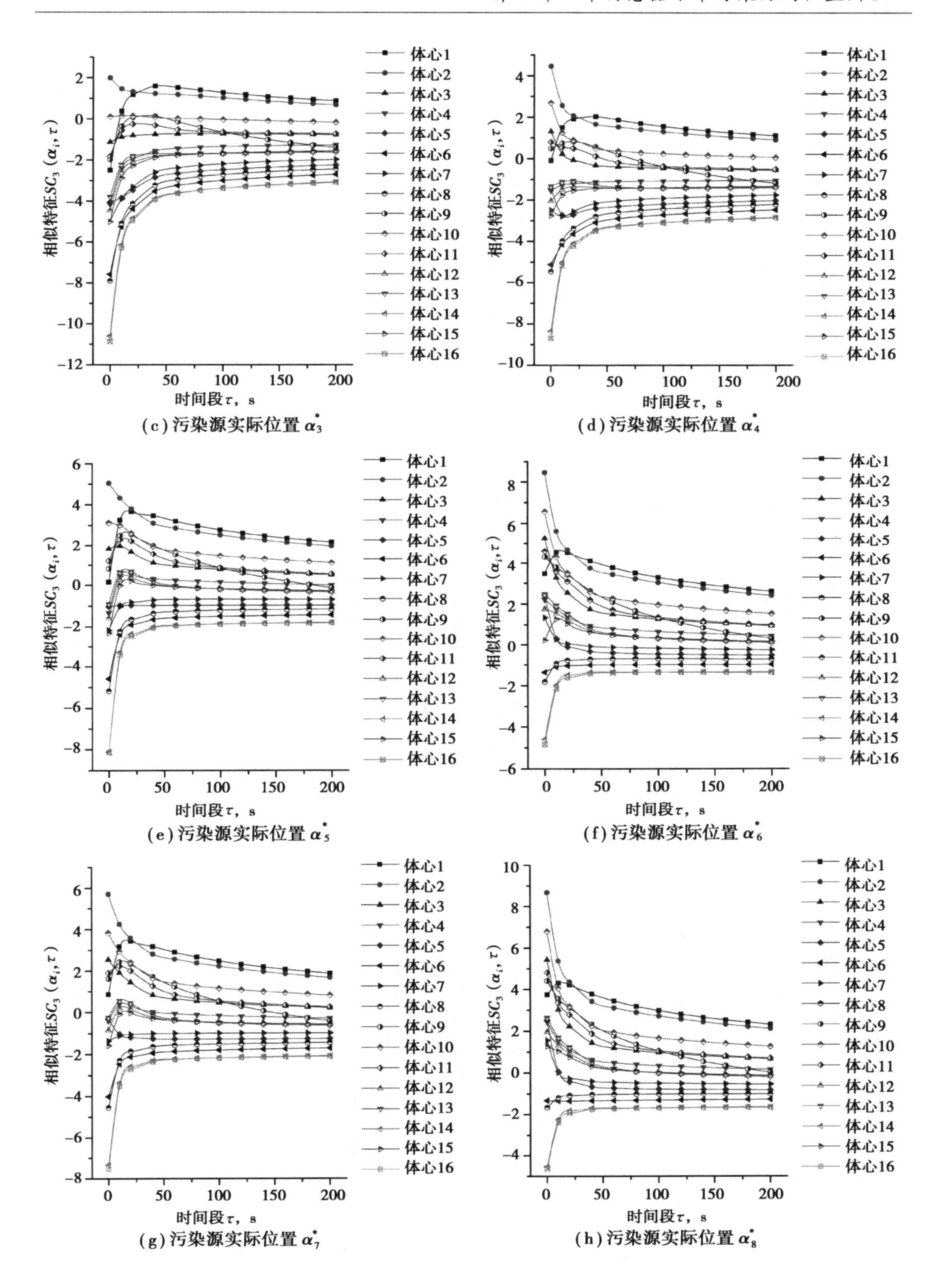

(c) 污染源实际位置 α_3^*

(d) 污染源实际位置 α_4^*

(e) 污染源实际位置 α_5^*

(f) 污染源实际位置 α_6^*

(g) 污染源实际位置 α_7^*

(h) 污染源实际位置 α_8^*

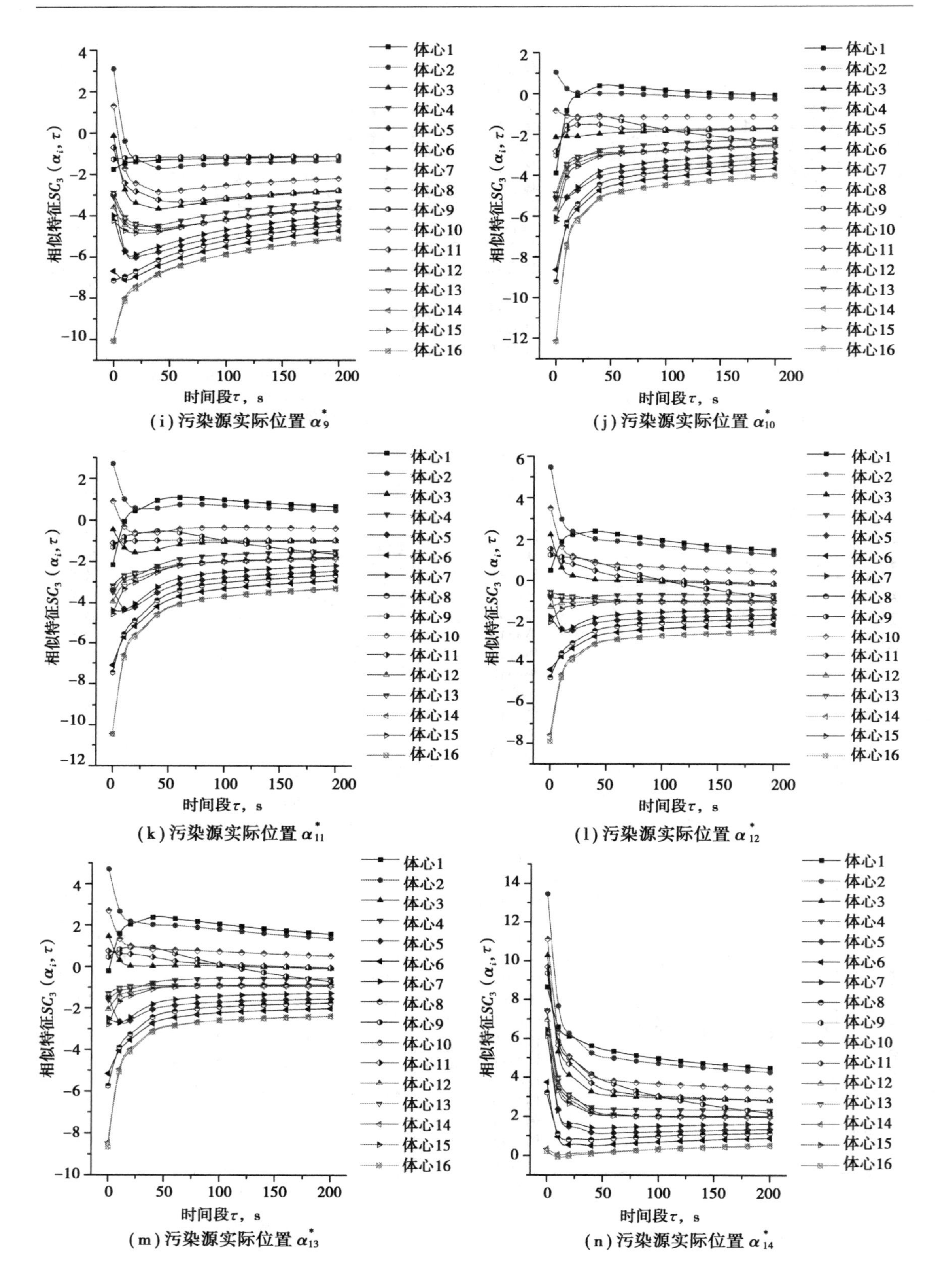

(i) 污染源实际位置 α_9^*

(j) 污染源实际位置 α_{10}^*

(k) 污染源实际位置 α_{11}^*

(l) 污染源实际位置 α_{12}^*

(m) 污染源实际位置 α_{13}^*

(n) 污染源实际位置 α_{14}^*

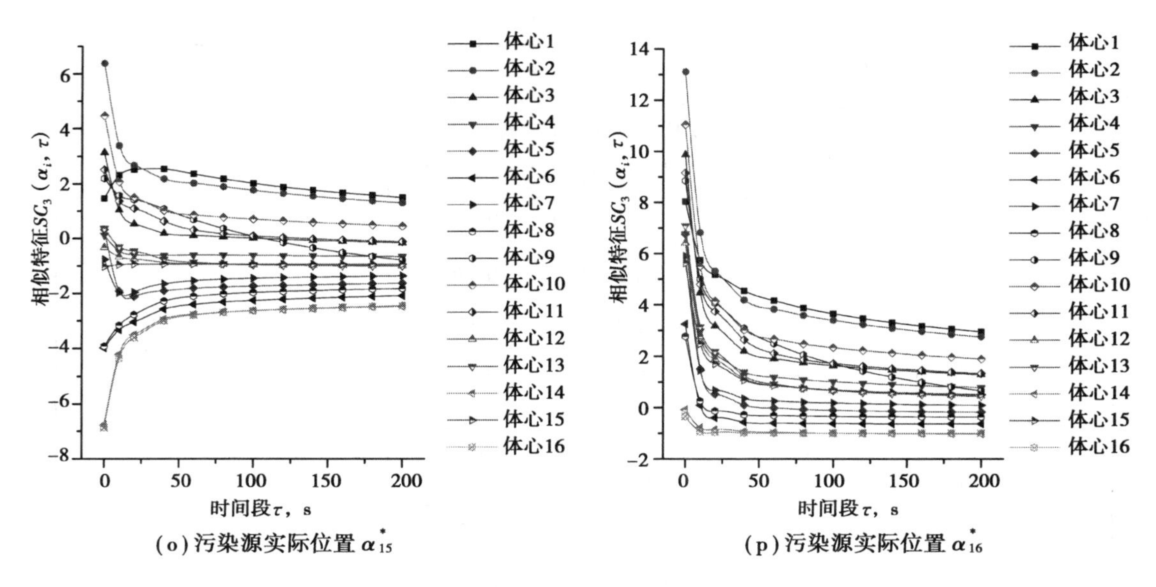

图4.8　待辨识污染源对各体心的相似特征曲线(传感器β_3)

图4.8反映了基于传感器β_3反馈数据的,待测实际污染源位置对各个体心的相似特征。仔细观察可发现通过该传感器得到的相似特征曲线中,大部分可以找出一条相对较为平缓的曲线。为验证其辨识效果,下一步需要继续计算绝对相似度$ASD_3(\alpha_i,\tau)$和相似隶属度$MGS_3(\alpha_i,\tau)$指标,通过这两个指标反映在时段τ内待辨识污染源实际位置与各个控制体体心的接近程度,下标3表示是基于传感器β_3的反馈数据。表4.10和表4.11分别是$\tau=30$ s及$\tau=180$ s时,各个待辨识污染源对应的绝对相似度$ASD_3(\alpha_i,\tau)$和相似隶属度$MGS_3(\alpha_i,\tau)$指标统计表。

表4.10　$\tau=30$ s时污染源辨识的准确度评价(单传感器β_3)

污染源实际位置	体心位置与实际位置的接近程度排序($\tau=30$ s)				是否准确	是否大于0.5/0.3/0.1	得分
	排名	体心位置	绝对相似度$ASD_3(\alpha_i,\tau)$	相似隶属度$MGS_3(\alpha_i,\tau)$			
α_1^*	1	1	117.0	0.293	是	否	5
	2	8	54.4	0.136			
	3	6	30.9	0.078			
α_2^*	1	2	30.2	0.189	是	否	5
	2	10	20.6	0.129			
	3	3	16.8	0.105			
α_3^*	1	10	149.8	0.342	否	否	3
	2	3	81.8	0.187			
	3	2	43.3	0.099			

续表

污染源实际位置	体心位置与实际位置的接近程度排序($\tau=30$ s)				是否准确	是否大于0.5/0.3/0.1	得分
	排名	体心位置	绝对相似度 $ASD_3(\alpha_i, \tau)$	相似隶属度 $MGS_3(\alpha_i, \tau)$			
α_4^*	1	4	79.4	0.163	是	否	5
	2	13	63.2	0.130			
	3	9	61.0	0.126			
α_5^*	1	5	551.9	0.678	是	是	6
	2	10	69.8	0.086			
	3	3	31.5	0.039			
α_6^*	1	6	89.5	0.235	是	否	5
	2	15	41.4	0.109			
	3	12	31.5	0.083			
α_7^*	1	7	91.5	0.258	是	否	5
	2	5	31.6	0.089			
	3	4	26.4	0.074			
α_8^*	1	6	152.6	0.347	否	否	3
	2	8	53.1	0.121			
	3	15	35.9	0.081			
α_9^*	1	9	354.4	0.396	是	否	5
	2	5	208.6	0.233			
	3	1	76.0	0.085			
α_{10}^*	1	3	119.6	0.286	否	否	3
	2	10	97.6	0.233			
	3	5	34.2	0.081			
α_{11}^*	1	11	275.5	0.472	是	否	5
	2	9	41.3	0.071			
	3	13	39.7	0.068			
α_{12}^*	1	4	165.6	0.218	否	是	2
	2	9	165.5	0.218			
	3	12	140.2	0.185			

续表

污染源实际位置	体心位置与实际位置的接近程度排序（$\tau=30$ s）				是否准确	是否大于0.5/0.3/0.1	得分
	排名	体心位置	绝对相似度 $ASD_3(\alpha_i, \tau)$	相似隶属度 $MGS_3(\alpha_i, \tau)$			
α_{13}^*	1	11	93.3	0.193	否	否	3
	2	13	80.6	0.167			
	3	9	60.6	0.125			
α_{14}^*	1	14	95.7	0.369	是	否	5
	2	16	147.0	0.345			
	3	8	23.6	0.055			
α_{15}^*	1	15	329.9	0.485	是	否	5
	2	12	61.1	0.089			
	3	6	42.1	0.063			
α_{16}^*	1	16	52.0	0.295	是	否	5
	2	14	38.0	0.216			
	3	8	10.2	0.058			
总分		70	准确率 η（%）		72.9		

从表 4.10 中得知，在$\tau=30$ s 时段内，对 16 个待辨识污染源可能出现的位置中有 11 个位置判断准确，即实际污染源所在控制体在相似隶属度集合中排名第一，这其中完全辨识准确的只有 1 个位置；实际位置排在第 2 位的有 4 个，实际位置排在第 3 位的有 1 个，无脱靶的位置，评价总得分为 79 分，总共的准确率为 72.9%。

表 4.11　$\tau=180$ s 时污染源辨识的准确度评价（单传感器 β_3）

污染源实际位置	体心位置与实际位置的接近程度排序（$\tau=180$ s）				是否准确	是否大于0.5/0.3/0.1	得分
	排名	体心位置	绝对相似度 $ASD_3(\alpha_i, \tau)$	相似隶属度 $MGS_3(\alpha_i, \tau)$			
α_1^*	1	1	438.7	0.334	是	否	5
	2	15	82.7	0.063			
	3	8	82.4	0.063			

续表

污染源实际位置	体心位置与实际位置的接近程度排序（τ=180 s）				是否准确	是否大于0.5/0.3/0.1	得分
	排名	体心位置	绝对相似度 $ASD_3(\alpha_i, \tau)$	相似隶属度 $MGS_3(\alpha_i, \tau)$			
α_2^*	1	2	151.4	0.203	是	否	5
	2	10	94.6	0.127			
	3	3	72.6	0.097			
α_3^*	1	3	448.0	0.259	是	否	5
	2	10	399.2	0.230			
	3	2	145.0	0.084			
α_4^*	1	4	374.6	0.217	是	否	5
	2	13	237.8	0.138			
	3	11	136.5	0.079			
α_5^*	1	5	2 889.9	0.760	是	是	6
	2	7	121.3	0.032			
	3	3	104.5	0.027			
α_6^*	1	6	482.6	0.296	是	否	5
	2	8	161.0	0.099			
	3	15	134.3	0.082			
α_7^*	1	7	502.2	0.309	是	否	5
	2	5	184.5	0.114			
	3	4	117.6	0.072			
α_8^*	1	6	705.0	0.369	否	否	3
	2	8	297.1	0.156			
	3	15	125.2	0.066			
α_9^*	1	1	1 446.6	0.553	是	是	6
	2	1	310.6	0.119			
	3	5	107.9	0.041			
α_{10}^*	1	10	530.4	0.312	是	否	5
	2	3	323.6	0.190			
	3	2	115.1	0.067			

续表

污染源实际位置	体心位置与实际位置的接近程度排序（τ=180 s）				是否准确	是否大于0.5/0.3/0.1	得分
	排名	体心位置	绝对相似度 $ASD_3(\alpha_i, \tau)$	相似隶属度 $MGS_3(\alpha_i, \tau)$			
α_{11}^*	1	11	1 436.9	0.572	是	是	6
	2	13	139.2	0.055			
	3	3	104.6	0.042			
α_{12}^*	1	12	816.3	0.307	是	否	5
	2	4	534.5	0.201			
	3	13	311.2	0.117			
α_{13}^*	1	13	463.6	0.244	是	否	5
	2	4	229.8	0.121			
	3	11	193.3	0.102			
α_{14}^*	1	14	269.0	0.279	是	否	5
	2	16	200.5	0.208			
	3	8	64.2	0.667			
α_{15}^*	1	15	1 963.4	0.571	是	是	6
	2	12	280.0	0.081			
	3	4	241.7	0.070			
α_{16}^*	1	16	301.7	0.323	是	否	5
	2	14	197.7	0.212			
	3	8	58.5	0.063			
总分		82	准确率 η(%)		85.4		

从表 4.11 中得知，当τ=180 s 时，对 16 个待辨识污染源可能出现的位置中有 15 个位置判断准确，即实际污染源所在控制体在相似隶属度集合中排名第一，其中，完全辨识准确的位置达到了 4 个，比τ=30 s 时增加 3 个；实际位置排在第 2 位的有 1 个，没有脱靶的位置，评价总得分达到 82 分，总共的准确率为 85.4%。

在基于传感器β_3的辨识情景中，将选取时段下的污染源位置辨识准确率的评估结果一一求出，可得到辨识率在 200 s 的时段内随τ值的变化趋势，如图 4.9 所示。从中可以看出，辨识准确率同样在τ=60 s 的时段内的增长最为快速，之后进入缓慢上升阶段，最终的准确率达到了 85.4%，相对于τ=30 s 上升了 12.5%。

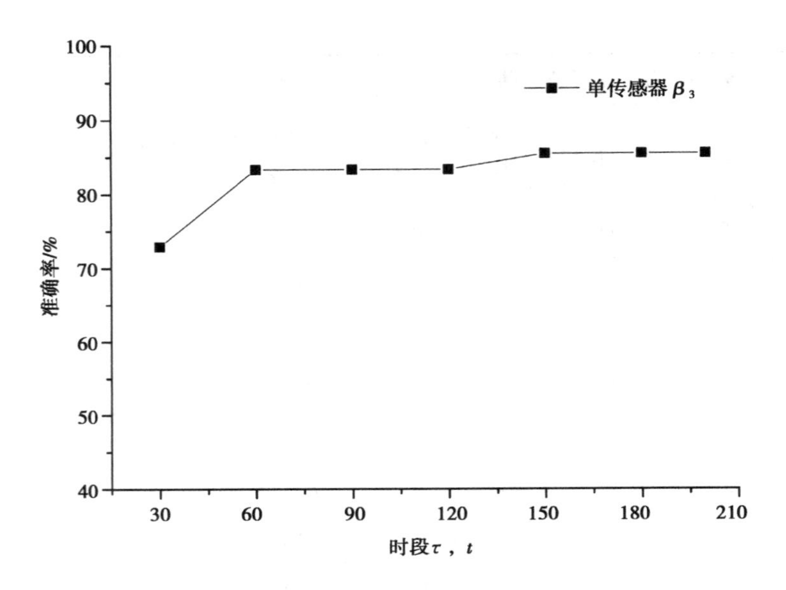

图 4.9　辨识准确率随时段的变化趋势（单传感器 β_3）

4.5.3　不同传感器的对比分析

由前文数据处理可知，传感器 β_1、β_2、β_3 各自的位置辨识准确率存在差异，其对比结果整理后见图 4.10。由于所有传感器反馈的数据是在同一模拟结束后收集的，三者除了位置存在差异，并没有其他因素造成了污染源位置辨识结果的差异。因此，此处传感器布点的不同对污染源位置辨识产生相当大的影响。

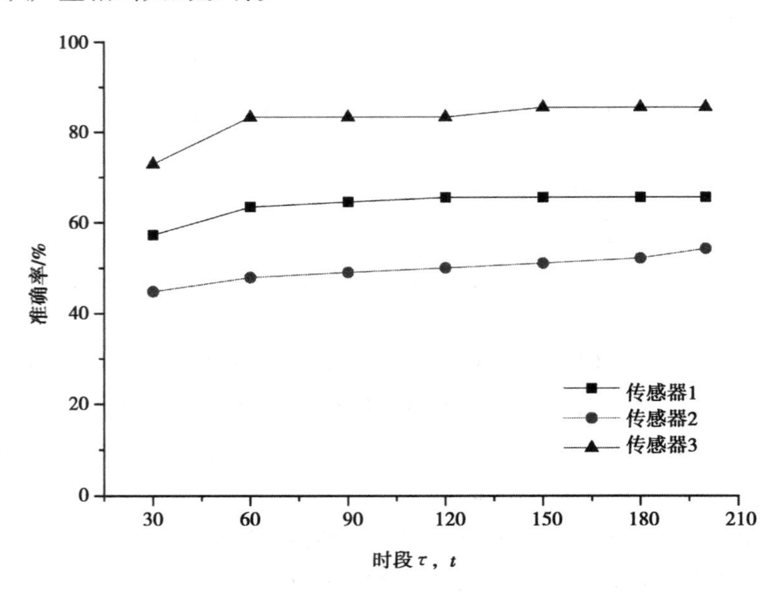

图 4.10　不同传感器的辨识准确率随时段的变化趋势

为寻找三个传感器辨识准确率差异的原因，分别将基于各个传感器对于16个待辨识实际污染源的辨识结果评价得分进行整理，如图4.11所示。

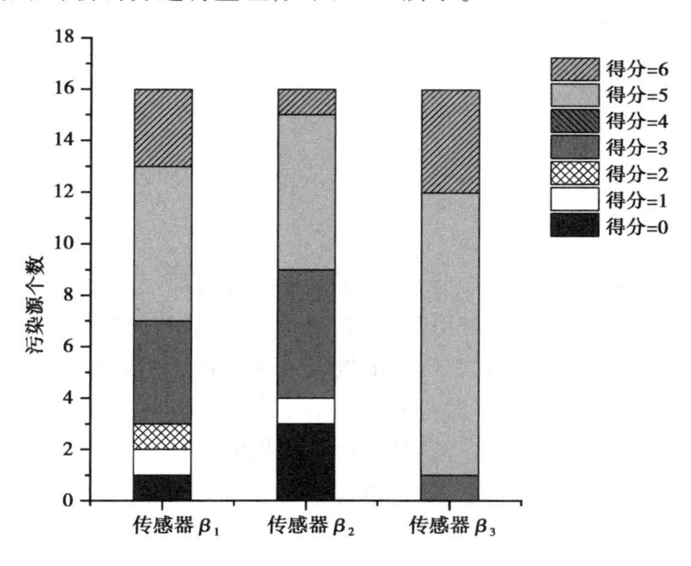

图4.11 不同传感器辨识结果的得分分布

三个传感器中，传感器 β_2 的辨识效果最差，其中对16个待辨识实际污染源的辨识中，发生概率最高（评价得分在5分以上）的体心当中正确找到污染源的只有7个，发生概率排在第二位（评价得分在3~4分）的有5个，发生概率没能出现在前三（评价得分为零分）的高达3个，如图4.11所示。如果利用传感器 β_2 得到的数据进行辨识研究，其辨识最终的准确率只有52.1%。

传感器 β_3 的辨识效果最佳，其中对16个待辨识实际污染源的辨识中，实际污染源位置恰好位于发生概率最高（评价得分在5分以上）的控制体内的高达15个，剩余的一个位于发生概率排在第二位（评价得分在3~4分）的控制体内，如图4.11所示。如果利用传感器 β_3 得到的数据进行辨识研究，辨识最终的准确率达到85.4%，其中高于传感器 β_1 约14个百分点，高于传感器 β_2 约33个百分点。

另外，不同传感器的辨识准确率随时间的变化趋势曲线体现出一个特点，即 $\tau=60$ s的时段内是准确率提高最快的时段。从 $\tau=30$ s到 $\tau=60$ s间隔的30 s之间，三个传感器辨识准确率平均增长率是6.6%，然而之后直到 $\tau=200$ s，在这之间的140 s，辨识准确率平均增长率只有3.5%。经计算，$\tau=60$ s之前的增长率是之后的8.8倍。

为什么传感器的布置位置对辨识结果会有如此大的影响？以下为笔者的一些个人见解：从位置上来看，传感器 β_2 布置在房间模型的中央位置。由于房间采用混合通风方式，送风口风速较大，室内对流强度高，在房间中央区域一开始形成无数的小涡旋，逐渐形成一个巨大的涡旋。涡旋内扰动强烈，污染物在该区域的传播杂乱无序，因此传感器 β_2 接收到的污染源浓度信息并不具备空间分布的规律性，这也可能是造成传感器 β_2 的辨识效果较差的原因。而传感器 β_1 布置在送风口下侧偏右位置，传感器 β_3 布置在回风口上侧偏左位置，新风从送风口进入室内后，传播过程逐渐携带污染物，率先经过传感器 β_3 所在区域，之后部分污染物通过回风口排到室外。因此污染物在室内散发一段时间后，传感器 β_1 附近的污染物浓度要低于传感器 β_3 所在区域，使得源辨识的相对误差增大，从而导致传感器 β_1 的辨识准确度小于传感器 β_3。CFD 模拟结果显示，传感器 β_1 附近区域的污染物浓度确实要低于传感器 β_3 所在区域的污染物浓度。传感器所在位置和源辨识准确度的相关性仍需要进一步开展研究。

4.6 本章小结

本章在上一章的源辨识理论基础上，开展了基于单传感器反馈数据的污染源位置辨识工作。首先明确了单污染源条件下的辨识策略，之后通过 Airpak 完成建模工作，在确认了传感器的摆放位置后，完成了大量复杂的源辨识前处理工作。在数据处理阶段以 Matlab 为计算手段，分别基于优化法和概率法进行了数据整理工作，并得到了一类位置辨识定性判断指标和两类量化指标；随后在辨识阶段依据所得到的辨识指标完成位置辨识工作，最后利用类“射击打靶”评价方法对不同传感器时辨识工作的准确度进行了评价。

本章主要结论如下：

①基于相似特征 $SC(\alpha_i, t)$ 指标得到了相似特征曲线图大部分情况下可以实现对污染源位置的简单定性判断，但是此方法需要用肉眼进行判断，主观性强，视觉误差较大。一旦传感器所处位置不佳，或者相似特征曲线相对密集等，都会严重影响辨识效果。最重要的是，该指标不能量化两点之间的相似程度，只能得到一个大概的结果，导致其应用价值大打折扣，因而只能用于辅助分析。

②分别基于优化法和概率法得到的绝对相似度 $ASD(\alpha_i, \tau)$ 和相似隶属度 $MGS(\alpha_i, \tau)$ 可以有效地用于污染源位置辨识。对每个单传感器的辨识结果单独分析得到，在全部 200 s 的时段内，源辨识准确率不断升高，其中 $\tau=60$ s 时段内提高最快，60 s 后提高变得缓慢，$\tau=60$ s 时段前的平均准确率提升速度是 $\tau=60$ s 之后时段的 8.8 倍。

③三个单传感器之间的辨识结果表明，传感器的布置位置对源辨识的精度有着相当大的影响。其中，传感器布置在回风口附近时，辨识准确率最高，传感器布置在送风口附近，辨识准确率次之，传感器布置在房间中央位置时，辨识准确率最差。传感器之间辨识结果存在差异，很大程度上受室内流场湍流程度的影响，另外，不同位置污染源可达性不同导致短时间内污染物浓度差异较大，这也会造成传感器之间的辨识差异性。

第5章 双传感器下单污染源的位置辨识

前一章利用单传感器的反馈信息进行污染源的位置辨识,结果表明辨识准确率很大程度上受到传感器所在位置的影响,因此采用单传感器并不能满足源辨识研究工作的要求。本章将对如何采取有效的措施消除传感器位置对源辨识结果的影响,从而对提高位置辨识的准确率进行探讨。本章内容设定室内有2个污染物浓度传感器,分散于房间内不同位置,接下来根据双传感器共同得到的污染物浓度信息进行源辨识工作,通过对比单传感器的辨识结果,对本章双传感器辨识效果进行评价。

5.1 双传感器的数据整合方法

在展开双传感器的源辨识工作之前,首先要确定双传感器的数据整合方法。通常采用的方法有差值法和平均值法。本节将以双传感器组 $\beta_1+\beta_2$ 为例,分别通过两种数据整合方法展开位置辨识研究,根据辨识结果选出适合本次研究的数据整合方式。

5.1.1 数据的差值法整合

1)差值法整合策略

差值法中,对基于两个单传感器的相似特征做差,即可得到所组成的双传感器组的相似特征。首先把空间划分为 N 个控制体,各个控制体的体心记为 $\alpha_i(i=1,2,\cdots,N)$。全部 α_i 点组成一个集合,记为:$A=\{\alpha_1,\alpha_2,\cdots,\alpha_N\}$。此时相似特征,定义式为:

$$SC_{12}(\alpha_i,\tau)=\lg\left[\frac{\int_0^\tau C^*(\beta_1,t)\,\mathrm{d}t\int_0^\tau C_i(\beta_2,t)\,\mathrm{d}t}{\int_0^\tau C^*(\beta_2,t)\,\mathrm{d}t\int_0^\tau C_i(\beta_1,t)\,\mathrm{d}t}\right] \tag{5.1}$$

式中 $SC_{12}(\alpha_i,\tau)$——无量纲数,在时段 τ 内,控制体的体心 α_i 点与待辨识的污染源位置 α^*

点的相似特征,下标中的“12”表示此量化指标所采用的是传感器 β_1、β_2 的双传感器浓度信息;

$C^*(\beta,t)$——污染源 α^* 点散发污染物所形成的浓度场中,t 时刻在 β 点处污染物的浓度,mg/m^3;

$C_i(\beta,t)$——假设强度为 S 的污染源位于控制体体心 α_i 点时,该点散发污染物所形成的浓度场中,t 时刻在 β 点处污染物的浓度,mg/m^3。

2)差值法的定量位置辨识结果

确定相似特征之后,即可根据位置辨识策略进行定量判断,双传感器的定量判断方法详见5.2节。根据单传感器位置辨识过程可知,位置辨识的准确率随时段τ呈逐渐上升阶段,上升的趋势在$\tau=60$ s后则逐渐放缓,至$\tau=180$ s时准确率几乎不再变化。因此,此处以$\tau=180$ s的时段作为检验差值法和均值法辨识效果的取值点。$\tau=180$ s时污染源的定量辨识结果见表5.1。

表5.1 $\tau=180$ s时污染源的定量辨识评价(双传感器 $\beta_1+\beta_2$)(差值法)

污染源实际位置	体心位置与实际位置的接近程度排序($\tau=180$ s)				是否准确	是否大于0.5/0.3/0.1	得分
	排名	体心位置	绝对相似度 $ASD_{12}(\alpha_i,\tau)$	相似隶属度 $MGS_{12}(\alpha_i,\tau)$			
α_1^*	1	1	117.7	0.183	是	否	5
	2	3	99.9	0.164			
	3	7	46.2	0.076			
α_2^*	1	2	256.9	0.184	是	否	5
	2	11	172.5	0.123			
	3	9	113.1	0.081			
α_3^*	1	15	253.1	0.185	否	否	0
	2	8	160.3	0.117			
	3	13	135.9	0.099			
α_4^*	1	4	572.5	0.328	是	否	5
	2	5	375.3	0.215			
	3	12	166.6	0.095			
α_5^*	1	5	333.4	0.254	是	否	5
	2	12	296.9	0.226			
	3	14	132.0	0.100			

续表

污染源实际位置	体心位置与实际位置的接近程度排序(τ=180 s)				是否准确	是否大于0.5/0.3/0.1	得分
	排名	体心位置	绝对相似度 $ASD_{12}(\alpha_i, \tau)$	相似隶属度 $MGS_{12}(\alpha_i, \tau)$			
α_6^*	1	6	301.5	0.427	是	否	5
	2	12	49.5	0.070			
	3	4	42.3	0.060			
α_7^*	1	7	522.1	0.323	是	否	5
	2	16	228.4	0.141			
	3	15	167.0	0.103			
α_8^*	1	15	409.0	0.211	否	否	3
	2	8	370.5	0.191			
	3	2	272.5	0.140			
α_9^*	1	9	171.6	0.184	是	否	5
	2	1	103.0	0.110			
	3	15	76.4	0.817			
α_{10}^*	1	13	515.3	0.284	否	是	2
	2	2	245.0	0.135			
	3	10	215.2	0.118			
α_{11}^*	1	11	2 237.2	0.692	是	是	6
	2	15	127.4	0.039			
	3	2	118.5	0.037			
α_{12}^*	1	12	300.8	0.282	是	否	5
	2	5	131.4	0.123			
	3	14	106.1	0.099			
α_{13}^*	1	13	1 173.4	0.487	是	否	5
	2	10	309.3	0.128			
	3	2	152.2	0.063			
α_{14}^*	1	6	122.0	0.167	否	否	3
	2	14	88.2	0.121			
	3	12	80.8	0.111			

续表

污染源实际位置	体心位置与实际位置的接近程度排序($\tau=180$ s)				是否准确	是否大于0.5/0.3/0.1	得分
	排名	体心位置	绝对相似度 $ASD_{12}(\alpha_i,\ \tau)$	相似隶属度 $MGS_{12}(\alpha_i,\ \tau)$			
α_{15}^*	1	15	1 288.7	0.508	是	是	6
	2	7	225.8	0.089			
	3	8	191.9	0.076			
α_{16}^*	1	3	157.4	0.202	否	是	2
	2	1	98.7	0.126			
	3	16	83.3	0.107			
总分		67	准确率 η(%)		69.8		

自表5.1中得知,采用差值数据整合方法进行位置辨识时,在$\tau=180$ s时段内,对16个待辨识污染源可能出现的位置中有11个位置判断准确,即实际污染源所在控制体在相似隶属度集合中排名第一,这其中完全辨识准确的有2个位置;实际位置排在第2位的有2个,实际位置排在第3位的有2个,脱靶的有1个位置,评价总得分为67分,总共的准确率为69.8%。

5.1.2 数据的均值法整合

1)均值法整合策略

与差值法的计算公式类似,均值法是对基于2个单传感器的相似特征取平均数,即可得到所组成的双传感器组的相似特征来表示α_i点与α^*点的接近程度,命名为相似特征,定义式为:

$$SC_{12}(\alpha_i,\tau)=\lg\sqrt{\frac{\int_0^{\tau}C^*(\beta_1,t)\,\mathrm{d}t\int_0^{\tau}C^*(\beta_2,t)\,\mathrm{d}t}{\int_0^{\tau}C_i(\beta_1,t)\,\mathrm{d}t\int_0^{\tau}C_i(\beta_2,t)\,\mathrm{d}t}} \tag{5.2}$$

2)均值法的定量位置辨识结果

确定相似特征之后,基于均值法的双传感器的定量判断方法和差值法相同,同样详见5.2节。$\tau=180$ s时污染源的定量辨识结果见表5.2。

表 5.2　$\tau=180$ s 时污染源的定量辨识评价(双传感器 $\beta_1+\beta_2$)(均值法)

污染源实际位置	体心位置与实际位置的接近程度排序($\tau=180$ s)				是否准确	是否大于0.5/0.3/0.1	得分
	排名	体心位置	绝对相似度 $ASD_{12}(\alpha_i, \tau)$	相似隶属度 $MGS_{12}(\alpha_i, \tau)$			
α_1^*	1	1	839.2	0.312	是	否	5
	2	2	221.5	0.082			
	3	13	215.3	0.080			
α_2^*	1	15	439.0	0.162	否	否	1
	2	16	239.5	0.089			
	3	2	230.2	0.085			
α_3^*	1	3	255.4	0.221	是	否	5
	2	4	104.2	0.090			
	3	1	79.9	0.069			
α_4^*	1	4	1 880.4	0.391	是	否	5
	2	11	529.6	0.112			
	3	5	431.3	0.092			
α_5^*	1	5	290.4	0.103	是	否	5
	2	2	295.3	0.099			
	3	9	305.7	0.099			
α_6^*	1	6	447.5	0.120	是	是	5
	2	10	320.3	0.143			
	3	12	307.6	0.137			
α_7^*	1	16	321.3	0.153	否	是	2
	2	8	273.4	0.130			
	3	7	219.3	0.104			
α_8^*	1	7	261.4	0.136	否	否	0
	2	16	240.0	0.124			
	3	13	153.5	0.080			

续表

污染源实际位置	体心位置与实际位置的接近程度排序(τ = 180 s)				是否准确	是否大于0.5/0.3/0.1	得分
	排名	体心位置	绝对相似度 $ASD_{12}(\alpha_i, \tau)$	相似隶属度 $MGS_{12}(\alpha_i, \tau)$			
α_9^*	1	11	379.0	0.136	否	否	3
	2	9	296.1	0.106			
	3	5	284.6	0.102			
α_{10}^*	1	15	329.3	0.131	否	否	0
	2	14	303.0	0.120			
	3	12	266.9	0.106			
α_{11}^*	1	11	1 720.5	0.394	是	否	5
	2	5	759.6	0.174			
	3	4	451.3	0.104			
α_{12}^*	1	10	1 090.4	0.354	否	否	3
	2	12	732.3	0.237			
	3	14	234.6	0.076			
α_{13}^*	1	2	738.2	0.181	否	否	3
	2	13	731.7	0.179			
	3	9	391.3	0.096			
α_{14}^*	1	10	213.9	0.151	否	否	3
	2	14	180.2	0.127			
	3	12	172.1	0.121			
α_{15}^*	1	15	1 304.2	0.380	是	否	5
	2	16	294.2	0.086			
	3	14	283.3	0.083			
α_{16}^*	1	7	574.1	0.183	否	否	0
	2	8	422.6	0.141			
	3	13	316.1	0.101			
总分		50	准确率 η(%)		52.1		

自表5.2中得知,采用均值数据整合方法进行位置辨识时,在$\tau=180$ s时段内,对16个待辨识污染源可能出现的位置中只有7个位置判断准确,即实际污染源所在控制体在相似隶属度集合中排名第一,这其中完全辨识准确的有0个位置;实际位置排在第2位的有4个,实际位置排在第3位的有2个,脱靶的有3个位置,评价总得分为50分,总共的准确率为52.1%。

以上基于差值和均值数据整合方法,分别对双传感器组$\beta_1+\beta_2$得到的污染物浓度信息展开了定量位置辨识,$\tau=180$ s时段内的辨识结果显示,差值法得到的位置辨识准确率为69.8%,高于均值法位置辨识52.1%的准确率。因此,数据的差值整合方法更适合双传感器下的位置辨识研究。据此结论,本文双传感器位置辨识过程均采用差值数据整合方法。

5.2　基于双传感器的位置辨识过程

5.2.1　基于传感器组合$\beta_1+\beta_2$的位置辨识

1)污染源位置定性辨识

在前处理阶段,通过体心散发模拟和待辨识污染源散发模拟分别得到了随时间变化的污染物浓度$C_i(\beta_{12},t)$和$C_i^*(\beta_{12},t)$。按照前文所提出的求解相似特征的方法进一步整理计算,可得到每一个待辨识污染源分别对应全部16个体心散发位置的相似特征$SC_{12}(\alpha_i,\tau)(i=1,2,\cdots,16)$,对应每个体心散发位置的相似特征随着时段$\tau$的变化曲线如图5.1。

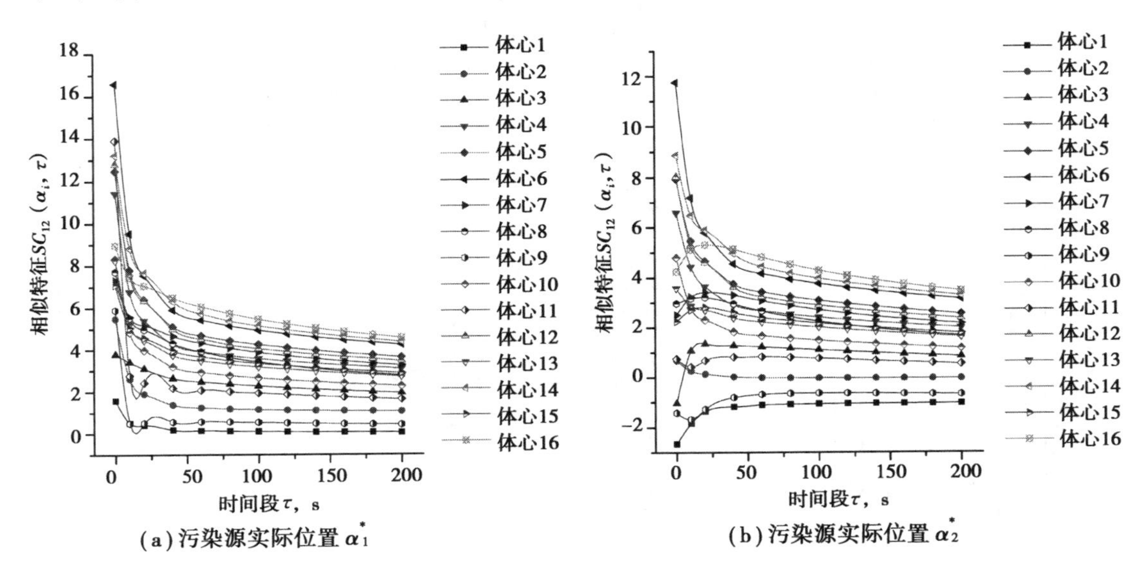

(a)污染源实际位置α_1^*　　(b)污染源实际位置α_2^*

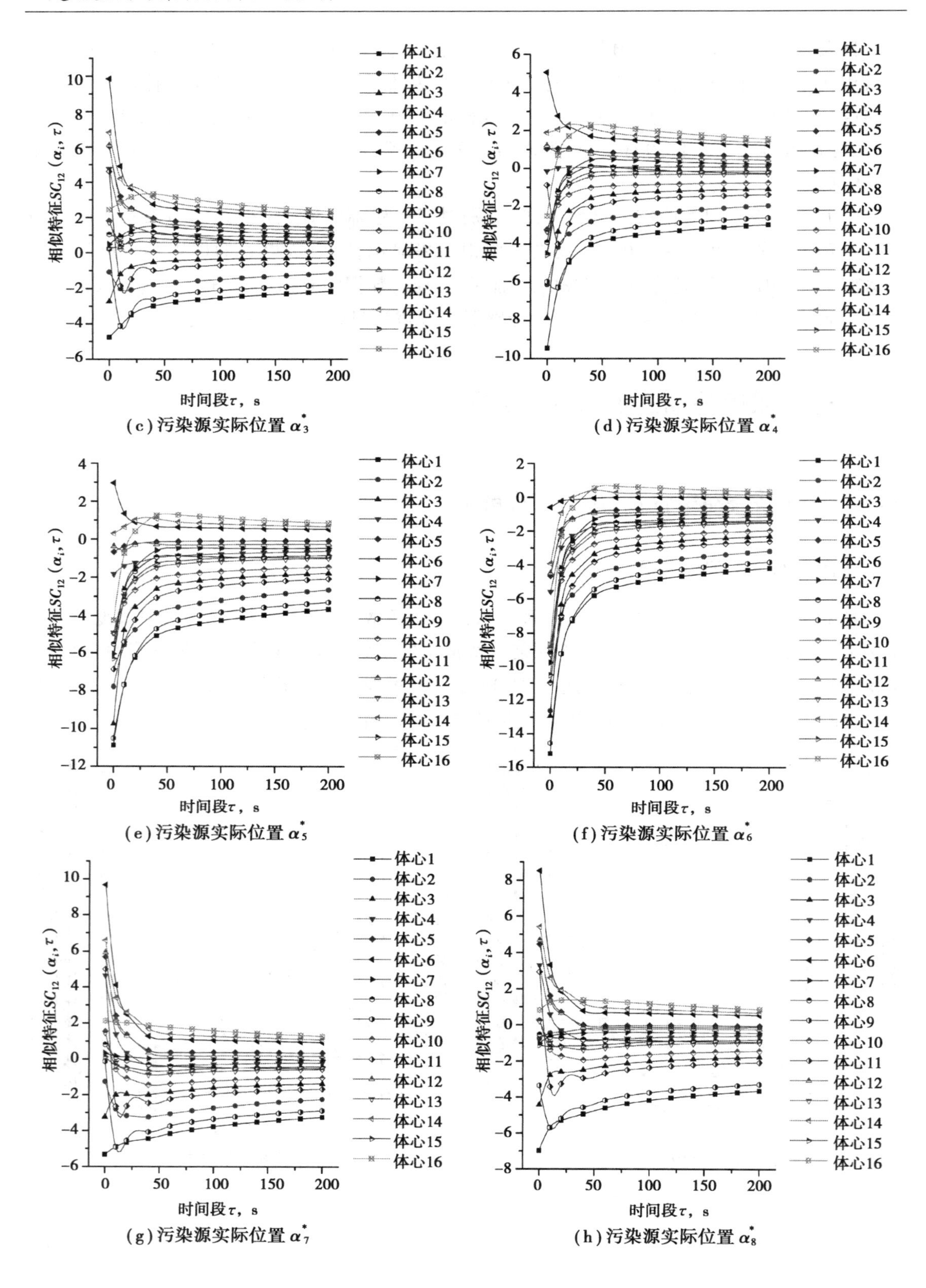

(c)污染源实际位置 α_3^*

(d)污染源实际位置 α_4^*

(e)污染源实际位置 α_5^*

(f)污染源实际位置 α_6^*

(g)污染源实际位置 α_7^*

(h)污染源实际位置 α_8^*

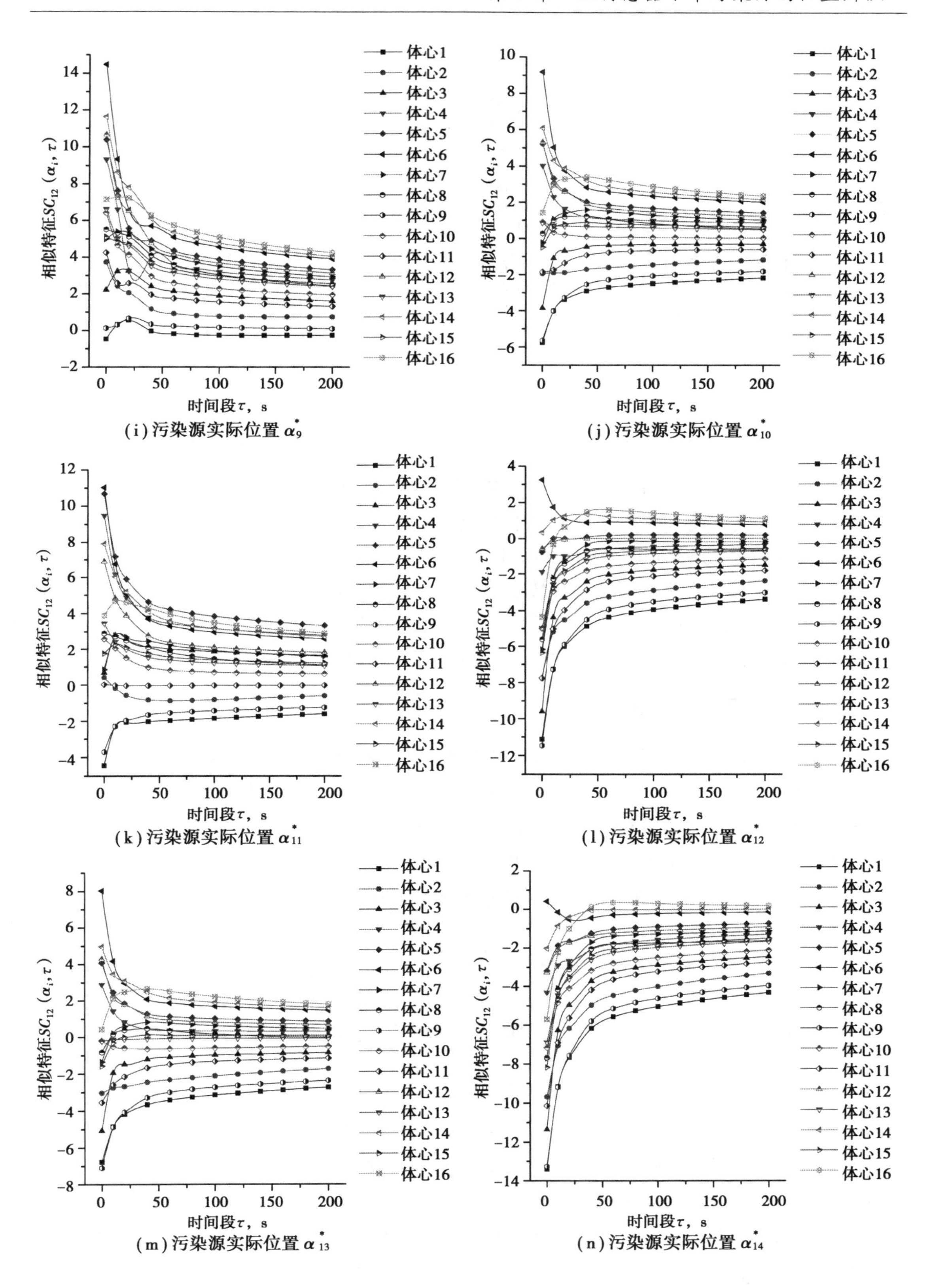

(i) 污染源实际位置 α_9^*

(j) 污染源实际位置 α_{10}^*

(k) 污染源实际位置 α_{11}^*

(l) 污染源实际位置 α_{12}^*

(m) 污染源实际位置 α_{13}^*

(n) 污染源实际位置 α_{14}^*

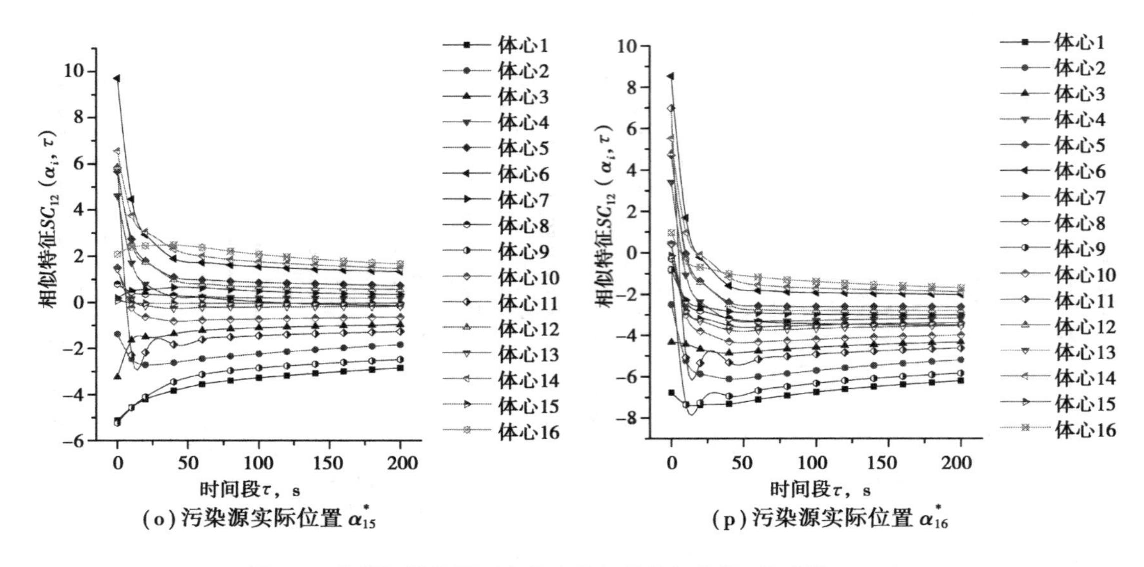

(o)污染源实际位置 α_{15}^*　　(p)污染源实际位置 α_{16}^*

图 5.1　待辨识污染源对各体心的相似特征曲线(传感器 $\beta_1+\beta_2$)

从图 5.1 可以直观地看到,每个待辨识污染源对应的 16 条相似特征曲线各不相同,前后变化较大的曲线表明该体心点与污染源实际位置相似性较差,曲线越平缓意味着与污染源实际位置越接近。与基于单传感器 β_1 和传感器 β_2 各自得到的相似特征曲线相比,基于双传感器 $\beta_1+\beta_2$ 的相似特征跨度更大,这意味着双传感器的辨识结果可能会更好。具体结果还有待下一步定量地表达体心位置 α_i 是与待辨识污染源 α^* 的接近程度。

2）污染源位置定量辨识

上一节通过计算待辨识污染源实际位置和各个控制体体心的相似特征,达到了初步定性辨识污染源位置的目的。为了进一步定量辨识,需要在相似特征的基础上,计算绝对相似度 $ASD_1(\alpha_i,\tau)$ 和相似隶属度 $MGS_1(\alpha_i,\tau)$ 指标,这两个指标能够如实反映在时段 τ 内待辨识污染源实际位置与各个控制体体心的接近程度。

对于双传感器 $\beta_1+\beta_2$ 的组合,绝对相似度指标为 $ASD_{12}(\alpha_i,\tau)$,定义式如下:

$$ASD_{12}(\alpha_i,\tau)=\left\{\frac{\int_0^{\tau}\left|SC_{12}(\alpha_i,\tau)\right|\mathrm{d}t}{\tau}\right\}^{-1} \tag{5.3}$$

对于双传感器 $\beta_1+\beta_2$ 的组合,相似隶属度指标为 $MGS_{12}(\alpha_i,\tau)$,定义式如下:

$$MGS_{12}(\alpha_i,\tau)=\frac{ASD_{12}(\alpha_i,\tau)}{\sum_{j=1}^{N}ASD_{12}(\alpha_i,\tau)} \tag{5.4}$$

在与 16 个控制体的体心位置 α_i 一一对应的 16 个绝对相似度 $ASD_{12}(\alpha_i,\tau)$ 和相似隶属度 $MGS_{12}(\alpha_i,\tau)$ 指标中,若 $ASD_{12}(\alpha_k,\tau)$ 以及 $MGS_{12}(\alpha_k,\tau)$ 最大时,以 α_k 点与待求实际污染源 α^* 最为接近。得到 $ASD_{12}(\alpha_k,\tau)$ 以及 $MGS_{12}(\alpha_k,\tau)$ 指标的计算结果后,再进一步采用准确率 η 作为评价指标对辨识的准确性进行评价,评价结果详见表 5.3 和表 5.4。

表 5.3　$\tau=30$ s 时污染源辨识的准确度评价（双传感器 $\beta_1+\beta_2$）

污染源实际位置	体心位置与实际位置的接近程度排序（$\tau=30$ s）				是否准确	是否大于0.5/0.3/0.1	得分
	排名	体心位置	绝对相似度 $ASD_{12}(\alpha_i,\tau)$	相似隶属度 $MGS_{12}(\alpha_i,\tau)$			
α_1^*	1	3	30.8	0.212	否	否	3
	2	2	22.1	0.146			
	3	16	13.8	0.095			
α_2^*	1	8	78.6	0.192	否	否	3
	2	2	50.1	0.123			
	3	15	42.7	0.105			
α_3^*	1	8	64.4	0.185	否	否	0
	2	15	61.2	0.176			
	3	16	34.6	0.099			
α_4^*	1	5	253.0	0.413	否	否	3
	2	4	149.1	0.243			
	3	14	61.3	0.100			
α_5^*	1	5	66.1	0.239	是	否	5
	2	12	61.1	0.221			
	3	14	35.4	0.128			
α_6^*	1	6	56.9	0.423	是	否	5
	2	12	8.8	0.066			
	3	4	8.5	0.063			
α_7^*	1	16	173.6	0.346	否	否	3
	2	7	119.9	0.237			
	3	15	42.2	0.084			
α_8^*	1	15	328.9	0.485	否	否	3
	2	8	89.7	0.132			
	3	2	61.6	0.091			

续表

污染源实际位置	体心位置与实际位置的接近程度排序(τ=30 s)				是否准确	是否大于0.5/0.3/0.1	得分
	排名	体心位置	绝对相似度 $ASD_{12}(\alpha_i, \tau)$	相似隶属度 $MGS_{12}(\alpha_i, \tau)$			
α_9^*	1	16	48.2	0.159	否	否	3
	2	9	42.3	0.140			
	3	15	35.8	0.118			
α_{10}^*	1	2	183.1	0.321	否	否	1
	2	13	156.7	0.275			
	3	10	40.2	0.070			
α_{11}^*	1	11	441.5	0.627	是	是	6
	2	8	41.5	0.059			
	3	15	39.1	0.056			
α_{12}^*	1	12	52.3	0.246	是	否	5
	2	5	25.2	0.119			
	3	14	24.4	0.115			
α_{13}^*	1	13	266.0	0.469	是	否	5
	2	2	70.8	0.125			
	3	10	67.6	0.119			
α_{14}^*	1	6	27.5	0.175	否	否	0
	2	12	17.6	0.112			
	3	5	16.7	0.106			
α_{15}^*	1	15	255.2	0.412	是	否	5
	2	16	77.5	0.125			
	3	7	70.8	0.114			
α_{16}^*	1	3	60.1	0.291	否	否	1
	2	1	43.7	0.211			
	3	16	16.8	0.081			
总分		51	准确率 η(%)		53.1		

从表 5.3 中得知,在$\tau=30$ s 时段内,对 16 个待辨识污染源可能出现的位置中只有 6 个位置判断准确,即实际污染源所在控制体在相似隶属度集合中排名第一,这其中完全辨识准确的只有 1 个位置;实际位置排在第 2 位的有 6 个,实际位置排在第 3 位的有 2 个,脱靶的有 2 个位置,评价总得分为 51 分,总共的准确率为 53.1%。

表 5.4　$\tau=200$ s 时污染源辨识的准确度评价(双传感器 $\beta_1+\beta_2$)

污染源实际位置	体心位置与实际位置的接近程度排序($\tau=200$ s)				是否准确	是否大于0.5/0.3/0.1	得分
	排名	体心位置	绝对相似度 $ASD_{12}(\alpha_i,\ \tau)$	相似隶属度 $MGS_{12}(\alpha_i,\ \tau)$			
α_1^*	1	1	130.2	0.184	是	否	5
	2	3	107.1	0.160			
	3	7	50.5	0.075			
α_2^*	1	2	285.5	0.187	是	否	5
	2	11	183.4	0.120			
	3	9	125.6	0.082			
α_3^*	1	15	278.4	0.185	否	否	0
	2	8	173.8	0.116			
	3	13	150.3	0.100			
α_4^*	1	4	596.9	0.319	是	否	5
	2	5	397.4	0.212			
	3	12	181.6	0.097			
α_5^*	1	5	369.9	0.255	是	否	5
	2	12	327.2	0.226			
	3	14	144.2	0.099			
α_6^*	1	6	335.0	0.427	是	否	5
	2	12	55.1	0.070			
	3	4	46.9	0.060			
α_7^*	1	7	568.5	0.323	是	否	5
	2	16	239.8	0.136			
	3	15	183.5	0.104			
α_8^*	1	15	443.6	0.209	否	否	3
	2	8	402.6	0.190			
	3	2	302.8	0.143			
α_9^*	1	9	189.6	0.185	是	否	5
	2	1	114.5	0.112			
	3	15	82.6	0.081			

续表

污染源实际位置	体心位置与实际位置的接近程度排序（$\tau=200$ s）				是否准确	是否大于0.5/0.3/0.1	得分
	排名	体心位置	绝对相似度 $ASD_{12}(\alpha_i,\tau)$	相似隶属度 $MGS_{12}(\alpha_i,\tau)$			
α_{10}^*	1	13	547.9	0.278	否	是	2
	2	2	255.6	0.130			
	3	10	239.1	0.121			
α_{11}^*	1	11	2 459.6	0.693	是	是	6
	2	15	139.3	0.039			
	3	2	127.8	0.036			
α_{12}^*	1	12	334.2	0.283	是	否	5
	2	5	146.0	0.123			
	3	14	116.0	0.098			
α_{13}^*	1	13	1 299.9	0.500	是	是	6
	2	10	334.7	0.126			
	3	2	161.7	0.061			
α_{14}^*	1	6	133.6	0.166	否	否	3
	2	14	97.9	0.122			
	3	14	89.2	0.111			
α_{15}^*	1	15	1 420.2	0.511	是	是	6
	2	7	245.6	0.088			
	3	8	209.1	0.075			
α_{16}^*	1	3	169.7	0.198	否	是	2
	2	1	104.9	0.123			
	3	16	92.5	0.108			
总分		68	准确率 η（%）		70.8		

从表5.4得知，在200 s时段内，16个待辨识污染源位置中辨识结果排在第一顺位的有11个位置，相比30 s时增加了5个；排在第二顺位的有2个位置，排在第三顺位的有2个位置，完全判断失准的有1个位置，均比30 s时有所减少；总共的准确率上升到70.8%，提高了17.7%。

在基于双传感器$\beta_1+\beta_2$的辨识情景中，将选取时段下的全部污染源存在场景的辨识结果的评价得分一一求出，可得到不同时段下的辨识评价得分分布情况，见图5.2。从中可以看出，随着时段增加，得分为5分、6分的污染源个数逐渐增加，表明辨识结果越来越好；对应地，得分较低的污染源个数逐渐减少。另外，和单污染源情境下类似，总得分在$\tau=60$ s的时段内的增长最为快速，之后就会进入缓慢上升阶段。

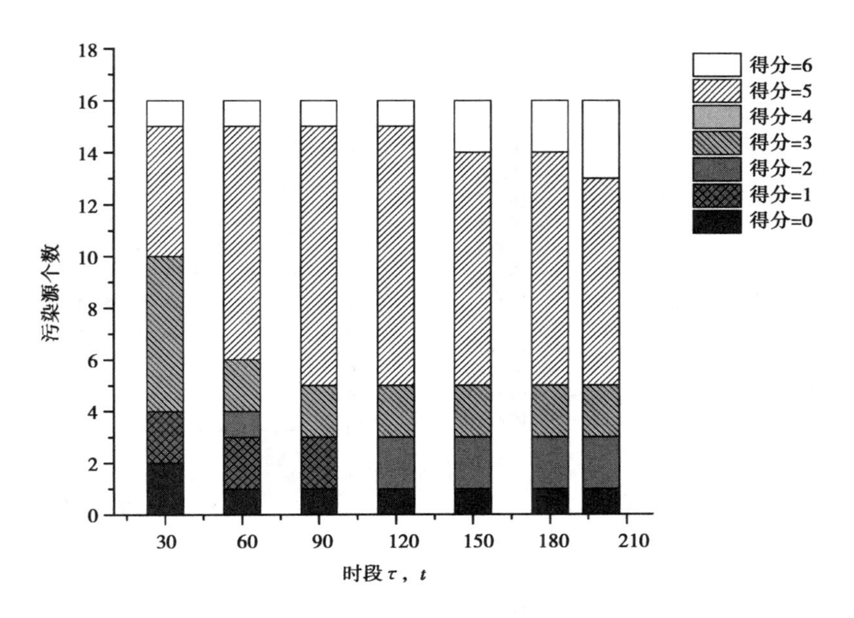

图5.2 不同时段的辨识结果得分分布(双传感器$\beta_1+\beta_2$)

5.2.2 基于传感器组合$\beta_1+\beta_3$的位置辨识

1)污染源位置定性辨识

在前处理阶段,通过体心散发模拟和待辨识污染源散发模拟分别得到了随时间变化的污染物浓度$C_i(\beta_{13},t)$和$C_i^*(\beta_{13},t)$。按照前文所提出的求解相似特征的方法进一步整理计算,可得到每一个待辨识污染源分别对应全部16个体心散发位置的相似特征$SC_{13}(\alpha_i,\tau)(i=1,2,\cdots,16)$,对应每个体心散发位置的相似特征随着时段$\tau$的变化曲线见图5.3。

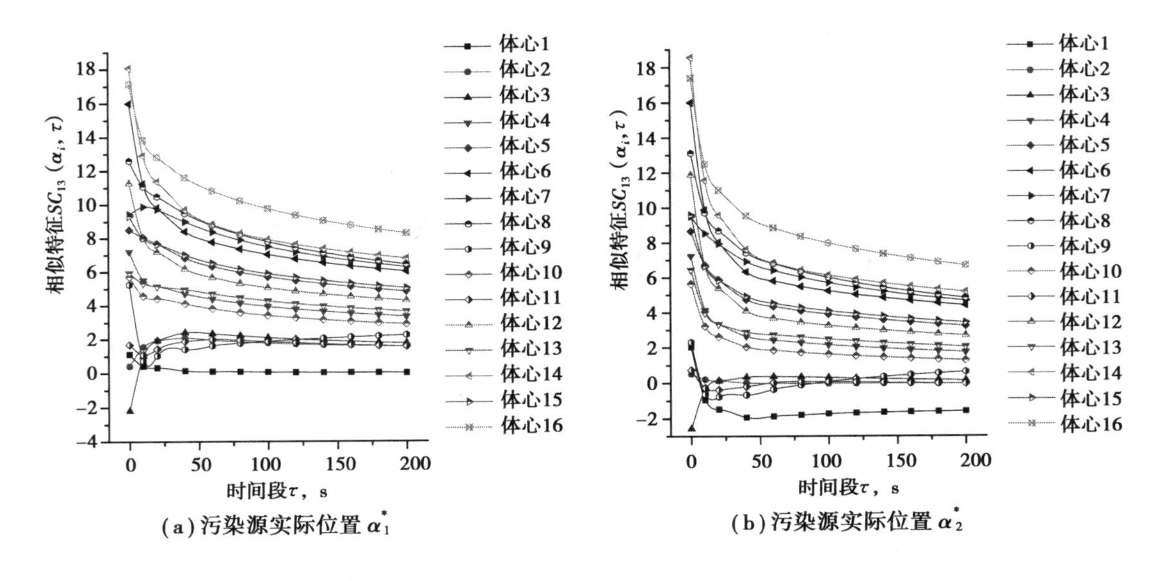

(a)污染源实际位置α_1^*　　(b)污染源实际位置α_2^*

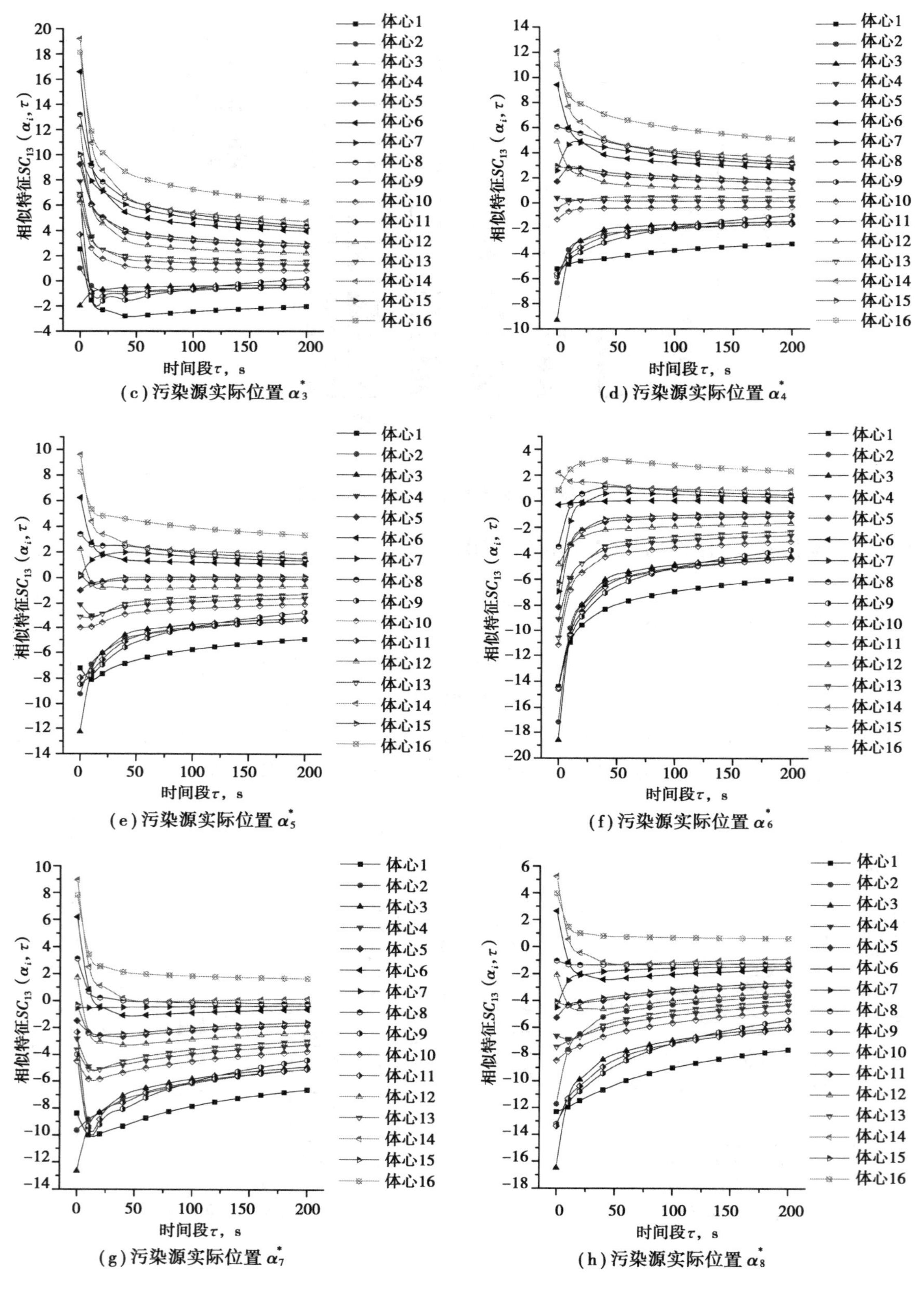

(c)污染源实际位置α_3^*

(d)污染源实际位置α_4^*

(e)污染源实际位置α_5^*

(f)污染源实际位置α_6^*

(g)污染源实际位置α_7^*

(h)污染源实际位置α_8^*

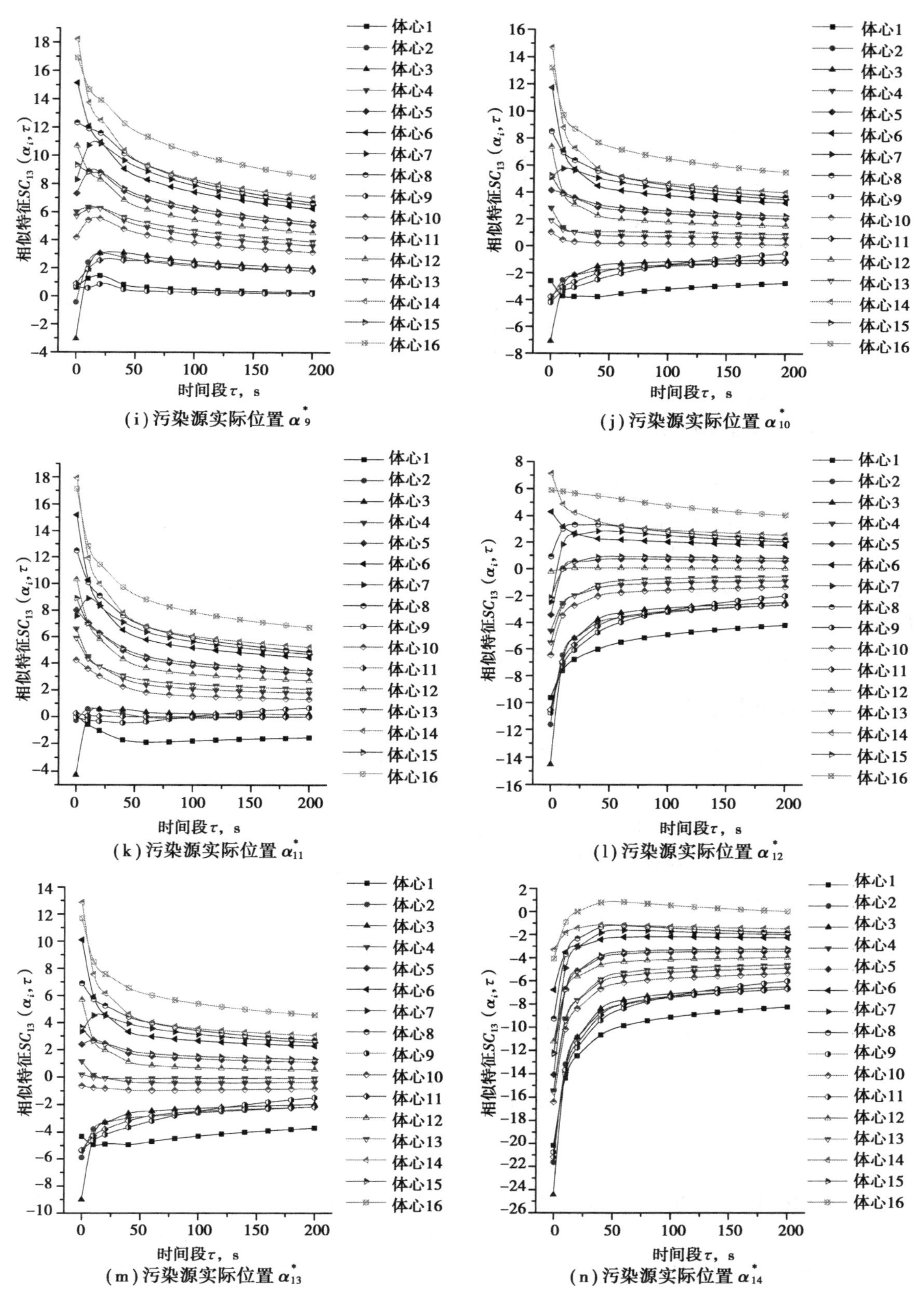

(i) 污染源实际位置 α_9^*

(j) 污染源实际位置 α_{10}^*

(k) 污染源实际位置 α_{11}^*

(l) 污染源实际位置 α_{12}^*

(m) 污染源实际位置 α_{13}^*

(n) 污染源实际位置 α_{14}^*

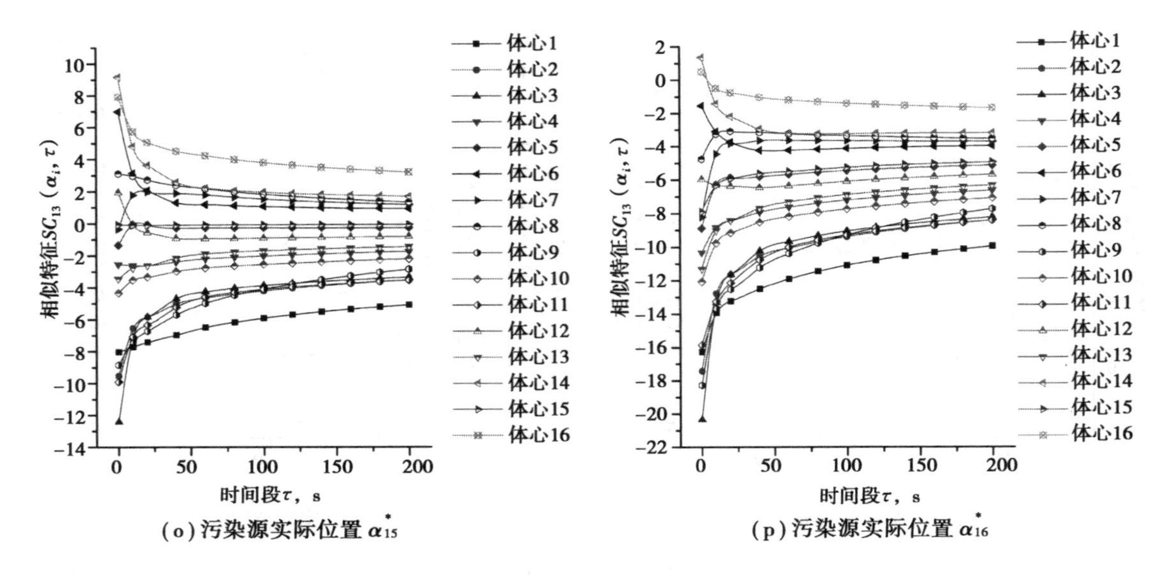

图 5.3　待辨识污染源对各体心的相似特征曲线(传感器$\beta_1+\beta_3$)

从图 5.3 可以直观地看到,每个待辨识污染源对应的 16 条相似特征曲线各不相同,前后变化较大的曲线表明该体心点与污染源实际位置相似性较差,曲线越平缓意味着与污染源实际位置越接近。与基于单传感器β_1和传感器β_3各自得到的相似特征曲线相比,基于双传感器$\beta_1+\beta_3$的相似特征跨度更大,这意味着双传感器的辨识结果可能会更好。具体结果还有待于下一步定量地表达体心位置α_i与待辨识污染源α^*的接近程度。

2)污染源位置定量辨识

上一节通过计算待辨识污染源实际位置和各个控制体体心的相似特征,达到了初步定性辨识污染源位置的目的。为了进一步定量辨识,需要在相似特征的基础上,计算绝对相似度$ASD_{13}(\alpha_i,\tau)$和相似隶属度$MGS_{13}(\alpha_i,\tau)$指标,这两个指标能够如实反映在时段τ内待辨识污染源实际位置与各个控制体体心的接近程度。

对于双传感器$\beta_1+\beta_3$的组合,绝对相似度指标为$ASD_{13}(\alpha_i,\tau)$,定义式如下:

$$ASD_{13}(\alpha_i,\tau)=\left\{\frac{\int_0^{\tau}\left|SC_{13}(\alpha_i,\tau)\right|\mathrm{d}t}{\tau}\right\}^{-1} \tag{5.5}$$

对于双传感器$\beta_1+\beta_3$的组合,相似隶属度指标为$MGS_{13}(\alpha_i,\tau)$,定义式如下:

$$MGS_{13}(\alpha_i,\tau)=\left\{\frac{\int_0^{\tau}\left|SC_{13}(\alpha_i,\tau)\right|\mathrm{d}t}{\tau}\right\}^{-1} \tag{5.6}$$

在待求实际污染源α^*与 16 个控制体的体心位置α_i一一对应的 16 个绝对相似度$ASD_{13}(\alpha_i,\tau)$和相似隶属度$MGS_{13}(\alpha_i,\tau)$指标中,若$ASD_{13}(\alpha_k,\tau)$以及$MGS_{13}(\alpha_k,\tau)$的最大时,则有α_k点与污染源α^*最为接近。得到$ASD_{13}(\alpha_k,\tau)$以及$MGS_{13}(\alpha_k,\tau)$指标的计算结果后,再进一步采用准确率η作为评价指标对辨识的准确性进行评价,30 s 时段和 200 s 时段的评价结果

分别详见表 5.5 和表 5.6。

表 5.5　$\tau=30$ s 时污染源辨识的准确度评价(双传感器 $\beta_1+\beta_3$)

污染源实际位置	体心位置与实际位置的接近程度排序($\tau=30$ s)				是否准确	是否大于0.5/0.3/0.1	得分
	排名	体心位置	绝对相似度 $ASD_{13}(\alpha_i,\tau)$	相似隶属度 $MGS_{13}(\alpha_i,\tau)$			
α_1^*	1	1	32.7	0.123	是	否	5
	2	13	32.2	0.128			
	3	7	25.4	0.101			
α_2^*	1	2	64.3	0.335	是	否	5
	2	11	21.8	0.113			
	3	7	14.4	0.075			
α_3^*	1	3	22.4	0.201	是	否	5
	2	2	16.4	0.147			
	3	7	9.2	0.082			
α_4^*	1	4	141.7	0.297	是	否	5
	2	15	84.8	0.178			
	3	1	41.0	0.086			
α_5^*	1	5	40.9	0.155	是	否	5
	2	10	34.9	0.132			
	3	8	29.9	0.113			
α_6^*	1	6	125.8	0.512	是	是	6
	2	14	33.9	0.138			
	3	16	13.5	0.055			
α_7^*	1	7	296.6	0.648	是	是	6
	2	5	25.8	0.056			
	3	10	19.5	0.042			
α_8^*	1	8	93.4	0.286	是	否	5
	2	15	51.5	0.158			
	3	4	37.2	0.114			

续表

污染源实际位置	体心位置与实际位置的接近程度排序(τ=30 s)				是否准确	是否大于0.5/0.3/0.1	得分
	排名	体心位置	绝对相似度 $ASD_{13}(\alpha_i, \tau)$	相似隶属度 $MGS_{13}(\alpha_i, \tau)$			
α_9^*	1	9	53.6	0.177	是	否	5
	2	13	40.4	0.133			
	3	4	34.6	0.114			
α_{10}^*	1	10	39.7	0.157	是	否	5
	2	13	33.8	0.135			
	3	1	25.5	0.101			
α_{11}^*	1	11	136.3	0.370	是	否	5
	2	9	84.4	0.229			
	3	2	25.2	0.068			
α_{12}^*	1	12	105.9	0.358	是	否	5
	2	16	75.2	0.254			
	3	6	17.4	0.059			
α_{13}^*	1	10	111.3	0.252	否	否	3
	2	13	103.7	0.235			
	3	1	47.9	0.109			
α_{14}^*	1	14	14.3	0.205	是	否	5
	2	6	7.1	0.102			
	3	16	6.5	0.093			
α_{15}^*	1	15	687.0	0.639	是	是	6
	2	4	153.8	0.143			
	3	8	55.5	0.052			
α_{16}^*	1	12	64.7	0.291	否	否	3
	2	16	27.5	0.124			
	3	8	17.5	0.079			
总分		79	准确率 η(%)		82.3		

从表5.5中得知,在$\tau=30$ s时段内,对16个待辨识污染源可能出现的位置中有14个位置判断准确,即实际污染源所在控制体在相似隶属度集合中排名第一,这其中完全辨识准确的有3个位置;其余两个实际位置排在第2位。评价总得分为79分,总共的准确率为82.3%。

表5.6　$\tau=200$ s时污染源辨识的准确度评价(双传感器$\beta_1+\beta_3$)

污染源实际位置	体心位置与实际位置的接近程度排序($\tau=200$ s)				是否准确	是否大于0.5/0.3/0.1	得分
	排名	体心位置	绝对相似度 $ASD_{13}(\alpha_i,\tau)$	相似隶属度 $MGS_{13}\alpha_i,\tau)$			
α_1^*	1	1	184.0	0.200	是	否	5
	2	11	90.8	0.099			
	3	13	88.5	0.096			
α_2^*	1	2	362.0	0.374	是	否	5
	2	11	100.7	0.104			
	3	3	63.1	0.065			
α_3^*	1	3	126.6	0.211	是	否	5
	2	2	87.5	0.146			
	3	13	39.2	0.065			
α_4^*	1	4	682.8	0.362	是	否	5
	2	10	221.3	0.117			
	3	15	196.9	0.104			
α_5^*	1	5	237.8	0.216	是	否	5
	2	10	101.6	0.092			
	3	13	95.6	0.087			
α_6^*	1	6	643.5	0.533	是	是	6
	2	14	124.6	0.103			
	3	12	67.3	0.056			
α_7^*	1	7	793.8	0.554	是	是	6
	2	5	95.0	0.066			
	3	8	61.7	0.043			
α_8^*	1	8	465.4	0.396	是	否	5
	2	15	103.7	0.088			
	3	5	81.0	0.069			
α_9^*	1	1	195.0	0.215	是	否	5
	2	1	107.4	0.119			
	3	11	80.6	0.089			

续表

污染源实际位置	体心位置与实际位置的接近程度排序（τ=200 s）				是否准确	是否大于0.5/0.3/0.1	得分
	排名	体心位置	绝对相似度 $ASD_{13}(\alpha_i,\tau)$	相似隶属度 $MGS_{13}\alpha_i,\tau)$			
α_{10}^*	1	10	232.5	0.200	是	否	5
	2	13	180.8	0.156			
	3	4	94.0	0.081			
α_{11}^*	1	11	780.2	0.512	是	是	6
	2	9	122.2	0.080			
	3	2	109.8	0.072			
α_{12}^*	1	12	655.6	0.502	是	是	6
	2	16	104.3	0.077			
	3	6	84.3	0.062			
α_{13}^*	1	13	644.4	0.340	是	否	5
	2	10	405.9	0.214			
	3	4	128.0	0.068			
α_{14}^*	1	14	785	0.201	是	否	5
	2	6	43.6	0.112			
	3	16	34.1	0.087			
α_{15}^*	1	15	2 878.9	0.730	是	是	6
	2	4	211.6	0.054			
	3	8	117.2	0.030			
α_{16}^*	1	12	154.1	0.173	否	否	3
	2	16	108.0	0.121			
	3	8	92.5	0.104			
总分		83	准确率 η(%)		86.5		

从表5.6得知，随着时段增加，辨识结果逐渐得到改善。在200 s时段内，16个待辨识污染源位置所属的控制体中，排在辨识结果第一顺位的有15个位置，相比30 s时增加了1个，其中完全辨识准确的有5个，比τ=30 s时段增加了2个；剩下的一个位置排在第二顺位。此时总得分为83分，总共的准确率上升到86.5%，提高了4.2%。不同时段下的辨识评价得分分布情况见图5.4。

在基于双传感器β_1+β_3的辨识情景中，将选取时段下的全部污染源存在场景的辨识结果的评价得分一一求出，可得到不同时段下的辨识评价得分分布情况，如图5.4所示。从中可以看出，随着时段增加，得分为5分、6分的污染源个数逐渐增加，表明辨识结果越来越好；对应地，得分较低的污染源个数逐渐减少。不过τ=30 s时的辨识结果已经较为不错，因而上升空

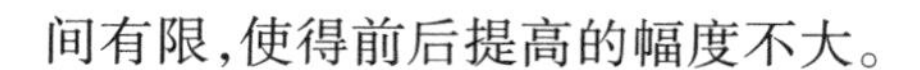
间有限,使得前后提高的幅度不大。

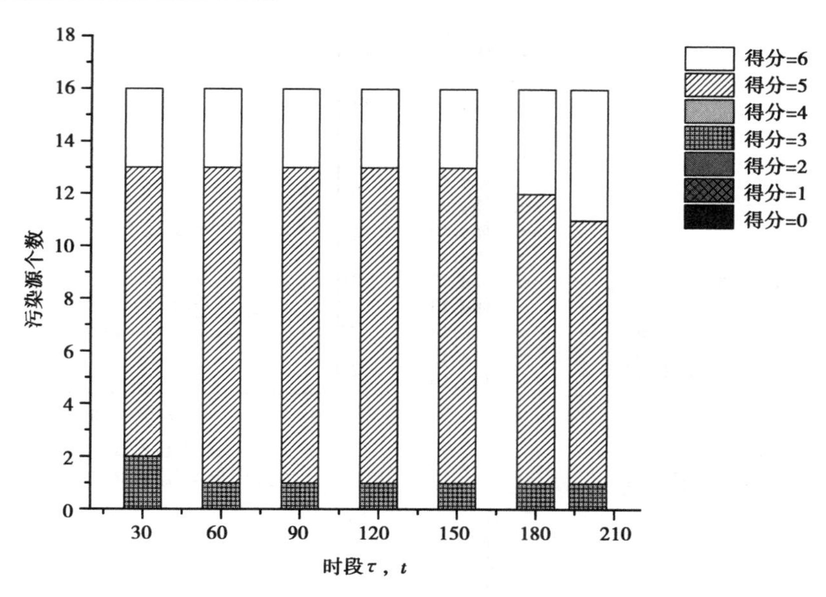

图 5.4 不同时段的辨识结果得分分布(双传感器 $\beta_1+\beta_3$)

5.2.3 基于传感器组合 $\beta_2+\beta_3$的位置辨识

1)污染源位置定性辨识

与前文类似,每个体心散发位置的相似特征随着时段τ的变化曲线见图 5.5。

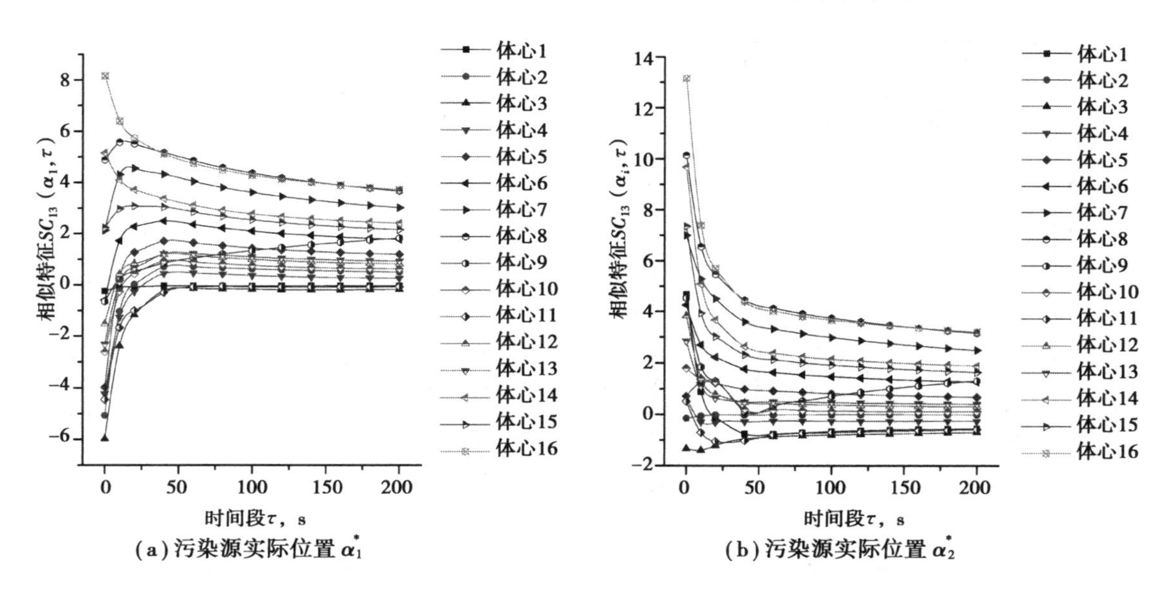

(a)污染源实际位置 α_1^*

(b)污染源实际位置 α_2^*

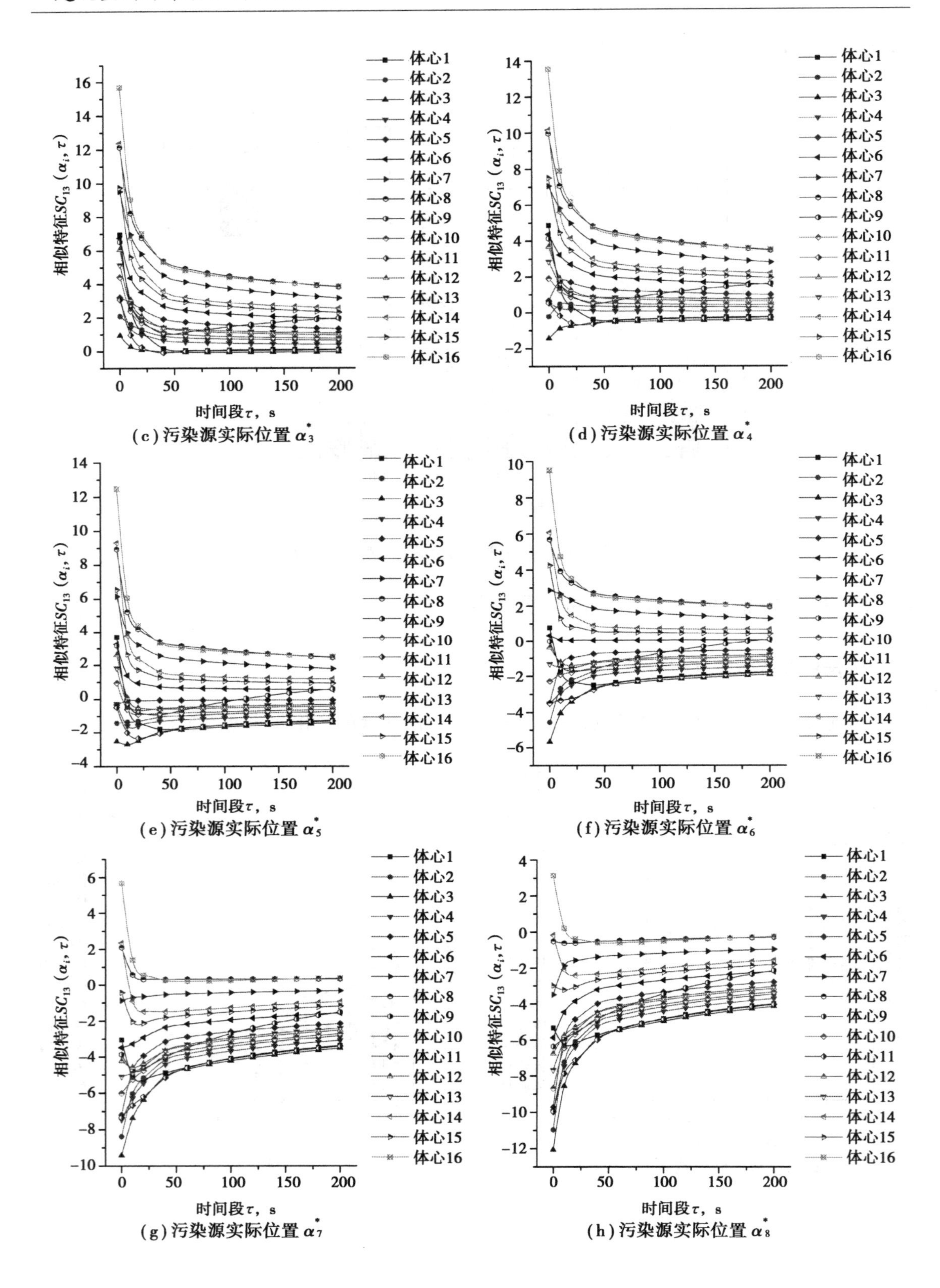

(c)污染源实际位置α_3^*

(d)污染源实际位置α_4^*

(e)污染源实际位置α_5^*

(f)污染源实际位置α_6^*

(g)污染源实际位置α_7^*

(h)污染源实际位置α_8^*

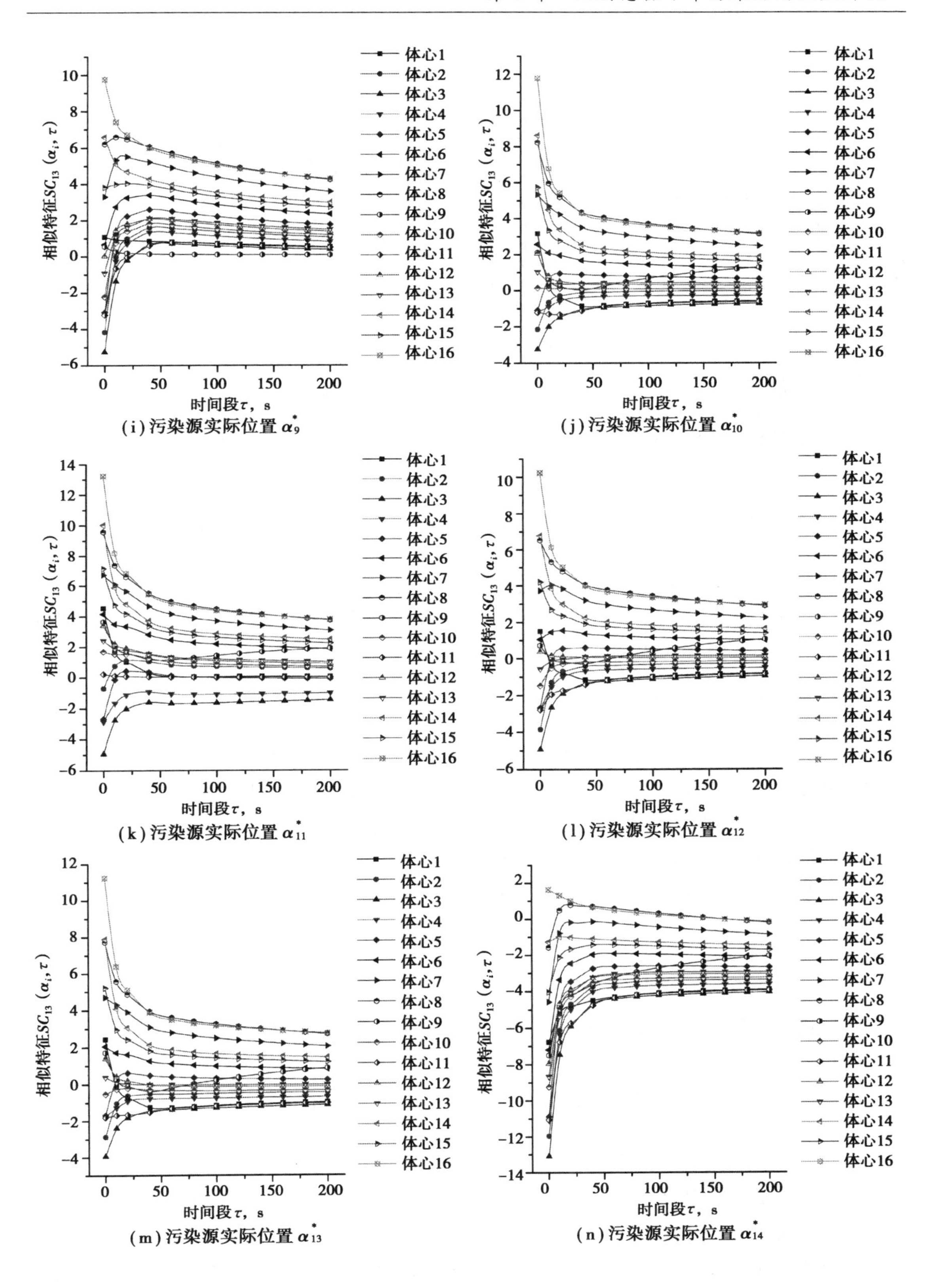

(i) 污染源实际位置 α_9^*

(j) 污染源实际位置 α_{10}^*

(k) 污染源实际位置 α_{11}^*

(l) 污染源实际位置 α_{12}^*

(m) 污染源实际位置 α_{13}^*

(n) 污染源实际位置 α_{14}^*

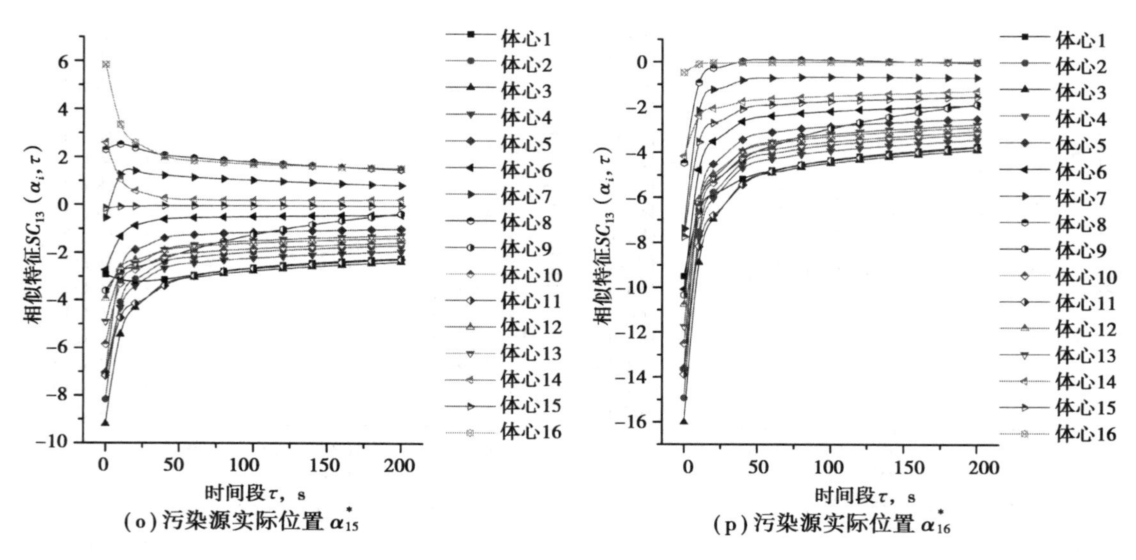

(o)污染源实际位置α_{15}^*　　(p)污染源实际位置α_{16}^*

图 5.5　待辨识污染源对各体心的相似特征曲线(传感器β_2+β_3)

从图 5.5 可以直观地看到,每个待辨识污染源对应的 16 条相似特征曲线各不相同,前后变化较大的曲线表明该体心点与污染源实际位置相似性较差,曲线越平缓意味着与污染源实际位置越接近。与基于单传感器β_2和传感器β_3各自得到的相似特征曲线相比,基于双传感器β_2+β_3的相似特征跨度更大,这意味着双传感器的辨识结果可能会更好。具体结果还有待于下一步定量地表达体心位置α_i是与待辨识污染源α^*的接近程度。

2)污染源位置定量辨识

上一节通过计算待辨识污染源实际位置和各个控制体体心的相似特征,达到了初步定性辨识污染源位置的目的。为了进一步定量辨识,需要在相似特征的基础上,计算绝对相似度$ASD_{23}(\alpha_i,\tau)$和相似隶属度$MGS_{23}(\alpha_i,\tau)$指标,这两个指标能够如实反映在时段τ内待辨识污染源实际位置与各个控制体体心的接近程度。

对于双传感器β_2+β_3的组合,绝对相似度指标为$ASD_{23}(\alpha_i,\tau)$,定义式如下:

$$ASD_{23}(\alpha_i,\tau)=\left\{\frac{\int_0^{\tau}\left|SC_{23}(\alpha_i,\tau)\right|\mathrm{d}t}{\tau}\right\}^{-1} \tag{5.7}$$

对于双传感器β_2+β_3的组合,相似隶属度指标为$MGS_{13}(\alpha_i,\tau)$,定义式如下:

$$MGS_{23}(\alpha_i,\tau)=\left\{\frac{\int_0^{\tau}\left|SC_{23}(\alpha_i,\tau)\right|\mathrm{d}t}{\tau}\right\}^{-1} \tag{5.8}$$

在待求实际污染源α^*与 16 个控制体的体心位置α_i一一对应的 16 个绝对相似度$ASD_{23}(\alpha_i,\tau)$和相似隶属度$MGS_{23}(\alpha_i,\tau)$指标中,若$ASD_{23}(\alpha_k,\tau)$以及$MGS_{23}(\alpha_k,\tau)$的最大时,则有α_k点与污染源α^*最为接近。得到$ASD_{23}(\alpha_k,\tau)$以及$MGS_{23}(\alpha_k,\tau)$指标的计算结果后,再进一步采用准确率η作为评价指标对辨识的准确性进行评价,30 s 时段和 200 s 时段的评价结果

分别详见表 5.7 和表 5.8。

表 5.7 $\tau=30$ s 时污染源辨识的准确度评价(双传感器 $\beta_2+\beta_3$)

污染源实际位置	体心位置与实际位置的接近程度排序($\tau=30$ s)				是否准确	是否大于0.5/0.3/0.1	得分
	排名	体心位置	绝对相似度 $ASD_{23}(\alpha_i,\tau)$	相似隶属度 $MGS_{23}(\alpha_i,\tau)$			
α_1^*	1	1	151.5	0.435	是	否	5
	2	15	34.2	0.098			
	3	8	30.1	0.086			
α_2^*	1	2	207.8	0.445	是	否	5
	2	3	66.2	0.142			
	3	10	42.1	0.090			
α_3^*	1	3	32.6	0.172	是	否	5
	2	2	30.3	0.160			
	3	5	28.6	0.151			
α_4^*	1	4	73.1	0.239	是	否	5
	2	3	37.4	0.122			
	3	2	33.8	0.111			
α_5^*	1	5	113.0	0.304	是	否	5
	2	2	103.7	0.279			
	3	3	33.1	0.089			
α_6^*	1	6	109.7	0.253	是	否	5
	2	13	59.1	0.136			
	3	11	49.0	0.113			
α_7^*	1	7	121.6	0.324	是	否	5
	2	12	43.0	0.115			
	3	6	34.1	0.091			
α_8^*	1	8	233.3	0.513	是	是	6
	2	15	43.5	0.096			
	3	9	26.6	0.058			

续表

污染源实际位置	体心位置与实际位置的接近程度排序(τ = 30 s)				是否准确	是否大于0.5/0.3/0.1	得分
	排名	体心位置	绝对相似度 $ASD_{23}(\alpha_i, \tau)$	相似隶属度 $MGS_{23}(\alpha_i, \tau)$			
α_9^*	1	1	149.4	0.316	否	是	2
	2	15	91.0	0.193			
	3	9	78.3	0.166			
α_{10}^*	1	10	1 343.9	0.791	是	是	6
	2	11	98.8	0.058			
	3	13	42.6	0.025			
α_{11}^*	1	11	203.8	0.422	是	否	5
	2	10	80.4	0.166			
	3	13	37.3	0.077			
α_{12}^*	1	12	102.2	0.252	是	否	5
	2	13	49.1	0.121			
	3	6	47.8	0.118			
α_{13}^*	1	11	96.5	0.208	否	是	2
	2	10	79.6	0.171			
	3	13	75.9	0.163			
α_{14}^*	1	14	82.2	0.395	是	否	5
	2	16	27.2	0.131			
	3	1	14.3	0.069			
α_{15}^*	1	15	331.9	0.532	是	是	6
	2	1	79.2	0.127			
	3	8	51.1	0.082			
α_{16}^*	1	16	68.6	0.466	是	否	5
	2	14	13.8	0.094			
	3	1	7.7	0.052			
总分		75	准确率 η(%)		78.1		

从表 5.7 中得知，在$\tau=30$ s 时段内，对 16 个待辨识污染源可能出现的位置中有 14 个位置判断准确，即实际污染源所在控制体在相似隶属度集合中排名第一，这其中完全辨识准确的有 3 个位置；其余两个实际位置排在第 3 位。评价总得分为 75 分，总共的准确率为 78.1%。

表 5.8　$\tau=200$ s 时污染源辨识的准确度评价（双传感器 $\beta_2+\beta_3$）

污染源实际位置	体心位置与实际位置的接近程度排序（$\tau=200$ s）				是否准确	是否大于 0.5/0.3/0.1	得分
	排名	体心位置	绝对相似度 $ASD_{23}(\alpha_i,\ \tau)$	相似隶属度 $MGS_{23}(\alpha_i,\ \tau)$			
α_1^*	1	1	844.5	0.502	是	是	6
	2	15	108.2	0.064			
	3	9	81.1	0.048			
α_2^*	1	2	1 270.0	0.491	是	否	5
	2	3	251.0	0.097			
	3	10	237.5	0.092			
α_3^*	1	3	201.3	0.200	是	否	5
	2	2	142.6	0.142			
	3	4	121.1	0.120			
α_4^*	1	4	410.6	0.249	是	否	5
	2	2	203.7	0.124			
	3	3	197.0	0.120			
α_5^*	1	5	704.5	0.395	是	否	5
	2	2	281.8	0.158			
	3	3	118.9	0.067			
α_6^*	1	6	730.4	0.365	是	否	5
	2	13	178.3	0.089			
	3	10	148.4	0.074			
α_7^*	1	7	395.9	0.305	是	否	5
	2	8	104.8	0.081			
	3	6	104.1	0.080			
α_8^*	1	8	506.2	0.387	是	否	5
	2	15	118.0	0.090			
	3	7	81.0	0.062			

续表

污染源实际位置	体心位置与实际位置的接近程度排序($\tau=200$ s)				是否准确	是否大于0.5/0.3/0.1	得分
	排名	体心位置	绝对相似度 $ASD_{23}(\alpha_i, \tau)$	相似隶属度 $MGS_{23}(\alpha_i, \tau)$			
α_9^*	1	9	450.2	0.290	是	否	5
	2	1	369.0	0.238			
	3	15	121.7	0.078			
α_{10}^*	1	10	4 197.7	0.735	是	是	6
	2	13	238.8	0.042			
	3	4	221.6	0.039			
α_{11}^*	1	11	1 027.0	0.504	是	是	6
	2	10	180.5	0.087			
	3	13	142.4	0.069			
α_{12}^*	1	12	607.9	0.301	是	否	5
	2	13	275.7	0.136			
	3	6	181.1	0.090			
α_{13}^*	1	13	475.4	0.224	是	否	5
	2	10	391.8	0.185			
	3	11	213.3	0.101			
α_{14}^*	1	14	257.0	0.286	是	否	5
	2	16	97.5	0.109			
	3	1	71.3	0.079			
α_{15}^*	1	15	1 924.1	0.650	是	是	6
	2	8	154.3	0.052			
	3	1	146.4	0.049			
α_{16}^*	1	16	428.1	0.501	是	是	6
	2	14	73.2	0.085			
	3	8	44.5	0.052			
总分		85	准确率 η(%)		88.5		

表5.8显示了的是整个200 s的时段内,16个待辨识污染源有可能出现的控制体取前三的排序,以及各个顺位的发生概率。此时,16个待辨识污染源实际所在的控制体在辨识结果中均排在第一顺位,即所有污染源实际所在的控制体均排在辨识结果的前三顺位中。而且,其中有5个控制体的发生概率大于50%。总共的准确率上升到88.5%,比30 s时段提高了10.4%。不同时段下的辨识评价得分分布情况见图5.6。

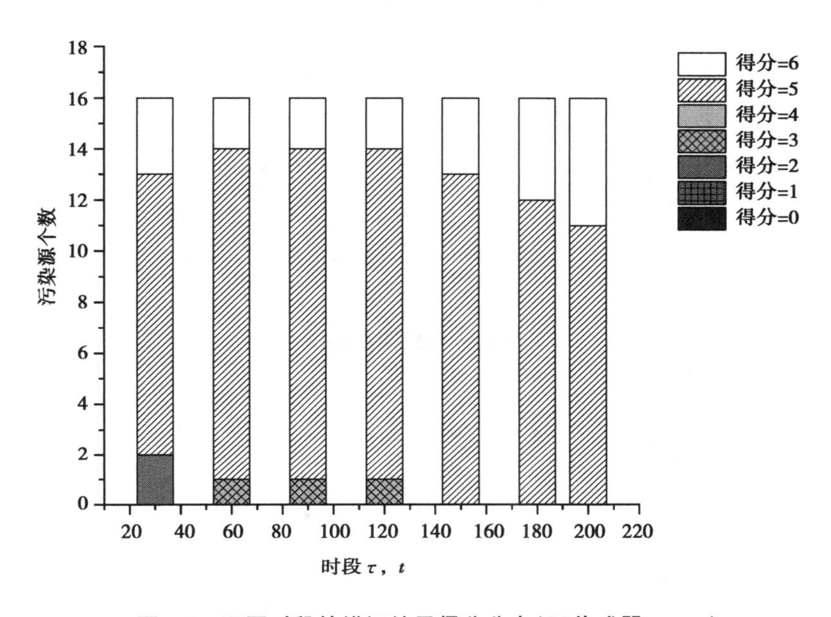

图5.6　不同时段的辨识结果得分分布(双传感器$\beta_2+\beta_3$)

在基于双传感器$\beta_2+\beta_3$的辨识情景中,将选取时段下的全部污染源存在场景的辨识结果的评价得分一一求出,可得到不同时段下的辨识评价得分分布情况,如图5.6。从中可以看出,随着时段增加,得分为5分6分的污染源个数逐渐增加,表明辨识结果越来越好;对应地,得分较低的污染源个数逐渐减少。$\tau=60$ s时的6分的个数虽然少于$\tau=30$ s时的个数,但是已经没有了2分及以下的分数,因此总体的趋势仍然在向更好的方向发展。同双传感器$\beta_1+\beta_3$的辨识结果较为类似,由于$\tau=30$ s时辨识效果已经较为不错,因而上升空间有限,使得前后提高的幅度不大。

5.3　基于双传感器的位置辨识结果分析

5.3.1　双传感器组合与单传感器的辨识结果对比

通过选取三个准确率各不相同的传感器并两两组合,分别采用定性和定量源辨识策略对其源辨识效果进行研究,得到了不同双传感器组合下位置辨识准确率随时间的变化情况。已知在前一章得到的单传感器辨识结果,由于受到位置不同的影响,相互间辨识准确度差异很大,整体辨识准确率只有68.4%。采用双传感器组合的污染物浓度数据重新展开辨识后,三组双传感

器组合 $\beta_1+\beta_2$、$\beta_1+\beta_3$、$\beta_2+\beta_3$ 的辨识准确度最终分别达到了 70.8%、86.5%和 88.5%，整体辨识准确率则有 81.9%。总体来说，相对于单传感器的 68.4%增加了 13.5%，有了大幅度提高。

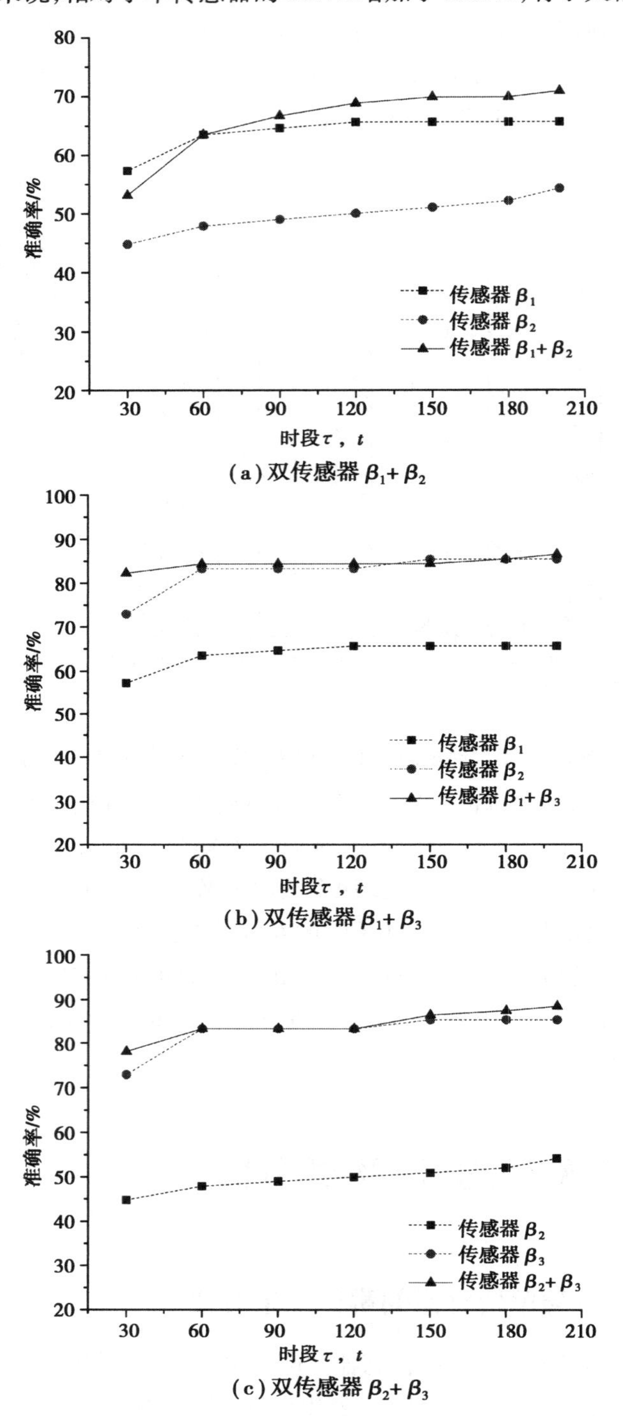

(a) 双传感器 $\beta_1+\beta_2$

(b) 双传感器 $\beta_1+\beta_3$

(c) 双传感器 $\beta_2+\beta_3$

图 5.7　基于双传感器组合的位置辨识准确率随时段变化情况

图 5.7 显示了三种双传感器组合下的污染源位置辨识准确率随时间的变化的情况，为便于说明，分别取 30 s、60 s、90 s、120 s、150 s、180 s 和 200 s 为几个时间节点。在 200 s 时段时，双传感器组合 $\beta_1+\beta_2$的辨识精度相对于传感器 β_1和传感器 β_2分别提高了 5.2%和 16.6%，见图 5.7(a)；双传感器组合 $\beta_1+\beta_3$的辨识精度相对于传感器 β_1和传感器 β_3分别提高了 20.9%和 1.1%，见图 5.7(b)；双传感器组合 $\beta_2+\beta_3$的辨识精度相对于传感器 β_2和传感器 β_3分别提高了 34.3%和 3.1%，见图 5.7(c)。

对于图 5.7 中双传感器的每条曲线来说，均体现出辨识准确率随时间具有不断上升的趋势。从$\tau=30$ s 到$\tau=200$ s 为止，三组双传感器组合的准确率分别提高了 17.7%、4.2%和 10.4%，平均提高幅度为 10.8%，跟单传感器平均提高幅度 10.1%相比，二者大体相当。但是，双传感器情况下的初始平均辨识准确率是 71.2%，要远高于单传感器情况下的 58.3%。其中，从$\tau=30$ s 到$\tau=60$ s 间隔的 30 s 之间，三个双传感器组合辨识准确率平均增长率是 5.9%，之后直到$\tau=200$ s 的 140 s 之间，辨识准确率平均增长率为 4.9%。经计算，$\tau=60$ s 之前的增长率是$\tau=60$ s 之后增长率的 5.6 倍，小于单传感器情况下的 8.8 倍。由此可见，双传感器不仅具有更好的辨识准确率，而且辨识的稳定性也要好于单传感器。辨识结果说明，双传感器组合确实有效消除了辨识效果较差的传感器对结果的影响。

5.3.2　不同传感器组合间的辨识结果对比

为分析不同传感器组合之间的辨识结果差异，分别取 30 s、60 s、90 s、120 s、150 s、180 s 和 200 s 为几个时间节点，绘制了三种双传感器组合下的污染源位置辨识准确率随时间的变化的对比情况，见图 5.8。

如图所示，虽然双传感器可以改善单传感器的辨识效果，但是研究结果表明不同的传感器组合之间的辨识效果也存在差异，双传感器组合 $\beta_1+\beta_2$曲线要明显低于组合 $\beta_1+\beta_3$和组合 $\beta_2+\beta_3$。

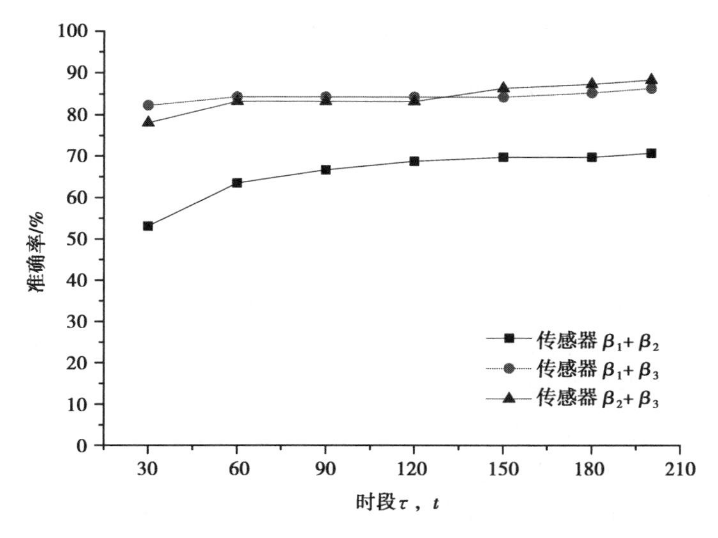

图 5.8　双传感器组合不同时段下的位置辨识准确度

通过分析可以发现,在双传感器组合 $\beta_1+\beta_2$ 中,辨识效果更好的传感器 β_1 的准确率是65.6%;而双传感器组合 $\beta_1+\beta_3$ 以及组合 $\beta_2+\beta_3$ 中辨识效果更好的传感器 β_3 的准确率是85.4%。双传感器组合辨识准确率相对于自身辨识效果较好的单传感器的提升分别为5.2%、1.1%、3.1%,这说明双传感器组合确实提高了单传感器的辨识准确率,但对于拔高单传感器的辨识准确率的上限作用有限。

研究同时发现,当双传感器组中包含某辨识效果较差的单传感器时,双传感器组的辨识准确率仍然可以保持较高水平,可见全部双传感器组的准确率并未受到其中辨识效果较差的单传感器的不利影响。这表明双传感器组的策略可以有效地消除辨识准确度较低的传感器对辨识精度的干扰,这点对于提高污染物源辨识效率具有很重要的意义。而且从图5.9中不同双传感器组的位置辨识评价的得分分布可以得知,双传感器的组合策略已经可以成功找到大部分的实际污染源的位置,传感器组 $\beta_2+\beta_3$ 甚至成功辨识出了所有污染源,想在此基础上继续提高每个实际污染源的发生概率,难度很高。因此,本文认为双传感器组合是可以迅速改善源辨识效果的有效策略。

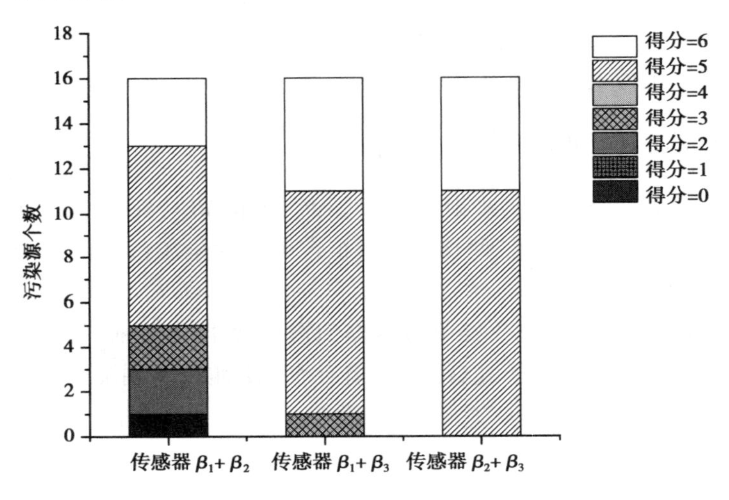

图5.9 不同传感器组合辨识结果的得分分布

5.4 本章小结

为了提高单传感器的辨识准确率,本章提出把单个传感器两两组合,利用双传感器得到的污染物浓度数据共同完成污染源的位置辨识。首先通过将不同形式的双传感器数据组合在一起,比较各自的辨识效果,从而选择最优的数据组合方式。数据整理工作完成之后,仍旧结合前文的源辨识理论,进行双传感器污染源位置辨识工作。先明确了单污染源条件下的辨识策略,之后在通过 Airpak 完成了建模工作,在确认了传感器的摆放位置后,完成了大量复杂的源辨识前处理工作。在数据处理阶段以 Matlab 为计算手段,分别基于优化法和概率法进行了数据整理工作,并得到了一类位置辨识定性判断指标和两类量化指标;随后在辨识阶段依据所得到的辨识指标完成位置辨识工作,最后利用类"射击打靶"评价方法对不同传感器时辨识工作的准确度进行了评价。

本章主要结论如下：

①在双传感器的数据整合阶段，分别对两个单传感器各自的相似特征进行求平均值和求残差这两种数据整合方式。随后利用两种方式得到的数据分别对待测点 α_i^* 进行了辨识，辨识结果显示，求残差的数据整合方式比求平均值的方式能获得更高的辨识准确率，因此，在利用双传感器同时完成辨识工作时，建议对单传感器数据进行残差处理。

②双传感器组合与单传感器之间的辨识结果对比表明，双传感器组合的辨识准确率确实高于每个单传感器的辨识准确率，但是高出单传感器中原本辨识准确率较高的传感器的幅度不大。辨识结果说明，双传感器组合确实有效消除了辨识效果较差的传感器对结果的影响，但并不能显著提升所有单传感器的辨识准确率。另外，分析表明双传感器组合不仅具有更好的辨识准确率，而且辨识的稳定性也要好于单传感器。

③不同双传感器组合之间的辨识结果显示，双传感器组合相对于自身辨识效果较好的单传感器的提升分别为5.2%、1.1%、3.1%，这说明双传感器组合对于拔高单传感器的辨识准确率的上限作用有限。与此同时，所有双传感器组合的准确率并未受到单传感器中辨识效果较差的传感器的不利影响。因此，可以认为双传感器组合的策略可以有效地消除辨识准确度较低的传感器对辨识精度的干扰，这点对于提高污染物源辨识效率具有很重要的意义。

第6章 单污染源的散发强度辨识

在源辨识的研究工作中,不仅要确定污染源所处的位置,同时还要求获取污染源的散发强度信息,以利于研究人员制定出合理有效的通风或其他污染物控制策略,从而有的放矢。本章的主要内容是在污染源位置辨识完成的基础上,利用已知污染源的实际位置信息,建立方程,求出污染源的散发强度。

6.1 污染源散发强度辨识理论

6.1.1 污染源散发强度的辨识策略

要注意,在前文模型建立阶段,假设污染源 CS^* 的散发强度 S^* 不随时间变化,作为本文污染源散发强度辨识的前提。

假设污染源位于室内 A 点,而且室内环境条件不变,当污染源释放强度分别是 S 和 S^* 时,在某 t 时刻传感器 $\beta(x,y,z)$ 接收到的污染物浓度分别是 $C(x,y,z,t)$ 和 $C^*(x,y,z,t)$。基于污染源可及性(ACS)只跟污染源的位置与流场相关的特性,得出式6.1。

$$A_{C^*}(x,y,z,\tau)=A_C(x,y,z,\tau) \tag{6.1}$$

式中 $A_{C^*}(x,y,z,\tau)$——污染源可及性,无量纲数,反映了在一段时间 τ 内,污染源释放的污染物到达室内某一位置的可能性,下标中“C^*”表示此污染源释放污染物的强度为 S^*;

$A_C(x,y,z,\tau)$——污染源可及性,无量纲数,反映了在一段时间 τ 内,污染源释放的污染物到达室内某一位置的可能性,下标中的“C”表示此污染源释放污染物的强度为 S;

τ——从污染物开始释放时所经历的时间段,s。

又已知污染源可及性的定义式如下:

$$A_C(x,y,z,\tau)=\frac{\int_0^{\tau}C(x,y,z,t)\,\mathrm{d}t}{\frac{S}{Q}\cdot\tau} \tag{6.2}$$

式中　$C(x,y,z,t)$——时刻 t 时，室内某点 (x,y,z) 处的污染物浓度，$\mathrm{mg/m^3}$；

S——室内某处的污染物放生源，mg/s；

Q——送风体积流量，$\mathrm{m^3/s}$。

将式(6.2)代入式(6.1)，可得：

$$\frac{\int_0^{\tau}C^*(x,y,z,t)\,\mathrm{d}t}{\frac{S^*}{Q}\cdot\tau}=\frac{\int_0^{\tau}C(x,y,z,t)\,\mathrm{d}t}{\frac{S}{Q}\cdot\tau} \tag{6.3}$$

随后对式(6.3)进行移向并整理，得到方程如下：

$$\lg\left[\frac{\int_0^{\tau}C^*(x,y,z,t)\,\mathrm{d}t}{\int_0^{\tau}C(x,y,z,t)\,\mathrm{d}t}\right]=\lg\frac{S^*}{S} \tag{6.4}$$

根据第四章位置辨识阶段中求解相似特征 $SC(\alpha_i,\tau)$ 的定义式，可对式(6.4)进行化简，化简后的方程如下：

$$SC(\alpha_i,\tau)=\lg\left(\frac{S^*}{S}\right) \tag{6.5}$$

因此，我们可以推导出待求实际污染源的强度 S^* 的求解算法为：

$$S^*=S\times 10^{SC(\alpha_i,\tau)} \tag{6.6}$$

由式(6.6)可以得知，在体心假设污染源的源强 S 为已知的情况下，只要得到相似特征 $SC(\alpha_i,\tau)$ 的计算数值解，待求污染源的源强 S^* 即可求出。

6.1.2　计算时段的选取

由于相似特征 $SC(\alpha_i,\tau)$ 呈一条随时间变化的曲线，在污染源强度辨识开始之前，首先要在全部时长 0~200 s 内确定选用相似特征 $SC(\alpha_i,\tau)$ 数据的位置。图 6.1 是基于传感器 β_3 的反馈数据，计算得到的待求实际污染源与房间全部控制体的相似特征曲线，此时待求污染源实际位置为 α_9^*，位于控制体 9 内。下面以图 6.1 为例，说明相似特征数据的选用过程。

从图中可以看出，前 60 s 是相似特征 $SC(\alpha_i,\tau)$ 曲线的迅速变化阶段，60 s 后逐渐趋于平缓，而且所有的曲线有逐渐靠拢的趋势。在曲线迅速变化阶段，相似特征值十分不稳定，如果代入方程计算源强，导致源强的值也会呈现出不断变化的情况，因而并不适合作为源强计算时相似特征值的选取范围。图中还可以看出，时段越长，相似特征 $SC(\alpha_i,\tau)$ 的值越稳定并接近实际情况。为了尽可能减小误差，求出污染源释放强度的实际值，需要尽可能延长时段 τ 值。因此，本章确定 $\tau=200$ s 作为相似特征 $SC(\alpha_i,\tau)$ 的数值选择时段。

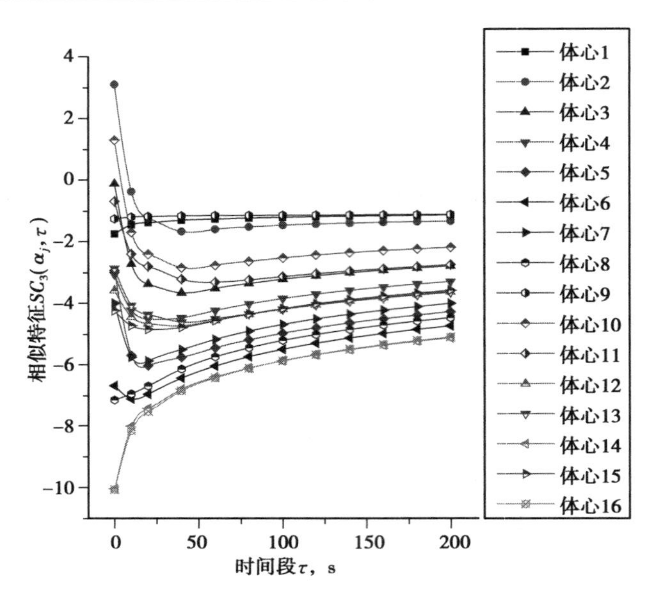

图 6.1　污染源实际位置为 α_9^* 时的相似特征曲线(传感器 β_3)

6.2　基于单传感器的污染源散发强度辨识

6.2.1　单传感器 β_1 的辨识过程

已知在前处理阶段,对各个控制体内体心位置处的污染源散发强度统一设定为 $S=0.1$ g/s,每个待求污染源的实际强度设定为 $S^*=0.01$ g/s。此外,在前文第 4 章的传感器位置定性辨识阶段,通过对设置的 16 个待求污染源仿真计算,已经得到了基于单传感器的相似特征 $SC(\alpha_i,\tau)$值在 0~200 s 内随时段的变化情况。根据上一节分析选取 $\tau=200$ s 的相似特征 $SC(\alpha_i,\tau)$的数值代入式(6.6)进行计算,即求得对实际污染源强度的预测结果。为衡量预测值的可信程度,进一步求得强度预测值相对于模拟阶段设定的实际污染源强度的相对误差。相对误差值越小,污染源强度的预测结果的可信度越高。

首先基于单传感器 β_1 的位置辨识结果展开源强辨识,结果见表 6.1。

表 6.1　实际污染源散发强度预测值汇总(单传感器 β_1)

实际污染源位置	预测发生概率最大体心位置	预测是否准确	相似特征 $SC_1(\alpha_i,\tau)$	假设体心源强 S (g/s)	实际源强预测值 S^* (g/s)	源强预测值相对误差 (%)
α_1^*	α_1	是	−1.118 32	0.1	0.007 615	23.8
α_2^*	α_2	是	−0.933 03	0.1	0.011 667	16.7
α_3^*	α_3	是	−1.086 68	0.1	0.008 191	18.1
α_4^*	α_4	是	−0.946 2	0.1	0.011 319	13.2

续表

实际污染源位置	预测发生概率最大体心位置	预测是否准确	相似特征 $SC_1(\alpha_i,\tau)$	假设体心源强 S (g/s)	实际源强预测值 S^* (g/s)	源强预测值相对误差 (%)
α_5^*	α_{10}	否	-0.944 45	0.1	0.011 365	13.6
α_6^*	α_6	是	-0.947 44	0.1	0.011 286	12.9
α_7^*	α_8	否	-1.643 95	0.1	0.002 27	77.3
α_8^*	α_{16}	否	-1.015 69	0.1	0.009 645	3.5
α_9^*	α_{11}	否	-0.943 39	0.1	0.011 392	13.9
α_{10}^*	α_5	否	-1.146 86	0.1	0.007 131	28.7
α_{11}^*	α_{11}	是	-0.975 06	0.1	0.010 591	5.9
α_{12}^*	α_{12}	是	-0.943 78	0.1	0.011 382	13.8
α_{13}^*	α_{13}	是	-1.008 24	0.1	0.009 812	1.9
α_{14}^*	α_6	否	-1.348 67	0.1	0.004 481	55.2
α_{15}^*	α_{15}	是	-1.012 27	0.1	0.009 721	2.8
α_{16}^*	α_1	否	-7.015 82	0.1	9.64E-09	100

从表 6.1 可见,除了少数几个位置上的散发强度预测值和实际源强差异较大,大部分位置的源强预测值都在真实值 0.01 g/s 左右。全部 16 个污染源位置的预测结果中,当实际位置在 α_7^*、α_{14}^*和 α_{16}^*时,相对误差较高,分别达到了 77.3%、55.2%和 100%,其他位置相对误差均在 30%以下。如果取误差 30%作为源强辨识合格的上限,误差低于 30%,则可认为本次强度辨识是成功的,误差等于或高于 30%,就视作不成功。那么基于单传感器 β_1 所进行的 16 次源辨识中,13 次的源辨识结果认为是成功的,3 次源辨识结果不成功,成功率为 81.3%。

观察发现,三个相对误差较高的点均是位置辨识失准的点,为进一步分析位置辨识对强度辨识的影响,对单传感器 β_1 情景下得到的全部待求污染源的强度预测结果进行整理,其中预测准确点用方点辨识,预测失准点用圆点表示,如图 6.2 所示。

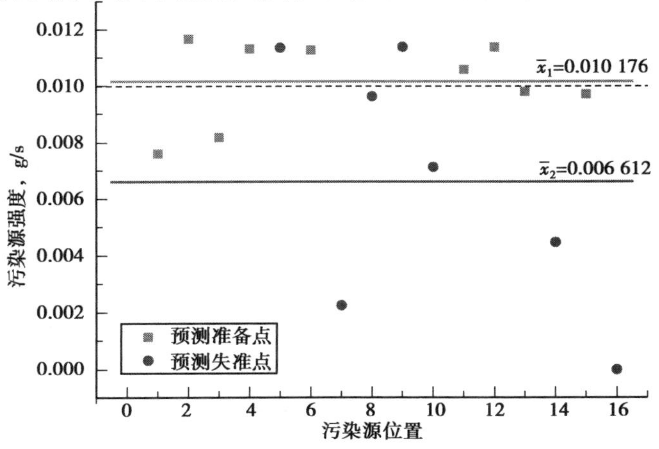

图 6.2　待求实际污染源强度辨识的相对误差(传感器 β_1)

在图 6.2 中,黑色虚线 $x=0.01$ 表示污染源的实际强度,灰色实线 $\bar{x}_1=0.010\ 176$ 表示全部位置预测准确点的源强预测平均值;或者,该值是当污染源位置辨识准确时,其污染源强度的数学期望值。深灰色实线 $\bar{x}_2=0.006\ 612$ 则表示全部位置预测失准点的源强预测平均值,即当污染源位置辨识失准时的强度数学期望值。可见,位置预测准确点的污染源强度预测值分布较为集中,其整体的期望值与实际值也非常接近,误差仅为 1.76%;位置预测失准点的污染源强度预测值的分布则比较分散,其整体的期望值与实际值的误差达到了 33.88%。

因此,由传感器 β_1 情景下的源强预测结果,暂时得到推论 1:

位置辨识的准确性会影响污染源强度的辨识结果,位置辨识准确点的源强辨识结果准确性高于位置辨识失准点,更加接近实际污染源强度。

6.2.2 单传感器 β_2 的辨识过程

为了验证上一节的推论,继续基于已有的单传感器 β_2 和 β_3 两种情景下展开污染源强度辨识工作。首先选取单传感器 β_2 的情景下 $\tau=200$ s 的相似特征 $SC(\alpha_i,\tau)$ 的数值代入式(6.6)进行计算,得到基于单传感器 β_2 的污染源散发强度预测结果,预测统计结果见表 6.2。

表 6.2 实际污染源散发强度预测值汇总(单传感器 β_2)

实际污染源位置	预测发生概率最大体心位置	预测是否准确	相似特征 $SC_2(\alpha_i,\tau)$	假设体心源强 S (g/s)	实际源强预测值 S^* (g/s)	源强预测值相对误差 (%)
α_1^*	α_1	是	−1.174 67	0.1	0.006 689	33.1
α_2^*	α_1	否	−1.245 05	0.1	0.005 688	43.1
α_3^*	α_5	否	−0.898 91	0.1	0.012 621	26.2
α_4^*	α_4	是	−0.996 73	0.1	0.010 076	0.76
α_5^*	α_{10}	否	0.517 693	0.1	0.329 377	3 193.8
α_6^*	α_5	否	−1.067 13	0.1	0.008 568	14.3
α_7^*	α_9	否	−1.924 51	0.1	0.001 19	88.1
α_8^*	α_7	否	−1.501 23	0.1	0.003 153	68.5
α_9^*	α_1	否	−0.608 69	0.1	0.024 621	146.2
α_{10}^*	α_9	否	−1.087 57	0.1	0.008 174	18.3
α_{11}^*	α_{11}	是	−0.954 1	0.1	0.011 115	11.1
α_{12}^*	α_{12}	是	−0.967 53	0.1	0.010 776	7.8
α_{13}^*	α_{11}	否	−1.058 83	0.1	0.008 733	12.7
α_{14}^*	α_{14}	是	−0.965 51	0.1	0.010 827	8.3
α_{15}^*	α_{15}	是	−0.984 61	0.1	0.010 361	3.6
α_{16}^*	α_{16}	是	−1.004 02	0.1	0.009 908	0.9

从表 6.2 可见,由于单传感器 β_2 的位置辨识结果不理想,多个位置上的散发强度预测值

和实际源强产生了很大的差异。在全部16个污染源强度的预测结果中，当实际位置在α_2^*、α_7^*、α_8^*和α_9^*时，相对误差较高，分别达到了43.1%、88.1%、68.5%和146%；相对误差最大值出现在α_5^*时，相对误差甚至高达3 193.8%。除此之外，剩余位置相对误差均在30%以下。取误差30%作为源强辨识合格的上限，那么基于单传感器β_2所进行的16次源辨识中，10次的源辨识结果认为是成功的，6次源辨识结果不成功，成功率为62.5%。

观察发现，所提出的几个相对误差较高的点和单传感器β_1的情景类似，仍然都是位置辨识失准的点。由于α_5^*点的源强辨识误差远超其他点，分析过程中有必要把该点当作"坏值"提出去，避免对整体分析的影响。继续对单传感器β_2情景下得到的全部待求污染源的强度预测结果进行整理，结果见图6.3。

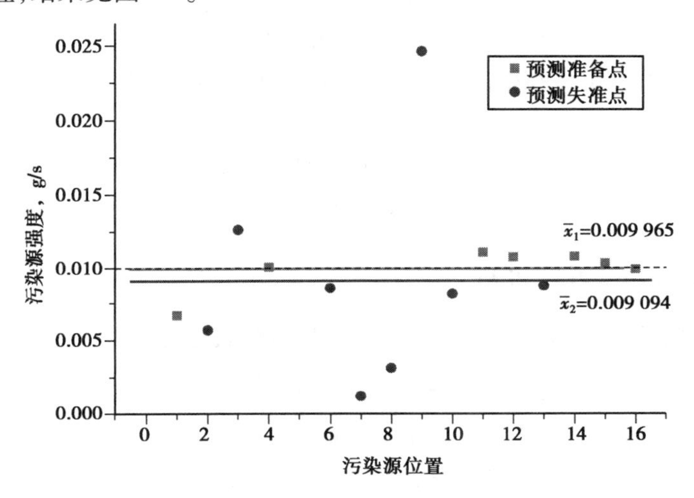

图6.3　待求实际污染源强度辨识的相对误差(传感器β_2)

该图中，黑色虚线$x=0.01$表示污染源的实际强度，绿色实线$\bar{x}_1=0.009\ 965$表示全部位置预测准确点的源强预测平均值；或者，该值是当污染源位置辨识准确时，其污染源强度的数学期望值。深灰色实线$\bar{x}_2=0.009\ 094$则表示除了"坏值"外，其他位置预测失准点的源强预测平均值，即当污染源位置辨识失准时的源强数学期望值。可知，位置预测准确点和失准点的源强预测整体期望值都较为理想，均和实际值非常接近，相对误差分别为0.35%和9.06%。但是从图中可以看出，二者的污染源强度预测值分布的稳定性并不一样，位置预测失准点的预测值的分布非常分散。

为了衡量各个点的污染源预测强度与预测平均值的偏离程度，借鉴数理统计学原理引入污染源预测强度标准差的概念，记作SPR，计算式为：

$$SPR = \sqrt{\frac{1}{n-1}\sum_{i=1}^{n}(S_i^* - \bar{x})} \tag{6.7}$$

式中　S_i^*——实际污染源α_i^*位置处的污染源强度预测值，g/s；

$\bar{x}$——所选择位置的源强预测平均值，g/s。

对于位置预测准确点，其标准差记为SPR_1，对于位置预测失准点，其标准差记为SPR_2，计算结果见表6.3。

表 6.3　源强预测的整体统计结果

污染源位置	期望值 $\bar{x}$	标准差 SPR
预测准确点	0.009 965	0.001 507
预测失准点	0.009 094	0.007 213

标准差的计算结果表明，虽然从整体上看，位置辨识准确点和失准点的污染源强度预测平均值均和实际值比较接近，但是由于样本点比较少，整体结果的可信度不高，因而并不能说明失准点的源强辨识一定满足要求。通过标准差的计算结果可知，预测失准点的标准差 SPR_2 是预测准确点的标准差 SPR_1 的 4.8 倍，说明全部预测失准点的源强辨识结果之间波动远高于预测准确点，由于较差的稳定性，显然预测失准点不能适用于源强辨识的应用。据此得到推论 2：

位置辨识结果对污染源强度辨识结果的稳定性影响更加明显，位置辨识准确点的源强辨识结果不仅更接近污染源实际强度，而且各点之间波动更小，辨识结果精密度更高。

6.2.3　单传感器 β_3 的辨识过程

为进一步了解单传感器下的污染源源强辨识规律，接下来继续分析单传感器 β_3 的辨识结果。选取单传感器 β_3 的情景下 $\tau=200$ s 的相似特征 $SC(\alpha_i,\tau)$ 的数值代入式(6.6)进行计算，得到基于单传感器 β_3 的污染源散发强度预测结果，预测统计结果见表 6.4。

表 6.4　实际污染源散发强度预测值汇总(单传感器 β_3)

实际污染源位置	预测发生概率最大体心位置	预测是否准确	相似特征 $SC_3(\alpha_i,\tau)$	假设体心源强 S (g/s)	实际源强预测值 S^* (g/s)	源强预测值相对误差 (%)
α_1^*	α_1	是	−1.144 44	0.1	0.007 171	28.3
α_2^*	α_2	是	−0.893 29	0.1	0.012 785	27.9
α_3^*	α_3	是	−0.757 72	0.1	0.017 47	74.7
α_4^*	α_4	是	−1.040 68	0.1	0.009 106	8.9
α_5^*	α_5	是	−0.962 8	0.1	0.010 894	8.9
α_6^*	α_6	是	−0.982 98	0.1	0.010 4	4.0
α_7^*	α_7	是	−0.989 84	0.1	0.010 237	2.4
α_8^*	α_6	否	−1.273 66	0.1	0.005 325	46.7
α_9^*	α_9	是	−1.141	0.1	0.007 228	27.7
α_{10}^*	α_{10}	是	−1.138 77	0.1	0.007 265	27.4
α_{11}^*	α_{11}	是	−0.962 04	0.1	0.010 913	9.1

续表

实际污染源位置	预测发生概率最大体心位置	预测是否准确	相似特征 $SC_3(\alpha_i, \tau)$	假设体心源强 S (g/s)	实际源强预测值 S^* (g/s)	源强预测值相对误差 (%)
α_{12}^*	α_{12}	是	-1.013 4	0.1	0.009 696	3.0
α_{13}^*	α_{13}	是	-0.925 02	0.1	0.011 885	18.8
α_{14}^*	α_{14}	是	-0.496 12	0.1	0.031 907	219.1
α_{15}^*	α_{15}	是	-0.933 07	0.1	0.011 666	16.7
α_{16}^*	α_{16}	是	-0.994 93	0.1	0.010 118	1.2

单传感器 β_3 的位置辨识结果比较理想，在共计 16 次污染源的位置辨识中，位置辨识准确点达到 15 个，只有 1 个点辨识失准。从表 6.4 可见，在全部 16 个污染源位置的预测结果中，当实际位置在 α_3^* 和 α_8^* 时，相对误差较高，分别达到了 74.7%、46.7%；相对误差最大值出现在 α_{14}^*时，相对误差甚至高达 219.1%。除此之外，剩余位置相对误差均在 30%以下。取误差 30%作为源强辨识合格的上限，那么基于单传感器 β_1 所进行的 16 次源辨识中，13 次的源辨识结果认为是成功的，3 次源辨识结果不成功，成功率为 81.3%。

所提出的几个相对误差较高的点中，唯一的一个位置辨识失准点是其中的一个，符合推论 1 对基于位置辨识失准点的源强预测结果的分析。此外，α_3^* 和 α_{14}^*这两个位置辨识准确的点则是另外两个相对误差较高的点，这是和之前相比的不同之处。由于 α_{14}^*点的源强辨识误差远超其他点，在分析过程中仍旧把该点当作“坏值”提出去。之后，在全部 14 个位置辨识准确点中出现了 1 个误差较高的点，这表明位置辨识准确点也不可避免地小概率出现了源强预测误差较高的情况。继续对单传感器 β_3 情景下得到的全部待求污染源的强度预测结果进行整理，结果见图 6.4。

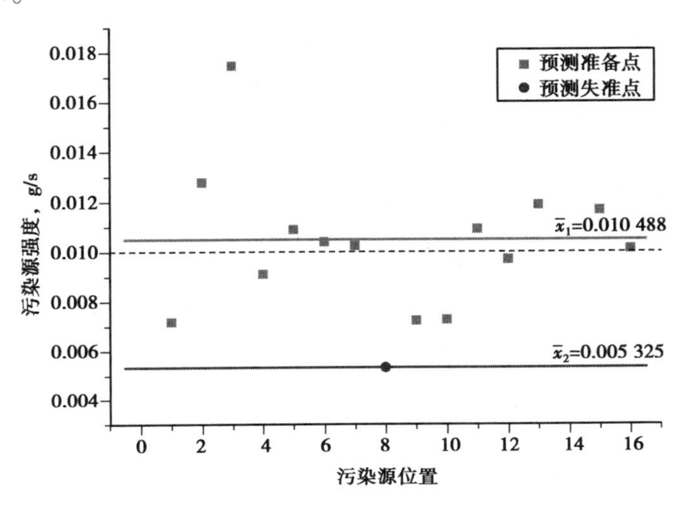

图 6.4　待求实际污染源强度辨识的相对误差(传感器 β_3)

该图中,灰色实线 $\bar{x}_1 = 0.010\ 488$ 表示除去“坏值”后,其余全部位置预测准确点的源强预测平均值;或者,该值是当污染源位置辨识准确时,其污染源强度的数学期望值。可知,位置预测准确点的污染源强度预测值分布较为集中,其整体的期望值与实际值也非常接近,相对误差为4.88%。代入式(6.7)可求得其标准差,经计算,此时的标准差 $SPR_1 = 0.002\ 667$,和基于单传感器 β_2 的情景相比,和其位置预测准确点标准差 SPR_1 结果相近,远低于其位置辨识失准点标准差 SPR_2。单传感器 β_3 的计算结果说明,位置辨识准确点的整体污染源强度预测效果较好,兼顾了准度和精度两方面,这进一步验证了推论2的结论。虽然由于计算误差等客观因素存在,使得个别点辨识误差在50左右,但是考虑到污染源强度本身浓度很小,而且误差并未达到数量级上的差异,因而对实际控制来说是可以接受的。随着室内污染源强度的增大,强度辨识的相对误差也会逐渐下降。

基于已有的三个单传感器完成的源强辨识结果可知,在对污染源的位置辨识准确的前提下,进一步得到的源强辨识结果的准确性和稳定性可以得到保证,因而是合理有效的,可以应用于实际控制。

6.3 基于双传感器的污染源散发强度辨识

6.3.1 污染源散发强度的辨识策略

单传感器的源强辨识说明,源强辨识结果是否有效的前提在于位置辨识的准确性。而单传感器的情景下,由于位置辨识准确度不高,因此如果直接采用单传感器的位置辨识结果进行污染源强度辨识,必然会导致源强预测的失准。因此,通过双传感器提高单传感器的位置辨识准确度,可有效改善对污染源强度的辨识效果。

由式(5.1)可知,当位置辨识准确时,基于双传感器的相似特征值是一个定值,跟体心假设污染源强度 S 以及实际待求的污染源强度 S^* 无关,因此不能直接取双传感器的相似特征 $SC(\alpha_i,\tau)$ 值代入式(6.6)进行计算得到污染源强度值。因此,本文采用的方法是通过双传感器的位置辨识结果对单传感器的位置辨识结果进行修正,随后回归到单传感器,采用修正后的单传感器位置辨识中的相似特征 $SC(\alpha_i,\tau)$ 值完成污染源强度辨识。

6.3.2 基于各组双传感器的辨识结果

首先分析双传感器组 β_1+β_2 的辨识结果。用双传感器组的污染源位置辨识结果对单传感器 β_1 的位置辨识结果进行修正后,仍然采用单传感器 β_1 的相似特征 $SC_1(\alpha_i,\tau)$ 的数值(τ=200 s时)代入式(6.6)进行计算,得到基于双传感器组 β_1+β_2 的污染源散发强度预测结果,预测统计结果见表6.5。

表 6.5　实际污染源散发强度预测值汇总(双传感器 $\beta_1+\beta_2$)

实际污染源位置	预测发生概率最大体心位置	预测是否准确	相似特征 $SC_1(\alpha_i,\tau)$	假设体心源强 S (g/s)	实际源强预测值 S^* (g/s)	源强预测值相对误差 (%)
α_1^*	α_1	是	−1.118 32	0.1	0.007 615	23.8
α_2^*	α_2	是	−0.933 03	0.1	0.011 667	16.7
α_3^*	α_{15}	否	−1.105 622	0.1	0.007 841	21.6
α_4^*	α_4	是	−0.946 2	0.1	0.011 319	13.2
α_5^*	α_5	是	−1.086 08	0.1	0.008 202	17.9
α_6^*	α_6	是	−0.947 44	0.1	0.011 287	12.9
α_7^*	α_7	是	−1.347 63	0.1	0.004 491	55.1
α_8^*	α_{15}	否	−1.105 56	0.1	0.007 842	21.6
α_9^*	α_9	是	−0.939 82	0.1	0.011 486	14.9
α_{10}^*	α_{13}	否	−1.100 03	0.1	0.007 943	20.6
α_{11}^*	α_{11}	是	−0.975 06	0.1	0.010 591	5.9
α_{12}^*	α_{12}	是	−0.943 78	0.1	0.011 382	13.8
α_{13}^*	α_{13}	是	−1.008 24	0.1	0.009 812	1.9
α_{14}^*	α_6	否	−1.348 67	0.1	0.004 481	55.2
α_{15}^*	α_{15}	是	−1.012 27	0.1	0.009 721	2.8
α_{16}^*	α_3	否	−6.938 84	0.1	1.15E−08	100

在双传感器组 $\beta_1+\beta_2$ 下共计 16 次污染源的位置辨识中,位置辨识准确点达到 11 个,5 个点辨识失准。从表 6.5 可见,在全部 16 个污染源强度的预测结果中,当实际位置在 α_7^*、α_{14}^*和 α_{16}^*时,相对误差较高,分别达到了 55.1%、55.2%和 100%。除此之外,剩余位置相对误差均在 30%以下。和单传感器的辨识过程一样,仍取误差 30%作为源强辨识合格的上限,误差低于 30%,则可认为本次强度辨识是成功的,误差等于或高于 30%,就视作不成功。那么基于双传感器组 $\beta_1+\beta_2$ 所进行的 16 次源辨识中,13 次的源辨识结果认为是成功的,3 次源辨识结果不成功,成功率为 81.3%。

继续分析双传感器组 $\beta_1+\beta_3$ 的辨识结果。用双传感器组的污染源位置辨识结果对单传感器 β_3 的位置辨识结果进行修正后,仍然采用单传感器 β_3 的相似特征 $SC_3(\alpha_i,\tau)$ 的数值($\tau=200$ s 时)代入式(6.6)进行计算,得到基于双传感器组 $\beta_1+\beta_3$ 的污染源散发强度预测结果,预测统计结果见表 6.6。

表 6.6　实际污染源散发强度预测值汇总(双传感器 β_1+β_3)

实际污染源位置	预测发生概率最大体心位置	预测是否准确	相似特征 $SC_2(\alpha_i,\tau)$	假设体心源强 S (g/s)	实际源强预测值 S^* (g/s)	源强预测值相对误差 (%)
α_1^*	α_1	是	−1.144 44	0.1	0.007 171	28.3
α_2^*	α_2	是	−0.893 29	0.1	0.012 785	27.9
α_3^*	α_3	是	−0.757 72	0.1	0.017 469	74.7
α_4^*	α_4	是	−1.040 68	0.1	0.009 106	8.9
α_5^*	α_5	是	−0.962 8	0.1	0.010 894	8.9
α_6^*	α_6	是	−0.982 98	0.1	0.010 4	4.0
α_7^*	α_7	是	−0.989 84	0.1	0.010 237	2.4
α_8^*	α_8	是	−1.010 18	0.1	0.009 768	2.3
α_9^*	α_9	是	−1.141	0.1	0.007 228	27.7
α_{10}^*	α_{10}	是	−1.138 77	0.1	0.007 265	27.4
α_{11}^*	α_{11}	是	−0.962 04	0.1	0.010 913	9.1
α_{12}^*	α_{12}	是	−1.013 4	0.1	0.009 696	3.0
α_{13}^*	α_{13}	是	−0.925 02	0.1	0.011 884	18.8
α_{14}^*	α_{14}	是	−0.496 12	0.1	0.031 907	219.1
α_{15}^*	α_{15}	是	−0.933 07	0.1	0.011 666	16.7
α_{16}^*	α_{12}	否	0.470 279	0.1	0.295 311	2 853.1

在双传感器组 β_1+β_3 下共计 16 次污染源的位置辨识中,位置辨识准确点达到 15 个,1 个点辨识失准。从表 6.6 可见,在全部 16 个污染源强度的预测结果中,当实际位置在 α_3^*、α_{14}^*和 α_{16}^*时,相对误差较高,分别达到了 74.7%、219.1%和 2 853.1%。除此之外,剩余位置相对误差均在 30%以下。仍取误差 30%作为源强辨识合格的上限,那么基于双传感器组 β_1+β_3 所进行的 16 次源辨识中,13 次的源辨识结果认为是成功的,3 次源辨识结果不成功,成功率为 81.3%。

继续分析双传感器组 β_2+β_3 的辨识结果。用双传感器组的污染源位置辨识结果对单传感器 β_3 的位置辨识结果进行修正后,仍然采用单传感器 β_3 的相似特征 $SC_3(\alpha_i,\tau)$ 的数值(τ=200 s 时)代入式(6.6)进行计算,得到基于双传感器组 β_2+β_3 的污染源散发强度预测结果,预测统计结果见表 6.7。

表 6.7 实际污染源散发强度预测值汇总(双传感器 $\beta_2+\beta_3$)

实际污染源位置	预测发生概率最大体心位置	预测是否准确	相似特征 $SC_3(\alpha_i,\tau)$	假设体心源强 S (g/s)	实际源强预测值 S^* (g/s)	源强预测值相对误差 (%)
α_1^*	α_1	是	−1.144 44	0.1	0.007 171	28.3
α_2^*	α_2	是	−0.893 29	0.1	0.012 785	27.9
α_3^*	α_3	是	−0.757 72	0.1	0.017 469	74.7
α_4^*	α_4	是	−1.040 68	0.1	0.009 106	8.9
α_5^*	α_5	是	−0.962 8	0.1	0.010 894	8.9
α_6^*	α_6	是	−0.982 98	0.1	0.010 4	4.0
α_7^*	α_7	是	−0.989 84	0.1	0.010 237	2.4
α_8^*	α_8	是	−1.010 18	0.1	0.009 768	2.3
α_9^*	α_9	是	−1.141	0.1	0.007 228	27.7
α_{10}^*	α_{10}	是	−1.138 77	0.1	0.007 265	27.4
α_{11}^*	α_{11}	是	−0.962 04	0.1	0.010 913	9.1
α_{12}^*	α_{12}	是	−1.013 4	0.1	0.009 696	3.0
α_{13}^*	α_{13}	是	−0.925 02	0.1	0.011 884	18.8
α_{14}^*	α_{14}	是	−0.496 12	0.1	0.031 907	219.1
α_{15}^*	α_{15}	是	−0.933 07	0.1	0.011 666	16.7
α_{16}^*	α_{16}	是	−0.994 93	0.1	0.010 117	1.2

在双传感器组 $\beta_2+\beta_3$ 下共计 16 次污染源的位置辨识中,位置辨识准确点达到 16 个,0 个点辨识失准。从表 6.7 可见,在全部 16 个污染源强度的预测结果中,当实际位置在 α_3^* 和 α_{14}^* 时,相对误差较高,分别达到了 74.7%和 219.1%,剩余位置相对误差均在 30%以下。仍取误差 30%作为源强辨识合格的上限,那么基于双传感器组 $\beta_1+\beta_3$ 所进行的 16 次源辨识中,14 次的源辨识结果认为是成功的,2 次源辨识结果不成功,成功率为 87.5%。

6.3.3 基于双传感器组的辨识结果分析

根据前文分析,三个双传感器组($\beta_1+\beta_2$、$\beta_1+\beta_3$、$\beta_2+\beta_3$)分别对 16 个待求的污染源展开源强辨识后,未辨识出的污染源都控制在 3 个以内,辨识成功率分别是 81.3%、81.3%和 87.5%。考虑到位置辨识失准点的存在,辨识成功率比较令人满意。为比较双传感器组对比单传感器的源强辨识优化效果,分析双传感器组的源强辨识规律,对各个双传感器组的源强辨识结果进行整理,详见表 6.8。

表 6.8　双传感器组源强辨识优化结果的统计

各双传感器组	对单传感器 β_1		对单传感器 β_2		对单传感器 β_3	
	成功数增长(个)	成功率增加(%)	成功数增长(个)	成功率增加(%)	成功数增长(个)	成功率增加(%)
双传感器组 $\beta_1+\beta_2$	0	0	3	18.8	—	—
双传感器组 $\beta_1+\beta_3$	0	0	—	—	0	0
双传感器组 $\beta_2+\beta_3$	—	—	4	25.0	1	6.2

由表 6.8 可见,对于源强辨识成功率较高的单传感器 β_1 以及单传感器 β_3,双传感器组的源强辨识优化效果并不明显;而对于源强辨识成功率较差的单传感器 β_2,由 β_2 组成的双传感器组的源强辨识结果均有明显提高。双传感器的优化结果有效验证了本章前部分所得的推论 2,即位置辨识结果对污染源强度辨识结果的稳定性影响更加明显。根据推论内容,改善源强辨识效果最有效的手段即为提高污染源位置辨识的准确率。

6.4　本章小结

本章是在位置辨识结束后,展开对位置污染源另一个重要特性——污染源的散发强度的辨识工作。首先根据可及性的特性推论出强度辨识的求解公式,随后给出了强度辨识的数据选取方案,并完成污染源强度的辨识工作。需要注意的是,双传感器时,两个传感器的数据组合方式确定了相似特征 $SC(\alpha_i,\tau)$ 无法直接用于污染源强度辨识,当采用双传感器提高位置辨识准确率后,仍然要回归到单传感器进行强度辨识。

本章主要结论如下:

①由相似特征曲线可知,随着时段增长,相似特征 $SC(\alpha_i,\tau)$ 的值越稳定并接近实际情况。为了尽可能减小误差,求出污染源释放强度的实际值,需要尽可能延长时段 τ 值。因此确定 $\tau=200$ s 作为相似特征 $SC(\alpha_i,\tau)$ 的数值选择时段。

②强度辨识结果可知,当位置辨识准确时,预测强度的相对误差基本在 30%以下,因而具有实际操作性。

③位置辨识结果对污染源强度辨识结果的稳定性具有决定性影响,位置辨识准确点的源强辨识结果不仅更接近污染源实际强度,而且各点之间波动更小,辨识结果精密度更高。因此污染源强度辨识的关键在于提高污染源位置辨识的准确率。

第 7 章 多污染源辨识的理论基础

污染物源辨识方法的研究目的在于当污染物浓度传感器探测到房间中有污染物散发时，能够根据有限个数的传感器反馈的浓度值，迅速并准确地判断污染源的位置和强度，从而有效地选择通风策略。国际上关于室内环境中污染物源位置与强度辨识的研究工作还处于起步阶段。从该领域的最新研究进展来看，现有方法尚未很好地解决以下三个方面的问题：

①目前源辨识领域集中在单污染源的辨识方向，尚未有较好的方法对多污染源进行辨识，而室内污染源一旦爆发，肯定不止一个。那么怎样才能辨识室内多污染源？

②如何布置使室内传感器位置能够更准确？

③如何保证辨识的速度，以在短时间内做出判断？

针对上述问题，本章将从有限时段内污染源对室内空间某点的累积影响出发，提出皮尔森相关系数用于辨识污染源的相关性，针对传感器不同位置反馈的污染物浓度信息，实时并且准确地判断出污染源的位置和强度的理论方法。在此基础上，为合理评价辨识方法的准确性，并且为辨识方法的改进研究和传感器在室内的最佳摆放位置研究提供依据，本章将进一步提出相应的源辨识指标和评价方法。最后，验证所提出的源辨识指标和评价方法的正确性。

7.1 多污染源辨识的理论依据

7.1.1 皮尔森相关系数

皮尔森(Pearson Correlation Coefficient)相关系数法是一种准确度量两个变量之间的关系密切程度的统计学方法。它可用于衡量两个数据集合是否在一条线上面，用来衡量定距变量间的线性关系。对于变量 x 和 y，分别可通过实验或模拟得到两组数据，记为(x_i, y_i)，其中 $i=1,2,3,\cdots,n$，则 Pearson 相关系数的数学表达式为：

$$r = \frac{\sum_{i=1}^{n}(x_i - \bar{x})(y_i - \bar{y})}{\sqrt{\sum_{i=1}^{n}(x_i - \bar{x})^2 \sum_{i=1}^{n}(y_i - \bar{y})^2}} \tag{7.1}$$

式中,x_i, y_i分别是通过模拟得到的两组数据,Pearson 相关系数是一个无量纲数,相关系数 r 的绝对值越大,相关性越强:相关系数越接近 1 或-1,相关度越强,相关系数越接近于 0,相关度就越弱。即若 $r=\pm1$,表明变量 x 和 y 之间为完全正线性相关的关系;若 $r=0$,表明变量 x 和 y 之间不存在线性相关关系。通常情况下可以通过以下取值范围判断变量的相关强度:

①相关系数 r 的范围为 0.8~1 为极相关;

②相关系数 r 的范围为 0.6~0.8 为强相关;

③相关系数 r 的范围为 0.2~0.4 为若相关;

④相关系数 r 的范围为 0.0~0.2 为极弱相关或无相关。

Pearson 相关系数广泛应用于医学、社会学等领域,常常需要对两个或多个变量进行相关性分析。如果两个变量都是分类变量或者有一个是分类变量,则需要用 Spearman 相关分析,如果两个变量都是连续性的变量,则 Pearson 分析方法更加适合。Pearson 相关系数还未涉及污染物源辨识领域。在本次课题中由于污染源的辨识是根据假设污染源和待辨识污染源之间的相关性来判断的,而且假设的污染源和待辨识的污染源通过 Airpak 模拟得出的数据具有连续性,符合使用 Pearson 相关系数的条件,将 Pearson 相关系数作为本文中多污染源辨识的一个重要指标。Pearson 作为相关性指标,是通过 Matlab 来计算的,Matlab 中具有可调用的 Pearson 函数,所以通过 Matlab 的程序大大减少了计算量和提高准确率,Matlab 计算皮尔森相关系数的程序如图 7.1 所示。

```
%%
%%第一步:读取数据
%%Cix,Cj 都是 41 行,15 列
Cix=xlsread('Cix_1.xls','B2:P42');
Cj=xlsread('Cj_1.xls','B2:P42');
For i=1:15
For j=1:15
%%首先第一步计算 corr(Cix, Cj)
r= corr(Cix, Cj,'type','pearson');
end
end

%%%%
%%数据显示
%%
i=1;
j=1:15;
plot(   squeeze( r ));
xlabel('污染源(序号)')
```

图 7.1 计算 Pearson 相关系数的程序

7.1.2 污染物源辨识的评价标准

前文中已经介绍了污染物源辨识的指标,但在实际情况中还需要进一步对污染物源辨识方法的准确性做出评价。合理地给出污染物源辨识结果的评价方法,在以下几个方面具有一定指导意义:

①评价辨识污染源的方法是否准确,检验辨识污染源的指标是否符合要求;

②为多污染物源辨识方法的比较,以及辨识方法的改进提供依据;

③对传感器在不同位置时的辨识结果做出评价,从而可以优化传感器的布置方案。

为了合理评价多污染物源辨识的准确性,结合辨识结果的名次和皮尔森相关系数 CR 指标的数值大小提出了评价得分的分配方案,如表 7.1 所示。

表 7.1　多污染物源辨识的评价标准

排　名	Pearson 相关系数(CR)	得　分
1	≥0.999 5	5
	<0.999 5	4.5
2	≥0.999	3
	<0.999	2.5
3	≥0.999	1
	<0.999	0.5
>3	—	0

由表 7.1 可见,如果 Pearson 相关系数的相似度排名为 0 且 Pearson 相关系数≥0.999 5 时表示污染物源辨识准确,得 5 分;当 Pearson 相关系数<0.999 5 时,表示污染物源辨识准确概率较大,得分 4.5 分;以此类推,当 Pearson 相关系数的相似度排名>2 时,无论 pearson 相关系数的值为多少,得分都为 0。每个待测污染源的辨识得分的满分是 5 分,待测点污染源的共计 N 个,则 N 次辨识的总得分为 $5N$ 分。如果某工况下的总得分为 M,那么此时的得分率用 η 表示满分为 $5\times N$(N 代表可能潜在的多污染源数量),则辨识多污染源方法的准确率为 η:

$$\eta = \frac{M}{5 \times N} \cdot 100\% \tag{7.2}$$

应用准确率 η 作为评价指标,由于引入了模糊集合论的思想,对介于“正确”与“不正确”之间的情况,也可以给出相对定量的评价。所以,可以比较合理地反映出多污染源辨识方法的准确性。

7.2 Pearson 相关系数验证

在住宅建筑中,因为室内受到非稳态流场的作用,所以不同位置的污染源所形成的污染物浓度的空间动态分布也是不相同的,所以需要验证 Pearson 相关系数的合理性。从而为

Pearson 相关系数法的后续应用奠定理论基础。本次验证是通过控制变量法改变室内污染源散发过程中的某一工况，观察相关系数的变化情况，确定相关系数的影响因素。首先，假设不同距离散发的污染源，通过模拟得到数据，比较其相关性；然后假设当其他条件不变，仅改变污染源的散发强度时，不同强度的污染源散发的污染物浓度动态分布是相对不变的。即两个污染源的位置越接近，同一传感器所接收到的两组污染物浓度数据的相关性越高，且相关性不会随着污染源强度的改变而变化。本章将通过模拟数据对该假设的合理性进行验证。

7.2.1 污染源位置的变化对 Pearson 相关系数影响分析

(1)污染源数量和方位的设置

假设室内存在两个污染源分别为 A_1 和 A_2，其中 A_1 的坐标为(0.75, 0.75,1)，A_2 的坐标为(2.75,0.75,2)。另有两个污染源 B_1 和 B_2，可能存在的位置有四种情况。第一种情况的位置坐标是离 A_1 和 A_2 两个污染源较近，位置 1 其中 B_1 的坐标为(0.65,0.65,1)，B_2 的坐标为(2.65,0.65,2)；第二种情况就是离 A_1 和 A_2 两个污染源稍微远一些，位置 2 其中 B_1 的坐标为(1.65,0.95,1.2)，B_2 的坐标为(3.65,0.95,2.2)；第三种情况就是离 A_1 和 A_2 两个污染源比第二种情况距离要远，位置 3 其中 B_1 的坐标为(2.65,1.15,1.4)，B_2 的坐标为(4.65, 1.15,2.4)；第四种情况就是离 A_1 和 A_2 两个污染源距离最远，位置 4 其中 B_1 的坐标为(3.65,1.35,1.6)，B_2 的坐标为(5.65, 1.35,2.6)。污染源的数量和方位的设置如表 7.2 所示。通过 Airpak 模拟计算污染物在从各个假设位置开始散发后一段时间内的非稳态浓度场。数值计算的时间步长为 0.5 s，总时长取 300 s。模拟结束后，分别读取传感器 β 位置处 200 s 内的污染物浓度数据，间隔为 0.5 s。其中污染源 A_1 和 A_2 散发的污染物浓度数据记作 C_i^* ($i=1,2,\cdots,602$)，污染源 B_1 和 B_2 散发的污染物浓度数据记作 C_i($i=1,2,\cdots,602$)。

表 7.2 双污染源的方位设置

污染源 A_1	污染源 A_2	污染源 B_1	污染源 B_2
0.75,0.75,1	2.75,0.75,2	0.65,0.65,1	2.65,0.65,2
		1.65,0.95,1.2	3.65,0.95,2.2
		2.65,1.15,1.4	4.65,1.15,2.4
		3.65,1.35,1.6	5.65,1.35,2.6

将假设的双污染源 A_1A_2 散发的浓度记为 C_i^*，待测的双污染源 B_1B_2 散发的浓度记为 C_i，那么对于双污染源 A_1A_2 和双污染源 B_1B_2，可以将各自的浓度数据记为(C_i^*,C_i)($i=1,2,\cdots,602$)。已知两组污染源随时间散发的浓度信息，再根据前面给出的 Pearson 相关系数的式(7.1)，把双污染源 A_1A_2 与污染源 B_1B_2 的 Pearson 相关系数记作 CR，其数学表达式为：

$$CR=\frac{\sum_{i=1}^{602}(C_i^*-\overline{C}^*)(C_i-\overline{C})}{\sqrt{\sum_{i=1}^{602}(C_i^*-\overline{C}^*)^2\sum_{i=1}^{602}(C_i-\overline{C})^2}} \tag{7.3}$$

(2)污染源距离的变化对 Pearson 相关系数的影响

为了探究污染源距离的变化对 Pearson 相关系数的影响，将双污染源 B_1 和 B_2 通过 Airpak 模拟得到的数据整理后带入式(7.3)求解其与双污染源 A_1 和 A_2 的皮尔森相关系数

CR,并比较 CR 的大小来判断双污染源 A_1 和 A_2 与双污染源 B_1 和 B_2 的相关性,从而能够判断污染源的距离对 CR 的影响。将双污染源 A_1 和 A_2 与污染源 B_1 和 B_2 散发的浓度数据绘制散点图后进行拟合,通过拟合方程和趋势能够得到污染源距离的变化对 Pearson 相关系数的影响。如图 7.2、图 7.3、图 7.4 所示。

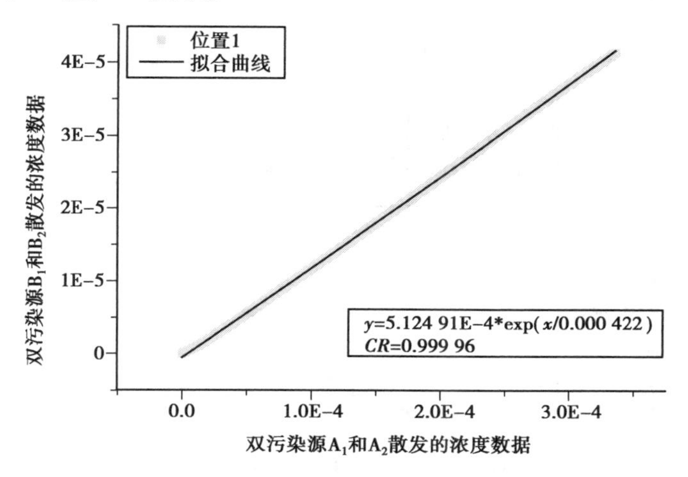

图 7.2　A_1 和 A_2 和位置 1 下的 B_1 和 B_2 的相关系数

从图 7.2 的拟合结果能够看出,当双污染源 B_1 和 B_2 位于位置 1 的时候,这是距离双污染源 A_1 和 A_2 最近的距离,图中可以看出双污染源 B_1 和 B_2 与污染源 A_1 和 A_2 拟合效果非常好,呈一条直线。将通过 Airpak 模拟得到的污染源散发的浓度数据整理后,将整理的数据整理带入式(7.3),用 Matlab 来求解 Pearson 相关系数,得到的相关系数 CR 也高达到了 0.999 96。式(7.4)是双污染源 A_1 和 A_2 与污染源 B_1 和 B_2 散发的浓度数据绘制散点图后进行拟合的方程式。从图中能够看出拟合度很好,通过与下文的比较,发现当这两组双污染源的位置最接近时,其 Pearson 相关系数也是这 4 个位置中相关性系数最高的。为了证明这个结论,下文将继续对不同距离的双污染源进行模拟分析。

$$y = 5.124\ 91\mathrm{E} - 4 \cdot \exp \frac{x}{0.000\ 422} \tag{7.4}$$

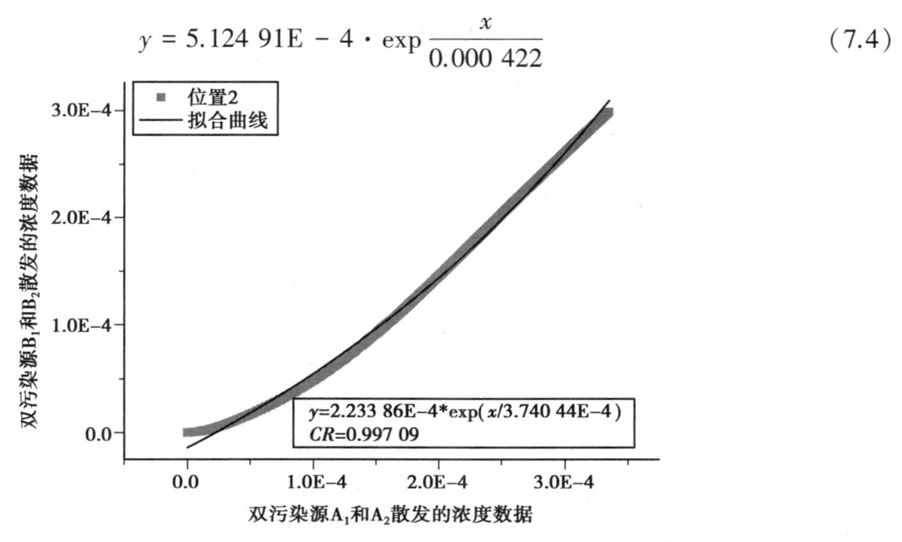

图 7.3　A_1 和 A_2 和位置 2 下的 B_1 和 B_2 的相关系数

从图 7.3 的拟合结果能够看出，当双污染源 B_1 和 B_2 位于位置 2 的时候，相对距离 1 时污染源 B_1 和 B_2 的距离远一些，相关性与距离 1 的相比差一些，但是由于距离相差并不是很远，将模拟得出的数据整理带入式(7.3)，得到的相关系数 *CR* 也高达到了 0.997 09。式(7.5)是双污染源 A_1 和 A_2 与污染源 B_1 和 B_2 散发浓度数据绘制散点图后进行拟合的方程式。

$$y = 2.233\ 86\text{E} - 4 \cdot \exp\left(\frac{x}{3.704\ 4\text{E} - 4}\right) \tag{7.5}$$

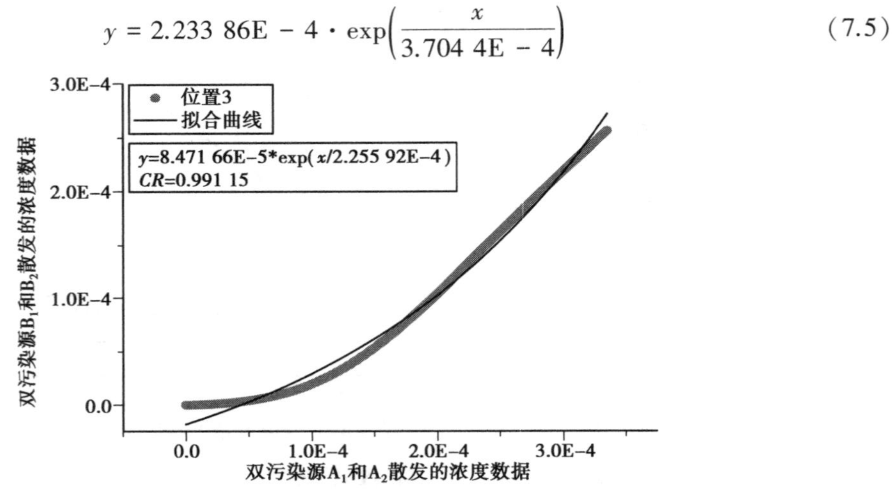

图 7.4　A_1 和 A_2 和位置 3 下的 B_1 和 B_2 的相关系数

从图 7.4 的拟合结果能够看出，当双污染源 B_1 和 B_2 位于位置 3 的时候，相对距离 1 和距离 2 污染源 B_1 和 B_2 的距离更远，相关性与距离 1 和距离 2 的相比变差了。可以看出，随着距离的增加双污染源 A_1 和 A_2 与污染源 B_1 和 B_2 的拟合度越差，将模拟得出的数据整理带入式(7.3)，得到的相关系数 *CR* 随之减小，变成了 0.932 28。式(7.6)是双污染源 A_1 和 A_2 与污染源 B_1 和 B_2 散发的浓度数据绘制散点图后进行拟合的方程式。从图中能够看出拟合逐渐变差。

$$y = 8.571\ 55\text{E} - 4 \cdot \exp\left(\frac{x}{2.255\ 92\text{E} - 4}\right) \tag{7.6}$$

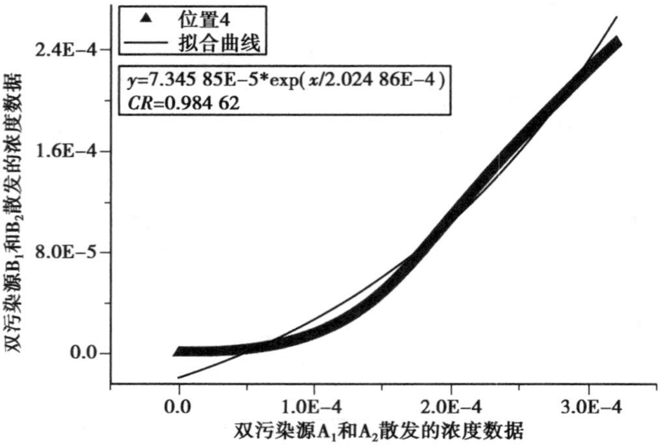

图 7.5　A_1 和 A_2 和位置 4 下的 B_1 和 B_2 的相关系数

从图 7.5 的拟合结果能够看出，当双污染源 B_1 和 B_2 位于位置 4 的时候，对于双污染源 A_1 和 A_2 来说，双污染源 B_1 和 B_2 的距离最远，相关性也是最差的。所以可以得出，Pearson 相关系数的影响受到污染源距离的影响，相关性随着距离的增加而减少。将模拟得出的数据整理代入式(7.3),得到的相关系数 CR 随之减小,变成了 0.984 62。式(7.7)是双污染源 A_1 和 A_2 与污染源 B_1 和 B_2 散发的浓度数据绘制散点图后进行拟合的方程式。从图中能够看出拟合度最差。

$$y = 7.345\ 85\text{E} - 4 \cdot \exp\left(\frac{x}{2.024\ 86\text{E} - 4}\right) \tag{7.7}$$

通过图 7.2、图 7.3、图 7.4 和图 7.5 的对比分析可以得到,随着双污染源 B_1 和 B_2 距离的变远,则双污染源 A_1 和 A_2 与双污染源 B_1 和 B_2 之间的 Pearson 相关系数也跟着减小。通过对双污染源散发的浓度绘制散点图并进行拟合得可以得到,距离越近拟合度也就越高。当双污染源 B_1 和 B_2 设置为位置 1 时,距离双污染源 A_1 和 A_2 的位置是最近的,从图 7.3 中能看出 Pearson 相关系数和拟合度在这四种工况下最大的。在同一个流场内,当两个污染源的位置越接近时,其散发的污染物浓度数据的相关性越高。

7.2.2　不同的散发强度对 Pearson 相关系数影响分析

(1)污染源数量和散发强度的设置

假设室内存在两个污染源分别为 A_1 和 A_2,其中 A_1 的坐标为(0.75,0.75,1),A_2 的坐标为(2.75,0.75,2)。另外在房间内有两个污染源 B_1 和 B_2,其中 B_1 的坐标为(0.65,0.65,1),B_2 的坐标为(2.65,2.65,2)。污染源的散发强度设置四种情况分别为:第一种情况是 B_1 和 B_2 两个污染源同时散发的强度都是 $S_1=0.01$ g/s,$S_2=0.05$ g/s,$S_3=0.1$ g/s,$S_4=0.2$ g/s 传感器 β 的位置坐标为(0.3,1.5,2)。得到各自工况下的污染物浓度数据,其中,污染源 A_1 和 A_2 散发的污染物浓度数据记作 C_i^*($i=1,2,\cdots,602$),污染源 B_1 和 B_2 散发的污染物浓度数据记作 C_i($i=1,2,\cdots,602$)。当双污染源 B_1 和 B_2 散发的浓度分别为 $S_1=0.01$ g/s,$S_2=0.05$ g/s,$S_3=0.1$ g/s,$S_4=0.15$ g/s 时,分别带入式(7.3)求解其与双污染源 A_1 和 A_2 的皮尔森相关系数。

(2)不同散发强度对 Pearson 相关系数的影响

将污染源 B_1 和 B_2 通过 Airpak 模拟得到了数据整理后带入式(7.3)求解其与双污染源 A_1 和 A_2 的 Pearson 相关系数 CR,并绘制散点图,拟合得到其线性回归方程,如图 7.6、图 7.7、图 7.8 和图 7.9 所示。

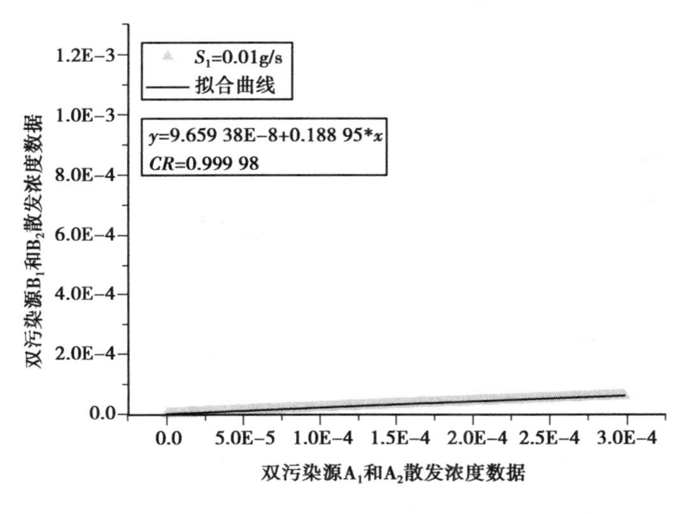

图 7.6　B_1 和 B_2 散发源强为 0.01 g/s 时的线性拟合图

从图 7.6 的拟合结果能够看出，当双污染源 B_1 和 B_2 散发源强为 0.01 g/s 时，将模拟得出的数据整理带入式(7.3)，得到的相关系数 *CR* 高达 0.999 88。式(7.8)是双污染源 A_1 和 A_2 与污染源 B_1 和 B_2 散发的浓度数据绘制散点图后进行拟合的方程式。从图中能够看出拟合度很高。

$$y = 9.659\,38E - 8 + 0.188\,98x \tag{7.8}$$

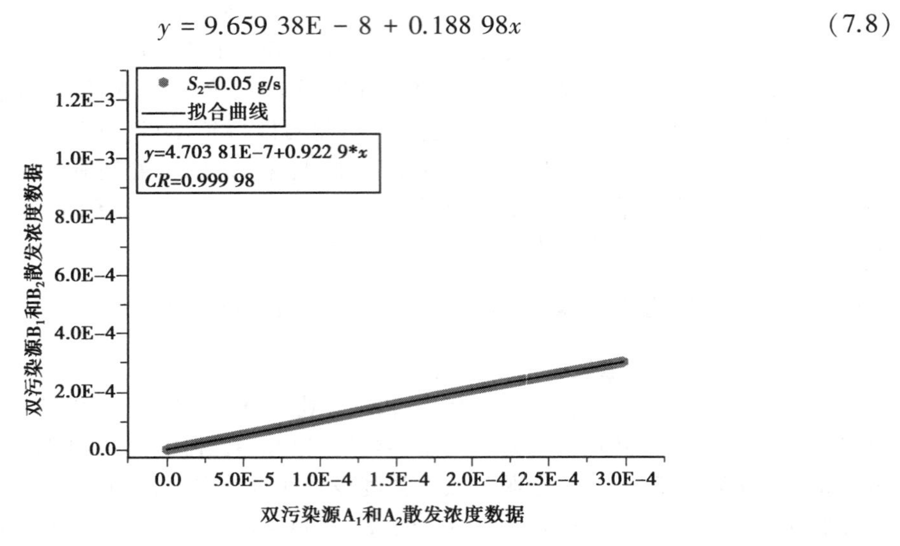

图 7.7　B_1 和 B_2 散发源强为 0.05 g/s 时的线性拟合图

从图 7.7 的拟合结果能够看出，当双污染源 B_1 和 B_2 散发源强为 0.05 g/s 时，将模拟得出的数据整理带入式(7.3)，得到的相关系数 *CR* 高达 0.999 88 与 B_1 和 B_2 散发源强为 0.01g/s 时的 *CR* 一样。式(7.9)是双污染源 A_1 和 A_2 与污染源 B_1 和 B_2 散发的浓度数据绘制散点图后进行拟合的方程式。从图中能够看出拟合度也很高。

$$y = 4.703\,81E - 7 + 0.922\,9x \tag{7.9}$$

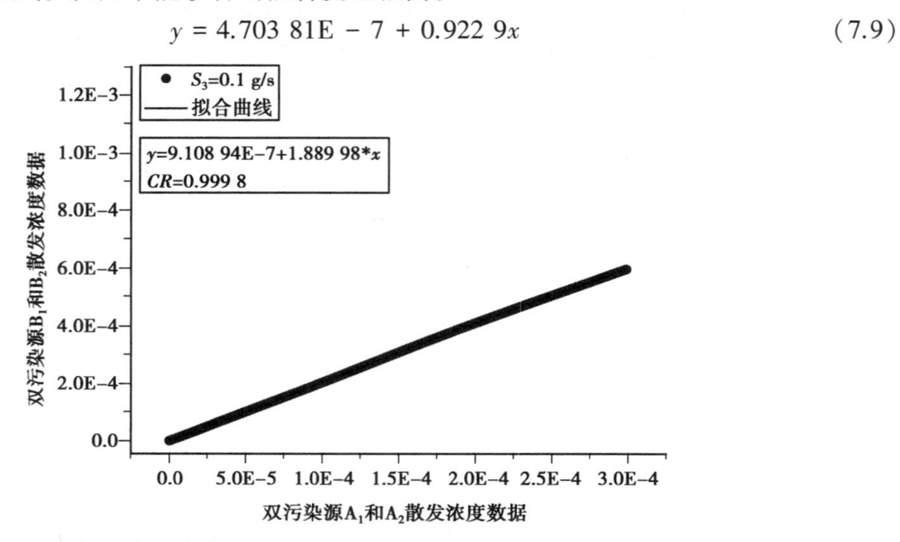

图 7.8　B_1 和 B_2 散发源强为 0.1 g/s 时的线性拟合图

从图 7.8 的拟合结果能够看出，当双污染源 B_1 和 B_2 散发源强为 0.1 g/s 时，将模拟得出的数据整理带入式(7.3)，得到的相关系数 *CR* 和前两种情况是一样的，都是 0.999 88。式

(7.10)是双污染源 A_1 和 A_2 与污染源 B_1 和 B_2 散发的浓度数据绘制散点图后进行拟合的方程式。从图中能够看出拟合度并没有随着双污染源 B_1 和 B_2 散发源强的改变而改变,拟合度和前两种情况一样。

$$y = 9.108\,94E - 7 + 1.889\,98x \tag{7.10}$$

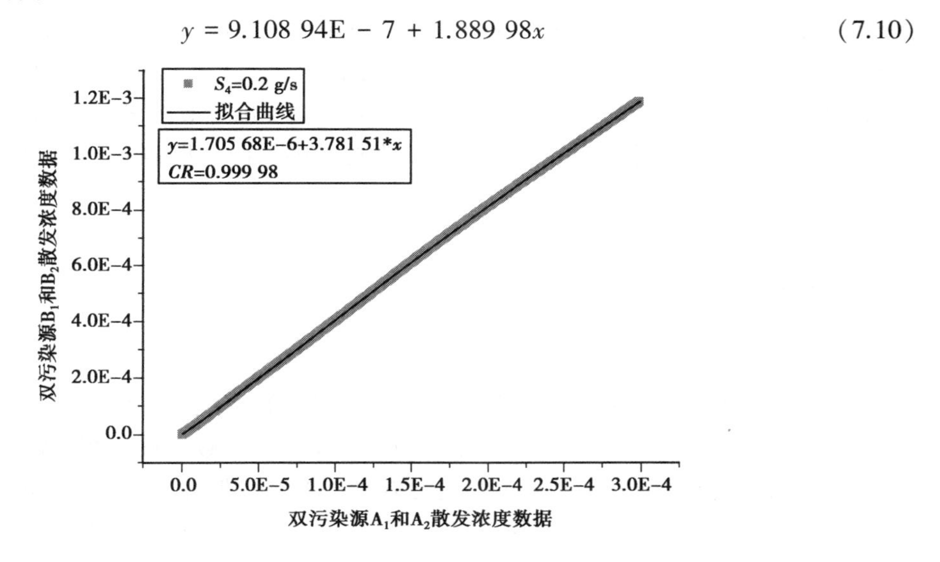

图 7.9　B_1 和 B_2 散发源强为 0.2 g/s 时的线性拟合图

从图 7.9 的拟合结果能够看出,当双污染源 B_1 和 B_2 散发源强为 0.2 g/s 时,将模拟得出的数据整理带入式(7.3),得到的相关系数 *CR* 并没有改变,还是 0.999 88。对比图 7.6、图7.7、图 7.8 可知,其相关系数 *CR* 并没有改变。式(7.11)是双污染源 A_1 和 A_2 与污染源 B_1 和 B_2 散发的浓度数据绘制散点图后进行拟合的方程式。从图中能够看出拟合度很好。

$$y = 1.705\,68E - 15 + 3.781\,51x \tag{7.11}$$

通过图 7.6、图 7.7、图 7.8 和图 7.9 的对比分析可以得到,随着待测双污染源 B_1 和 B_2 散发强度的增加,则双污染源 A_1 和 A_2 与双污染源 B_1 和 B_2 之间的皮尔森 *CR* 相关系数并没有随着双污染源散发的强度改变而改变,*CR* 值在不同浓度散发情况下一直保持为 0.999 98。另外,观察四种工况下的线性回归方程还可发现,方程的斜率 k 体现了一定规律性,如表 7.1 所示。观察表 7.3 中数据发现,斜率 k 和双污染源 B_1 和 B_2 之间的散发强度存在正比例关系,并且随着双污染源 B_1 和 B_2 之散发强度的增加。图 7.6、图 7.7、图 7.8 和图 7.9 的斜率 k 随着 B_1 和 B_2 之间的散发强度的增大而增大,由此得到如下的数学关系式:

$$k = \frac{s_i}{s^*}(i = 1,2,3,\cdots) \tag{7.12}$$

表 7.3　双污染源的方位设置

A_1 和 A_2 源强	$S^* = 0.05$ g/s			
B_1 和 B_2 源强	$S_1 = 0.01$ g/s	$S_2 = 0.05$ g/s	$S_3 = 0.1$ g/s	$S_4 = 0.2$ g/s
回归方程斜率 k	0.189	0.921	1.890	3.782

从表 7.1 中可以得出，对于两组线性相关性较高的多污染源，如果已知某一污染源的源强以及回归方程的斜率 k 的话，则另一组多污染源的源强可由式(7.12)求得。通过图 7.6、图 7.7、图 7.8 和图 7.9 的对比分析可以得到，实际应用中，在多污染源位置辨识的结果准确的前提下，运用该式可以有效地完成对未知的多污染源散发强度的辨识。污染源散发的强度信息与对室内污染源能否被快速消除有着紧密的联系。如果已知了污染源散发的强度，不仅可为污染源的危害程度进行评估，还能为消除污染源策略提供有效的参考，能够更快速、有效地从源头上消除室内的多污染源，为室内空气品质提供保障。所以式(7.12)可以用于源强辨识中。

7.3 本章小结

本章就室内污染物源辨识的理论基础展开工作，介绍了污染物源辨识的理论依据。首先介绍了 Pearson 相关系数的概念，并给出了 Pearson 相关系数指标的相关性范围判定标准，在数据处理阶段通过 Matlab 计算得出假设污染源与待测污染源之间的 Pearson 相关性。接着提出了辨识污染源的评分标准，其不仅可以用于计算传感器在不同时段的辨识得分率，也能计算不同方位传感器的得分率。通过对比不同方位传感器的得分率能够得到最佳传感器的方位布置方案，为寻找传感器最佳辨识方位奠定了基础。同时利用控制变量法对该指数进行验证，验证的结果表明，Pearson 相关系数不会随着污染源强度的改变而变化，Pearson 相关系数可以用于源辨识中。

本章的主要结论如下：

①引入 Pearson 相关系数指标，该指标用于计算通过 Airpak 模拟出来的两组污染源之间浓度的相关性，其计算出的结果越大，表示两组污染源之间的相关性越高，则判断污染源的位置越准确。介绍了判断 Pearson 相关系数指标相关性的标准，为源辨识的评分标准奠定了基础。

②制定了源辨识的评分标准，在计算出两组污染源之间的 Pearson 相关系数指标后，通过提出的源辨识评分标准就能判断出传感器在不同时段的得分情况。最后算出每个传感器的得分率，为探究最佳传感器位置奠定了基础。

③对 Pearson 相关系数进行了验证，利用控制变量法，通过模拟验证发现两个污染源的位置越接近，则同一传感器所接收到的两组污染物浓度数据的相关性越高，当改变污染源散发强度时，且 Pearson 相关系数不会随着污染源强度的改变而变化，从而为 Pearson 相关系数法的后续应用奠定理论基础。

第 8 章 多污染源位置辨识

本章首先建立多污染源散发的模型，包括对模型进行网格划分，并通过模拟探究室内流场，然后对多污染源数量和位置进行设置，通过改变进风速度设定了四种不同工况的污染物源辨识模型，以 2 个污染源和 3 个污染源散发为例，探究多污染源辨识的方法。在四种不同的工况下分别模拟得到 2 个污染源和 3 个污染源浓度散发的数据，结合第 3 章介绍的源辨识理论和评分标准辨识多污染源。通过对四种工况下辨识的结果取不同时段的辨识效果进行分析，通过分析不同时段的辨识结果，探究污染源的最佳时间段，然后通过不同工况下多污染源辨识的比较探寻源辨识的规律。

8.1 室内多污染源散发模型

8.1.1 物理模型建立

建立一个单区的污染源散发模型，分别以设置 2 个或 3 个污染源散发为例来辨识室内多污染源。运用 Airpak 里面的 Room 模块建立了多污染源散发模型，用 CFD 模拟作为辅助手段检验辨识方法的准确性。在一个简单的机械通风房间中运用前文提出的多污染源辨识的方法。房间模型长 6 m、宽 4 m、高 3 m，如图 8.1 所示。在这个区域内任意假设了屋内 6 个污染源的位置，分别为 A_1—A_6。待辨识的 6 个污染源位置为 B_1—B_6。具体的每个污染源的坐标见表 8.1。

房间采用了机械通风形式，通风方式为室内通风常见的异侧上送下回通风。送风口尺寸为 0.2 m(y)×0.3 m(z)，风速为 0.5 m/s，送风温度为 20 ℃；送风污染物浓度为 0，即污染物的来源仅为室内污染源；出风口尺寸为 0.5 m(y)×0.5 m(z)。房间壁面、屋顶和地板均设为绝热，室内无热源。由于建立复杂的房间模型和过多的边界条件会影响效率和增多时间，为了提高辨识效率，将辨识污染物的住宅模型进行如下简化：

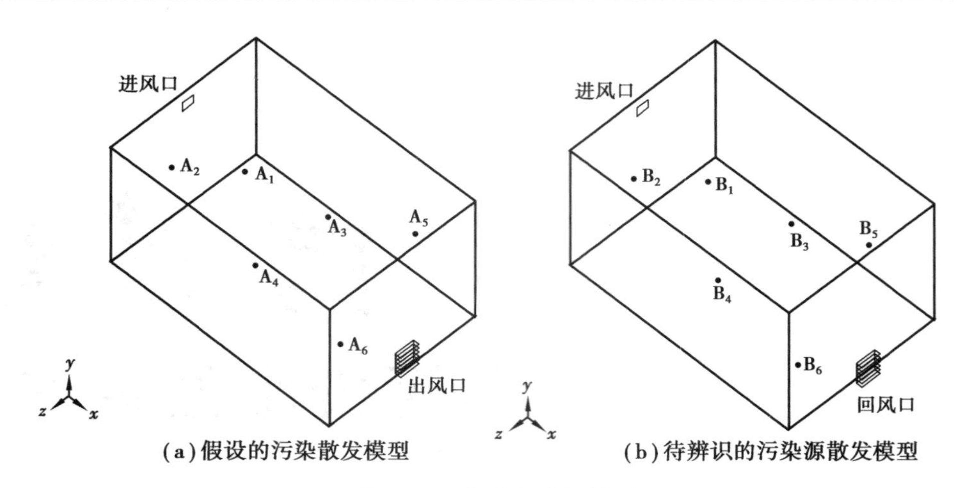

(a)假设的污染散发模型　　(b)待辨识的污染源散发模型

图 8.1　双污染源辨识模型

①将整个模型的围护结构设置为绝热,不与外界进行热交换,其中包含地板和天花板等,均设定成绝热模式。

②辨识模型不再设置门窗结构,因为在冬季人们大部分时间将门窗都处于封闭状态,所以为了简化模型,不再设定。除此之外,室内不设置热源。

③室外没有其他污染源,所以设置进风口处没有污染物散发浓度。

④室外温度不随时间的改变而改变,是一个恒定值。

⑤基础参数设置时,根据课题需要,关闭辐射模块、太阳能负荷模块和 IAQ 舒适度模块。

表 8.1　污染源的坐标位置

假设污染源	起始坐标(m)			结束坐标(m)			待辨识污染源	起始坐标(m)			结束坐标(m)		
	x	y	z	x	y	z		x	y	z	x	y	z
A_1	0.72	0.72	0.97	0.78	0.78	1.03	B_1	0.72	0.62	0.97	0.68	0.78	1.03
A_2	0.72	2.22	2.97	0.78	2.28	3.03	B_2	0.72	2.12	2.97	0.78	2.12	3.03
A_3	2.97	1.22	0.97	3.03	1.28	1.03	B_3	2.97	1.12	0.97	3.03	1.18	1.03
A_4	2.97	1.22	2.97	3.03	1.28	3.03	B_4	2.97	1.12	2.97	3.03	1.18	3.03
A_5	5.22	2.22	0.97	5.28	2.28	1.03	B_5	5.22	2.12	0.97	5.28	2.18	1.03
A_6	5.22	0.72	2.97	5.28	0.78	3.03	B_6	5.22	0.62	2.97	5.28	0.68	3.03

8.1.2　网格划分及计算方法

网格是任何 CFD 模型计算的核心,它将计算区域分为几万甚至几百万的单元网格,在这些单元上计算并储存变量,网格按其特征可分为结构化网格(Structured grid)和非结构化网格(Unstructured grid)两种。

结构化网格是指所划分的网格是规则有序的,各节点处临近的网格都是有规律的,除了边界之外,网格区域内部所有的点都有相同的网格数,其网格单元是二维的四边形和三维的六面体,对模拟流体流动和表面应力集中的问题比较合适;而非结构化网格指网格单元和节点之间没有固定的规则,网格节点是完全随机分布的,即区域内部点不具有相同的毗邻单元。对于复杂的模型而言,结构化网格生成比较困难,使用范围窄,一般只适用于规则的模型,而且划分结构化网格对工程人员来说工作量相对较大,但其优点是能够很好地控制网格质量,计算收敛更快,准确性也更高;相反,非结构化网格划分起来更简单,工作量小,适用性比较广泛,对于任何形状的模型都可以采用非结构化网格,其缺点是网格的质量不好掌握,导致计算时收敛困难,对于计算机的性能要求比较高。

综合考虑两种网格的特点,本论文模拟选择划分结构化的网格进行计算。首先需要创建整体 block,分析几何模型,得到基本的分块思想,并划分 block,进行删除、修改、优化,如使用合并 block、改变 block 类型等操作,得到最终 block,在进风口和出风口位置进行网格的局部加密,生成的网格数量约为 20 万个,如图 8.2 所示。

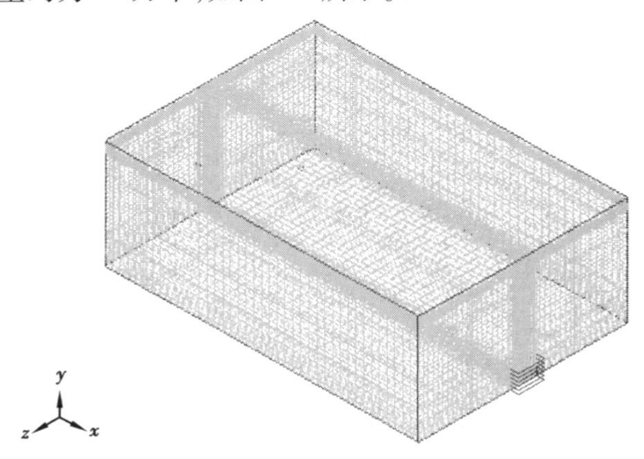

图 8.2　模型计算区域网格划分示意图

网格质量与具体模型的几何特点、流动特性、计算方法有关,通过误差分析和经验得出;同时计算流体力学对网格有普适性的要求,如正交性、光滑性等,因此对于结构化网格,Airpak 提供了自带的评判标准,以便于在计算之前预先判断网格质量。经过检查网格质量,光顺网格等一系列操作,可得最终网格质量如图 8.3 所示。

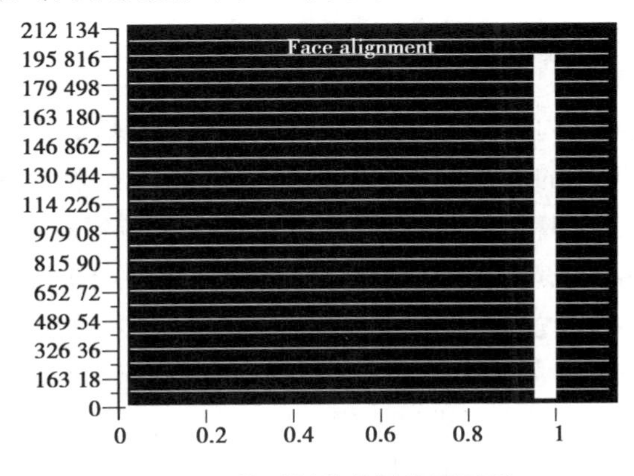

图 8.3　模型划分的网格质量图

图 8.3 是本模型划分的网格质量图,图中的纵坐标代表相应网格质量区间内对应的网格单元数,横坐标表示网格质量。正常的网格质量取值范围在 0~1 之间,越接近于 1 则表示网格质量越好,同时在 Airpak 中不允许质量数小于零的网格出现。由图中所示可见所得网格质量非常好。

本课题采用的方法是有限容积法,两方程(标准 k-ε)模型,用于求解三维稳态下的不可压缩黏性流体的湍流流动,近壁面区域网格计算采用壁面函数法。同时采用 SIMPLE 算法进行速度分量和压力方程的分离式求解计算。能量方程的收敛准则取 $\varepsilon<e-7$,流动方程和物质种类的收敛准则取 $\varepsilon<e-3$,迭代次数取 50 次。收敛准则和迭代次数的选取反映了模拟计算的精度。用 Airpak 生成非结构网格,在送风口、排风口处对网格进行局部细化。送风形式采用异侧上送下回的方式,首先通过模拟得到室内的稳态流场,图 8.4 所示为室内稳态的流畅界面矢量图。

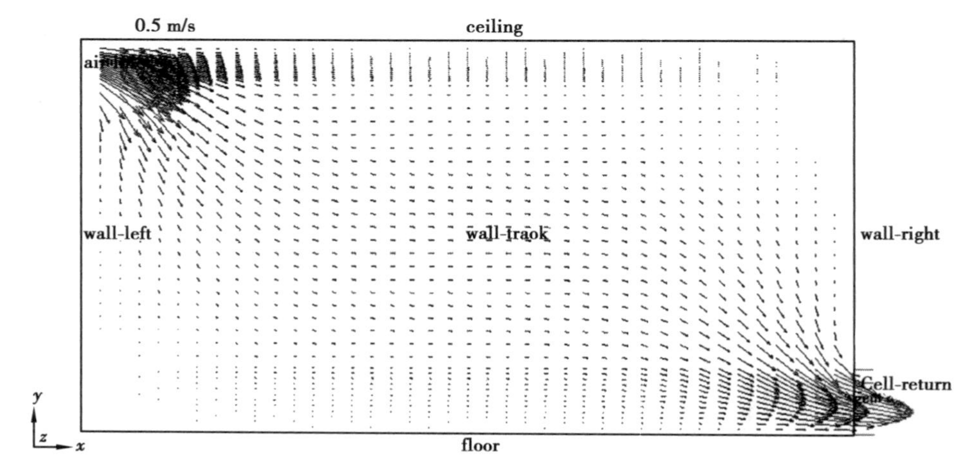

图 8.4　室内流场矢量图

8.2　模拟工况设置和双污染源散发的浓度设置

8.2.1　模拟工况设置

在北方冬季,为了满足室内的温度舒适度要求,住宅室内基本处于封闭状态,门窗也都是关闭状态。在本模型中,室内的通风方式主要是机械通风,不设置门窗,那么室内污染源的浓度变化情况和辨识用时长度和精度等主要受到进风速度和传感器方位的影响。为了了解不同的送风速度对室内多污染源辨识的影响,本文共设置了四种不同风速的模拟工况。为了保证室内人员的舒适度,主要设置的四种常规风速分别是:工况一的进风速为 2 m/s、工况二的进风速为 1.5 m/s、工况三的进风速为 1 m/s、工况四的进风速为 0.5 m/s,最终设定的各种模拟工况如表 8.2 所示。四种工况主要进风速度不同,而多污染源的散发速率和其他条件都是保持不变。进而通过模拟结果得到不同风速对污染源辨识结果的影响,分析如下。

表 8.2　模拟工况设置

工况设置	出风口风速	假设的污染源散发强度	待测污染源散发强度	热源
工况一	2 m/s	0.1 g/s	0.01 g/s	无
工况二	1.5 m/s	0.1 g/s	0.01 g/s	无
工况三	1 m/s	0.1 g/s	0.01 g/s	无
工况四	0.5 m/s	0.1 g/s	0.01 g/s	无

为了探究多污染源辨识，本节主要以辨识 2 个污染源为例来探究多污染源的辨识策略，在第 8.1 节中假设室内有 6 个污染源分别为 A_1，A_2，A_3，A_4，A_5，A_6，待辨识的污染源分别为 B_1，B_2，B_3，B_4，B_5，B_6。如果室内散发的是双污染源的情况，那么对于假设 6 个污染源来说，可能存在两个污染源的组合总共有 15 种，分别是：$A_1\ A_2$，$A_1\ A_3$，$A_1\ A_4$，…，$A_5\ A_6$。同理，待辨识的污染源组合也为 15 种，分别是：$B_1\ B_2$，$B_1\ B_3$，$B_1\ B_4$，…，B_5B_6。具体可能出现的组合情况如表 8.3 所示。

表 8.3　双污染源辨识组合

假设的双污染源的组合					待测点的双污染源的组合				
$A_1\ A_2$	$A_2\ A_3$	$A_3\ A_4$	$A_4\ A_5$	A_5A_6	$B_1\ B_2$	$B_2\ B_3$	$B_3\ B_4$	$B_4\ B_5$	$B_5\ B_6$
$A_1\ A_3$	$A_2\ A_4$	$A_3\ A_5$	$A_4\ A_6$	—	$B_1\ B_2$	$B_2\ B_4$	$B_3\ B_5$	B_4B_6	—
$A_1\ A_4$	$A_2\ A_5$	$A_3\ A_6$	—	—	$B_1\ B_2$	$B_2\ B_5$	$B_3\ B_6$	—	—
$A_1\ A_5$	$A_2\ A_6$	—	—	—	$B_1\ B_2$	$B_2\ B_6$	—	—	—
$A_1\ A_6$	—	—	—	—	$B_1\ B_2$	—	—	—	—

将假设的污染源 A_mA_n 的散发浓度记为 S_i^*，双污染源 B_mB_n 散发的浓度记为 $S_i(i=1,2,3,\cdots,602)$。在室内放置了传感器 β，坐标为(0.3,1.5,2)用于检测污染源散发时的浓度信息，检测时间为 0~300 s，时间步长为 0.5 s。由于设置了四种工况，需要在不同工况下对双污染源散发的情况进行模拟，一种工况需要做 30 次模拟，所以四种工况共需要做 120 次模拟才能完成。

8.2.2　多污染源散发的浓度设置

多污染源辨识的第一步就是要获得污染源在室内散发的浓度信息，通过得到的信息浓度进行优化匹配，从而寻找到污染源的方位。污染源的浓度信息可以通过室内传感器检测，那么在室内放置传感器 β，位置为(5.8,0.3,1)。在这四种工况下，通过 Airpak 分别对双污染源 A_mA_n 和 B_mB_n 散发进行模拟，在传感器 β 处得到不同双污染源在 0~300 s 间散发的浓度数值。用来求解 Pearson 相关系数。图 8.5 是双污染源 A_mA_n 和 B_mB_n 在四种工况下得到的浓度曲线图。

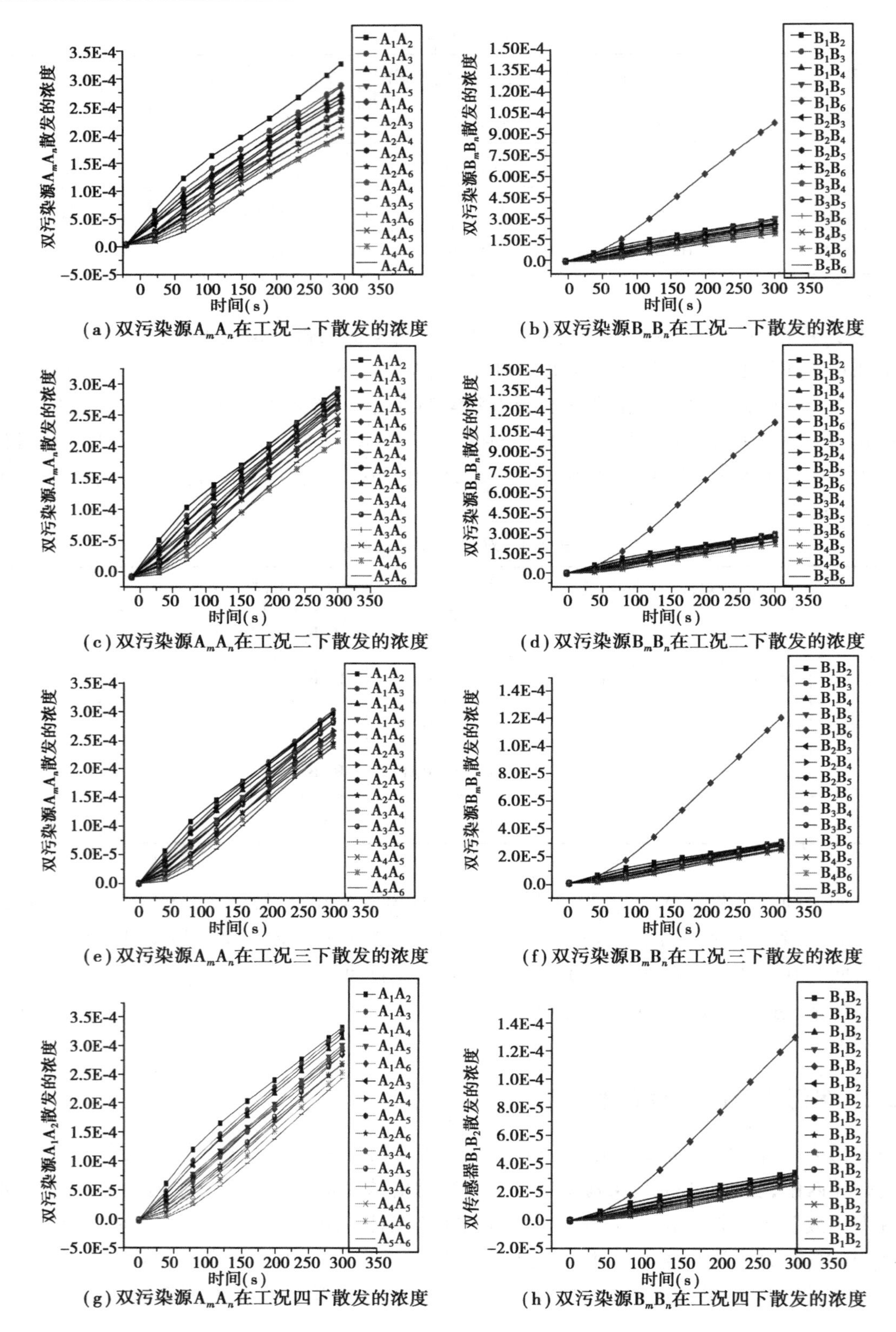

(a)双污染源A_mA_n在工况一下散发的浓度　(b)双污染源B_mB_n在工况一下散发的浓度

(c)双污染源A_mA_n在工况二下散发的浓度　(d)双污染源B_mB_n在工况二下散发的浓度

(e)双污染源A_mA_n在工况三下散发的浓度　(f)双污染源B_mB_n在工况三下散发的浓度

(g)双污染源A_mA_n在工况四下散发的浓度　(h)双污染源B_mB_n在工况四下散发的浓度

图 8.5　双污染源散发的浓度曲线(传感器β)

从图 8.5 中可以得出，随着室内进风速度的增加，在 0～300 s 内双污染源 A_mA_n 和 B_mB_n 散发的浓度随着进风速度的变小而逐渐增大，双污染源的浓度曲线越密集，浓度数值越靠近。由于这里取得是传感器 β 的浓度数据，所以接近传感器 β 的污染源 A_1A_2 的浓度是最大的。从图中可以看出随着双污染源距离传感器 β 距离的增加，传感器 β 接收到的浓度信息越小。模拟的前阶段的网格划分和各个条件的设置必须保持一致，才能让得出的浓度值不受模型条件设置的影响从而保证结论的准确性。

8.3　室内双污染源的辨识结果

将双污染源 A_mA_n 散发的浓度记为 S_i^*，双污染源 B_mB_n 散发的浓度记为 S_i，那么对于双污染源 A_1A_2 和污染源 B_1B_2，如果将各自的浓度数据记为 (S_i^*, S_i) $(i=1,2,\cdots,602)$，根据前面给出的 Pearson 相关系数的式(3.1)，把双污染源 A_1A_2 与污染源 B_1B_2 的 Pearson 相关系数记作 PR，其数学表达式为：

$$PR = \frac{\sum_{i=1}^{602}(S_i^* - \bar{S}^*)(S_i - \bar{S})}{\sqrt{\sum_{i=1}^{602}(S_i^* - \bar{S}^*)^2 \sum_{i=1}^{602}(S_i - \bar{S})^2}} \tag{8.1}$$

8.3.1　工况一的辨识结果

工况一是当进风速度为 2 m/s 时的污染源散发情况，模拟后通过读取传感器 β 得到污染源在 0～300 s 内散发的浓度信息。用 Matlab 来求解所读取的假设双污染物浓度数据 S_i^* 与待测双污染源的浓度数据 S_i 之间的 Pearson 相关系数。从而得到不同时段 τ 内的量化指标值 $PR(S_i^*, S_i, \tau)$，并运用辨识评价方法对不同时段下的辨识结果进行评价。以 $\tau=20$ s，80 s，140 s，200 s为例，其评价结果如表 8.4 所示。

表 8.4　$\tau=20$ s 时的源辨识结果评价

待测的双污染源	待测的双污染源和临近的假设双污染源 Pearson 相关系数		评价得分
	PR	排名	
B_1B_2	1.000 0	1	5
B_1B_3	0.999 8	1	5
B_1B_4	0.999 8	2	3
B_1B_5	0.999 6	3	1
B_1B_6	0.999 2	4	0
B_2B_3	0.999 9	1	5
B_2B_4	0.999 9	2	3
B_2B_5	0.999 9	1	5

续表

待测的双污染源	待测的双污染源和临近的假设双污染源 Pearson 相关系数		评价得分
	PR	排名	
B_2B_6	0.999 8	1	5
B_3B_4	0.999 8	2	3
B_3B_5	0.999 8	3	1
B_3B_6	0.999 9	3	1
B_4B_5	0.999 9	1	5
B_4B_6	0.999 9	2	3
B_5B_6	0.999 9	1	5
—	—	—	总得分:50,得分率 η=66.7%

根据上文介绍的评价标准,表 8.4 是当τ=20 s 时的双污染源散发的辨识结果。从表中能看出在 20 s 时污染源的辨识效果不是很理想,在满分为 75 分的情况下,总得分才 50 分,辨识的效率为 66.7%。其中只有 7 个双污染源的位置判断准确,分别为,B_1B_2,B_1B_3,B_2B_3,B_2B_5,B_2B_6,B_4B_6,B_5B_6,得分都是满分,B_1B_6 判断错误,得分为 0,其余的双污染源判断的准确性有待提高。造成辨识率较低的原因是时间太短,传感器检测污染物的时间只有 20 s,所以要想准确辨识出污染源的方位就需要再延长传感器 β 的检测时间。具体延长多少还需进一步研究,下文通过对比会给出合理的时间段。

表 8.5　τ=80 s 时的源辨识结果评价

待测的双污染源	待测的双污染源和临近的假设双污染源 Pearson 相关系数		评价得分
	PR	排名	
B_1B_2	1.000 0	1	5
B_1B_3	0.999 9	2	3
B_1B_4	0.999 9	1	5
B_1B_5	0.999 8	2	3
B_1B_6	0.972 9	13	0
B_2B_3	0.999 9	1	5
B_2B_4	0.999 9	1	5
B_2B_5	0.999 9	1	5
B_2B_6	0.999 8	1	5
B_3B_4	1.000 0	1	5
B_3B_5	1.000 0	1	5

续表

待测的双污染源	待测的双污染源和临近的假设双污染源 Pearson 相关系数		评价得分
	PR	排名	
B_3B_6	1.000 0	1	5
B_4B_5	1.000 0	1	5
B_4B_6	1.000 0	1	5
B_5B_6	1.000 0	1	5
—	—	—	总得分:66,得分率 $\eta=88\%$

表 8.5 是当$\tau=80$ s 时的双污染源散发的辨识结果。从表中能看出在 80 s 时污染源的辨识效果相比 20 s 时提高了很多,但是还达不到辨识准确性的要求,在满分为 75 分的情况下,总得分为 66 分,辨识的效率为 88%。其中有 12 个双污染源的位置判断准确,分别为 B_1B_2,B_1B_4,B_1B_5,B_2B_3,B_2B_5,B_2B_6,B_3B_4,B_3B_5,B_3B_6,B_4B_5,B_4B_6,B_5B_6,得分都是满分,B_1B_6 判断错误,得分为 0,剩余只有 2 个双污染源判断的准确性有待提高。由于传感器 β 的检测时间提高,双污染源辨识的效果提高了,但是辨识效果的得分率并没有达到最好,所以传感器检测的时间还能再增加。

表 8.6　$\tau=140$ s 时的源辨识结果评价

待测的双污染源	待测的双污染源和临近的假设双污染源 Pearson 相关系数		评价得分
	PR	排名	
B_1B_2	0.999 6	1	5
B_1B_3	1.000 0	1	5
B_1B_4	1.000 0	1	5
B_1B_5	1.000 0	1	5
B_1B_6	0.991 4	11	0
B_2B_3	0.999 9	1	5
B_2B_4	1.000 0	1	5
B_2B_5	0.999 8	2	3
B_2B_6	1.000 0	1	5
B_3B_4	1.000 0	1	5
B_3B_5	1.000 0	1	5
B_3B_6	1.000 0	1	5
B_4B_5	1.000 0	1	5
B_4B_6	1.000 0	1	5
B_5B_6	1.000 0	1	5
—	—	—	总得分:68,得分率 $\eta=90.7\%$

根据上文介绍的评价标准,表 8.6 是当τ=140 s 时的双污染源散发的辨识结果。从表中能看出在 140 s 时污染源的辨识效果已经很理想了,在满分为 75 分的情况下,总得分为 68 分,辨识的效率更是高达 90.7%。除了双污染源 B_1B_6 判断失误,B_2B_5 判断不准确外,其余污染源判断均准确,此时的辨识准确率已经达到 90%以上,除此之外,直到 200 s 前,传感器β的得分率一直保持在 90.7%。那么随着时间的增加,辨识效果还在继续增加,当时间增加到一定的值时,传感器辨识的得分率大致保持稳定。为了探究辨识效果较好的范围,继续增加时间进行模拟。

表 8.7　τ=200 s 时的源辨识结果评价

待测的双污染源	待测的双污染源和临近的假设双污染源 Pearson 相关系数		评价得分
	PR	排名	
B_1B_2	0.999 6	1	5
B_1B_3	1.000 0	1	5
B_1B_4	1.000 0	1	5
B_1B_5	1.000 0	1	5
B_1B_6	0.991 4	11	0
B_2B_3	0.999 9	1	5
B_2B_4	1.000 0	1	5
B_2B_5	0.999 9	1	5
B_2B_6	1.000 0	1	5
B_3B_4	1.000 0	1	5
B_3B_5	1.000 0	1	5
B_3B_6	1.000 0	1	5
B_4B_5	1.000 0	1	5
B_4B_6	1.000 0	1	5
B_5B_6	1.000 0	1	5
—	—	—	总得分:70,得分率 η=93.3%

继续延长辨识时间后发现超过 200 s 后,传感器的辨识精度达到了最大,这里例举了τ=200 s 时的辨识结果。表 8.7 是当τ=200 s 时的双污染源散发的辨识结果,从表中能看出在 200 s 时污染源的辨识得分率达到了 93.3%,在接下来的 220 s~300 s 内都保持稳定,除了双污染源 B_1B_6 辨识错误外,其余均辨识准确,取得了较好的辨识结果。

为进一步了解双污染源辨识效果随时段τ变化的情况,在 0~300 s 之间每隔 20 s 求解各个时段的 $PR(S_i^*,S_i,\tau)$ 相关系数指标,并对传感器β辨识的结果进行评价,得到评价结果即得分率随着时段的变化情况,由图 8.5 可见。在τ=20 s 时,得分率最低,仅有 66.7%,随后随着时段增加,得分率从整体上有了快速提升,至τ=80 s 时达到了 88%,之后得分率提高较慢,并在$\tau=100$ s 时突然下降到 82.7%，过了 20s 后又回升到 88%，这可能是因为污染源散发的浓度随着风速的改变导致流场变化而发生的改变。到$\tau=200$ s 时，传感器 β 的辨识得分率达到了最高值 93.3%，并持续到$\tau=280$ s，用图中阴影部分表示；200 s 后平均得分率基本都保持在 93.3%，辨识效率较为稳定，辨识率达到了最高。由于设置的进风速度是四种工况中最大的，到达 2 m/s，导致室内散发的污染物浓度扩散相对较快，所以传感器 β 辨识的得分率达到最高的时间相对较长。

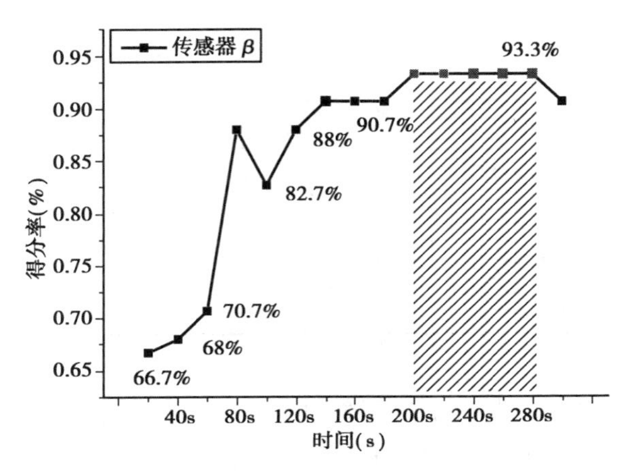

图 8.6　传感器 β 在工况一下的得分率

8.3.2　工况二的辨识结果

工况二是当进风速度为 1.5 m/s 时的污染源散发情况，模拟后通过读取传感器 β 得到污染源在 0~300 s 内散发的浓度信息。用 Matlab 来求解所读取的假设的双污染物浓 S_i^* 度数据与待测双污染源的浓度数据 S_i 之间的 Pearson 相关系数。从而得到不同时段τ内的量化指标值 $PR(S_i^*, S_i, \tau)$，并运用辨识评价方法对不同时段下的辨识结果进行评价。以$\tau=20$ s，60 s，160 s，220 s 为例，其评价结果如表 8.8 所示。

表 8.8　$\tau=20$ s 时的源辨识结果评价

待测的双污染源	待测的双污染源和临近的假设双污染源 Pearson 相关系数		评价得分
	PR	排名	
B_1B_2	0.999 9	1	5
B_1B_3	0.999 8	1	5
B_1B_4	0.999 8	2	3
B_1B_5	0.999 8	3	1
B_1B_6	0.998 9	4	0
B_2B_3	1.000 0	1	5
B_2B_4	1	1	5

续表

待测的双污染源	待测的双污染源和临近的假设双污染源 Pearson 相关系数		评价得分
	PR	排名	
B_2B_5	0.999 9	2	3
B_2B_6	0.999 9	1	5
B_3B_4	0.999 9	2	3
B_3B_5	0.999 8	2	3
B_3B_6	0.999 9	3	1
B_4B_5	1.000 0	1	5
B_4B_6	1.000 0	1	5
B_5B_6	1.000 0	1	5
—	—	—	总得分:54,得分率 $\eta=72\%$

表 8.8 所示是当$\tau=20$ s 时的双污染源散发的辨识结果,从表中能看出在 20 s 时污染源的辨识效果比工况一在$\tau=20$ s 时高出将近 6%,这可能是降低风速导致的。在满分为 75 分的情况下,总得分为 54 分,辨识的效率为 72%。其中只有 8 个双污染源的位置判断准确,分别为 B_1B_2,B_1B_3,B_2B_3,B_2B_4,B_2B_6,B_4B_5,B_4B_6,B_5B_6,得分都是满分,Pearson 相关系数 $PR\geqslant0.9998$,B_1B_6 判断错误,Pearson 相关系数 $PR<0.9990$,得分为 0,其余的双污染源判断的准确性有待提高。其中 B_1B_4,B_2B_5,B_3B_5 的辨识的相关系数排名第二,Pearson 相关系数 $PR\geqslant0.9998$。从整体上来看,辨识准确的双污染源数量较少,准确性还有待提高。

表 8.9　$\tau=60$ s 时的源辨识结果评价

待测的双污染源	待测的双污染源和临近的假设双污染源 Pearson 相关系数		评价得分
	PR	排名	
B_1B_2	1.000 0	1	5
B_1B_3	0.999 9	2	3
B_1B_4	0.999 9	1	5
B_1B_5	0.999 8	3	1
B_1B_6	0.974 6	14	0
B_2B_3	0.999 8	1	5
B_2B_4	0.999 7	1	5
B_2B_5	0.999 7	1	5
B_2B_6	0.999 8	2	3
B_3B_4	0.999 9	1	5

续表

待测的双污染源	待测的双污染源和临近的假设双污染源 Pearson 相关系数		评价得分
	PR	排名	
B_3B_5	1.000 0	1	5
B_3B_6	0.999 9	2	3
B_4B_5	1.000 0	1	5
B_4B_6	0.999 9	1	5
B_5B_6	1.000 0	1	5
—	—	—	总得分:62,得分率 η=82.7%

表 8.9 所示是当τ=60 s 时的双污染源散发的辨识结果。随着时间的增加传感器的辨识效率逐渐提高,当增加到 60 s 时虽然传感器β得分率达到了 80%以上,但是还达不到辨识准确性的要求,在满分为 75 分的情况下,总得分为 62 分,辨识的效率为 82.7%。其中有 11 个双污染源的位置判断准确,分别为 B_1B_2,B_1B_4, B_2B_3,B_2B_4,B_2B_6,B_3B_4,B_3B_5,B_3B_6,B_4B_5,B_4B_6,B_5B_6,得分都是满分,B_1B_6 判断错误,得分为 0,剩余有 4 个双污染源判断的准确性有待提高。由于传感器β的检测时间延长,双污染源辨识的得分率也跟着提高了,但是辨识效果的得分率并没有达到最好,所以传感器检测的时间还需再增加。

表 8.10　τ=160 *s* 时的源辨识结果评价

待测的双污染源	待测的双污染源和临近的假设双污染源 Pearson 相关系数		评价得分
	PR	排名	
B_1B_2	0.999 8	1	5
B_1B_3	1.000 0	1	5
B_1B_4	1.000 0	1	5
B_1B_5	0.999 8	1	5
B_1B_6	0.976 1	11	0
B_2B_3	0.999 9	1	5
B_2B_4	1.000 0	1	5
B_2B_5	0.999 7	1	5
B_2B_6	1.000 0	1	5
B_3B_4	1.000 0	1	5
B_3B_5	1.000 0	1	5
B_3B_6	1.000 0	1	5
B_4B_5	0.999 9	1	5
B_4B_6	1.000 0	1	5
B_5B_6	1.000 0	1	5
—	—	—	总得分:70,得分率 η=93.3%

表 8.10 所示是当$\tau=160$ s 时的双污染源散发的辨识结果。从表中能看出在$\tau=160$ s 时污染源的辨识效果已经达到 90%以上，辨识效果还是比较理想的，用时较工况一的更短。在满分为 75 分的情况下，总得分为 70 分，辨识的得分率达到了 93.3%，达到了最高，工况一是$\tau=200$ s时，传感器的辨识得分率才达到最高；工况一辨识得分率达到最高值时用时比工况二辨识得分率达到最高值时用时更短，其主要原因是进风速度变小，导致室内污染物浓度增加，所以辨识的最佳时间提前。在双污染源 B_1B_6 的辨识结果不准确，除此之外，在接下来的 180 s、200 s 内双污染源散发的辨识得分率持续保持在 93.3%，当超过 220 s 后，污染源辨识的得分率又保持稳定。

表 8.11　$\tau=220$ s 时的源辨识结果评价

待测的双污染源	待测的双污染源和临近的假设双污染源 Pearson 相关系数		评价得分
	PR	排名	
B_1B_2	1.000 0	1	5
B_1B_3	1.000 0	1	5
B_1B_4	1.000 0	1	5
B_1B_5	0.999 9	1	5
B_1B_6	0.985 2	11	0
B_2B_3	0.999 9	1	5
B_2B_4	1.000 0	1	5
B_2B_5	0.999 9	1	5
B_2B_6	1.000 0	1	5
B_3B_4	1.000 0	1	5
B_3B_5	1.000 0	1	5
B_3B_6	1.000 0	1	5
B_4B_5	1.000 0	2	3
B_4B_6	1.000 0	1	5
B_5B_6	1.000 0	1	5
—	—	—	总得分:68，得分率 $\eta=90.7\%$

继续延长辨识时间到$\tau=220$ s 后，传感器的辨识得分率突然下降到 90.7%，在$\tau=240\sim300$ s 间保持在 93.3%。造成传感器β的得分率突然下降的原因是：随着时间的增加，室内污染源散发的浓度的变化是不定的，室内可能形成一些漩涡，导致浓度分布情况不一样，从而就造成传感器在接受污染物浓度信息时会发生变化。如表 8.11 所示，表中除了双污染源 B_1B_6 辨识错误、双污染源 B_4B_5 辨识不准确外，其余污染源均辨识准确。在接下来的时间段内，污染源辨识得分率又继续保持最高。

为进一步了解辨识效果随时段τ变化的情况，在 0~300 s 每隔 20 s 求解各个时段的

$PR(S_i^*, S_i, \tau)$ 指标，并对辨识结果进行评价，得到评价结果即得分率随时段的变化情况。由图 8.7 可以看到，在 $\tau=20$ s 时，传感器 β 的得分率时最低的，仅有 72%，随后随着时段的增加，得分率从整体上有了快速提升，至 $\tau=60$ s 时达到了 80%以上，在之后的时间段里得分率提高较慢，在 60～140 s 内都保持在 80%～90%之间的得分率，在 $\tau=120$ s 时达到了 88%，并持续到 $\tau=140$ s，之后随着时段继续增加。当 $\tau=160$ s 时得分率达到了最高 93.3%，一直持续到 200 s，当 $\tau=220$ s时，得分率达下降到了 90.7%，在时段 240～300 s 内传感器 β 得分率一直稳定在93.3%，与工况一相比，辨识得分率达到最高所用时间更短。初步得到结论：传感器辨识得分率达到最大值所用时间随着进风速度的减小而增大。为了验证这个结论的准确性，又继续减小了室内进风速度。所以继续对工况三和工况四下的辨识得分率进行计算。

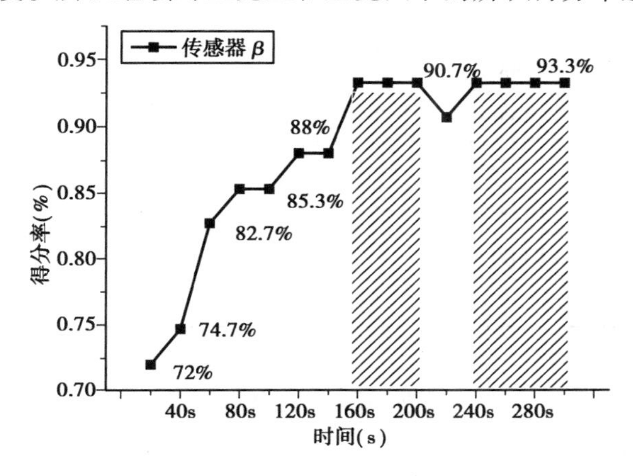

图 8.7　传感器 β 在工况三下的得分率

8.3.3　工况三的辨识结果

工况三是当进风速度为 1 m/s 时的污染源散发情况，模拟后通过读取传感器 β 得到污染源在 0～300 s 内散发的浓度信息。用 Matlab 来求解所读取的假设的双污染物浓度数据 S_i^* 与待测双污染源的浓度数据 S_i 之间的 Pearson 相关系数。从而得到不同时段 τ 内的量化指标值 $PR(S_i^*, S_i, \tau)$ 并运用辨识评价方法对不同时段下的辨识结果进行评价。以 $\tau=20$ s，60 s，140 s，200 s 为例，其评价结果如表 8.12 所示。

表 8.12　$\tau=20$s 时的源辨识结果评价

待测的双污染源	待测的双污染源和临近的假设双污染源 Pearson 相关系数		评价得分
	PR	排名	
B_1B_2	0.999 8	3	1
B_1B_3	0.999 8	1	5
B_1B_4	0.999 8	2	3
B_1B_5	0.999 8	3	1

续表

待测的双污染源	待测的双污染源和临近的假设双污染源 Pearson 相关系数		评价得分
	PR	排名	
B_1B_6	0.998 8	3	0.5
B_2B_3	1.000 0	1	5
B_2B_4	0.999 9	1	5
B_2B_5	0.999 9	2	3
B_2B_6	0.999 9	1	5
B_3B_4	0.999 9	2	3
B_3B_5	0.999 8	2	3
B_3B_6	0.999 9	3	1
B_4B_5	1.000 0	1	5
B_4B_6	1.000 0	1	5
B_5B_6	1.000 0	1	5
—	—	—	总得分:50.5,得分率 η=67.3%

表 8.12 所示是当τ=20 s 时的双污染源散发的辨识结果。从表中能看出在 20 s 时污染源的辨识效果不是很理想,在满分为 75 分的情况下,总得分才 50.5 分,辨识的效率为 67.3%。其中只有 7 个双污染源的位置判断准确,分别为 B_1B_3,B_2B_3,B_2B_4,B_2B_6,B_4B_5,B_4B_6,B_5B_6,Pearson 相关系数 $PR \geqslant 0.999\ 8$,B_1B_6 判断错误,Pearson 相关系数 $PR=0.998\ 8$,得分为 0,其余的双污染源判断的准确性有待提高。其中 B_1B_4,B_2B_5,B_3B_5 的辨识的相关系数排名第二,Pearson 相关系数 $PR \geqslant 0.999\ 8$。与工况一的辨识得分率差异较小,比工况二的辨识得分率低大概 6%。

表 8.13　τ=60 s 时的源辨识结果评价

待测的双污染源	待测的双污染源和临近的假设双污染源 Pearson 相关系数		评价得分
	PR	排名	
B_1B_2	1.000 0	1	5
B_1B_3	0.999 9	2	3
B_1B_4	0.999 9	1	5
B_1B_5	0.999 7	3	1
B_1B_6	0.974 9	12	0
B_2B_3	0.999 9	2	3
B_2B_4	0.999 9	1	5
B_2B_5	0.999 9	1	5

续表

待测的双污染源	待测的双污染源和临近的假设双污染源 Pearson 相关系数		评价得分
	PR	排名	
B_2B_6	0.999 9	1	5
B_3B_4	0.999 9	1	5
B_3B_5	0.999 9	1	5
B_3B_6	0.999 8	2	3
B_4B_5	1.000 0	1	5
B_4B_6	1.000 0	1	5
B_5B_6	1.000 0	1	5
—	—	—	总得分:60,得分率 $\eta=80\%$

表 8.13 是当$\tau=60$ s 时的双污染源散发的辨识结果。从表中能看出在 60 s 时污染源的辨识效果相比 20 s 时提高了很多,辨识得分率达到了 80%,在满分为 75 分情况下,总分为 60 分。其中有 10 个双污染源位置判断准确,分别为 B_1B_2,B_1B_4,B_2B_4,B_2B_5,B_2B_6,B_3B_4,B_3B_5,B_4B_5,B_4B_6,B_5B_6,得分是满分,Pearson 相关系数 $PR\geqslant0.999\ 8$,接近于 1。B_1B_6 判断错误,得分为 0,剩余只有 2 个双污染源判断的准确性有待提高。由于传感器 β 的检测时间延长,双污染源辨识的效果提高了,从整体上看,辨识效果的得分率逐渐增加。

表 8.14　$\tau=140$ s 时的源辨识结果评价

待测的双污染源	待测的双污染源和临近的假设双污染源 Pearson 相关系数		评价得分
	PR	排名	
B_1B_2	1.000 0	1	5
B_1B_3	1.000 0	1	5
B_1B_4	1.000 0	1	5
B_1B_5	0.999 9	1	5
B_1B_6	0.979 4	12	0
B_2B_3	1.000 0	1	5
B_2B_4	0.999 9	1	5
B_2B_5	0.999 8	1	5
B_2B_6	0.999 8	1	5
B_3B_4	1.000 0	1	5
B_3B_5	1.000 0	1	5
B_3B_6	1.000 0	1	5

续表

待测的双污染源	待测的双污染源和临近的假设双污染源 Pearson 相关系数		评价得分
	PR	排名	
B_4B_5	1.000 0	1	5
B_4B_6	1.000 0	1	5
B_5B_6	1.000 0	1	5
—	—	—	总得分:70,得分率 η=93.3%

根据上文介绍的评价标准,表 8.14 所示是当τ=140 s 时的双污染源散发的辨识结果。从表中能看出在 140 s 时污染源的辨识效果达到了最高,在满分为 75 分的情况下,总得分为 70 分,辨识的效率更是高达 93.3%。除了双污染源 B_1B_6 判断失误外,其余污染源判断均准确,此时的辨识准确率已经达到最高,除此之外,在接下来的 160 s,180 s,200 s 内双污染源散发的辨识效果是最好的。那么随着时间的增加,辨识效果并不是一直在增加的,当时间增加到一定的值,传感器辨识污染源方位的精度反而下降。这有可能是因为改变了进风速度导致室内流变化场造成的。

表 8.15　τ=220 s 时的源辨识结果评价

潜在的双污染源	潜在的双污染源和临近的假设双污染源 Pearson 相关系数		评价得分
	PR	排名	
B_1B_2	1.000 0	1	5
B_1B_3	1.000 0	1	5
B_1B_4	1.000 0	1	5
B_1B_5	1.000 0	1	5
B_1B_6	0.984 5	11	0
B_2B_3	0.999 9	1	5
B_2B_4	1.000 0	1	5
B_2B_5	0.999 9	1	5
B_2B_6	0.999 8	2	3
B_3B_4	1.000 0	1	5
B_3B_5	1.000 0	1	5
B_3B_6	1.000 0	1	5
B_4B_5	1.000 0	1	5
B_4B_6	1.000 0	1	5
B_5B_6	1.000 0	1	5
—	—	—	总得分:68,得分率 η=90.7%

继续延长辨识时间后发现超过 220 s 后，传感器的辨识精度反而下降了，在这里只例举了 $\tau=220$ s 时的辨识结果。表 8.15 所示是当 $\tau=220$ s 时的双污染源散发的辨识结果。从表中能看出在 220s 时污染源的辨识效果下降的趋势，但是准确率仍然在 90%以上，虽然得分率有所下降，但是也能作为污染源辨识方位的最后结果。此时除了污染源 B_1B_6 和 B_2B_5 以外，其他的污染源方位都辨识准确。

为进一步了解辨识效果随时段 τ 变化的情况，在 0～300 s 之间每隔 20s 求解各个时段的 $PR(S_i^*, S_i, \tau)$ 指标，并对辨识结果进行评价，得到评价结果即得分率随时段的变化情况，如图 8.8 所示。在 $\tau=20$s 时，传感器 β 的得分率最低，仅有 67.3%，随后随着时段增加，得分率从整体上有了快速提升，至 $\tau=60$ s 时达到了 80%，之后得分率提高较慢，并在 $\tau=120$ s 时达到了最高值 90%以上，140 s 时得分率达到了最高 93.3%，并持续到 $\tau=200$ s，之后随着时段继续增加，得分率略微下降并趋于稳定。其中，在 $\tau=220$ s 至 $\tau=260$ s 之间的 80 s 时间是辨识有下降趋势，在 260 s 后又稳定到了 93.33%。

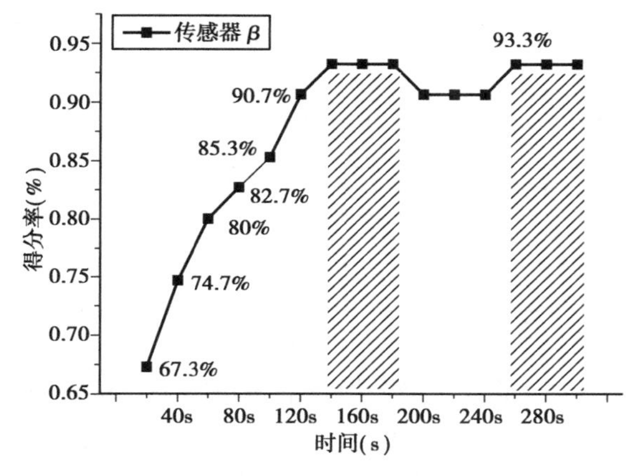

图 8.8　传感器 β 在工况三下的得分率

8.3.4　工况四的辨识结果

工况四是当进风速度为 0.5 m/s 时的污染源散发情况，模拟后通过读取传感器 β 得到双污染源在 0～300 s 内散发的浓度信息。用 Matlab 来求解所读取的假设的双污染物浓度数据 S_i^* 与待测双污染源的浓度数据 S_i 之间的 Pearson 相关系数。从而得到不同时段 τ 内的量化指标值 $PR(S_i^*, S_i, \tau)$ 并运用辨识评价方法对不同时段下的辨识结果进行评价。以 $\tau=20$ s，60 s，100 s，120 s 为例，其评价结果如表 8.16 所示。

表 8.16　$\tau=20$ s 时的源辨识结果评价

待测的双污染源	待测的双污染源和临近的假设双污染源 Pearson 相关系数		评价得分
	PR	排名	
B_1B_2	0.999 8	2	3
B_1B_3	0.999 8	1	5
B_1B_4	0.999 8	2	3

续表

待测的双污染源	待测的双污染源和临近的假设双污染源 Pearson 相关系数		评价得分
	PR	排名	
B_1B_5	0.999 9	3	1
B_1B_6	0.998 8	3	0.5
B_2B_3	0.999 9	1	5
B_2B_4	0.999 9	1	5
B_2B_5	0.999 9	2	3
B_2B_6	0.999 8	1	5
B_2B_6	0.999 8	1	5
B_3B_4	0.999 9	1	5
B_3B_5	0.999 9	2	3
B_3B_6	0.999 9	1	5
B_4B_5	0.999 9	1	5
B_4B_6	0.999 9	2	3
B_5B_6	0.999 9	1	5
—	—	—	总得分:52.5,得分率 η=70.0%

表 8.16 所示是当τ=20 s 时的双污染源散发的辨识结果。从表中能看出在 20 s 时双污染源的辨识效果比工况一和工况三的高出 4%左右,与工况二的辨识得分率差异较小。在满分为 75 分的情况下,总得分为 52.5 分,辨识的效率为 70%。其中只有 8 个双污染源的位置判断准确,分别为 B_1B_3,B_2B_3,B_2B_4,B_2B_6,B_3B_4,B_3B_6,B_4B_5,B_5B_6,得分都是满分,Pearson 相关系数 $PR\geqslant0.999\ 8$,B_1B_6 判断错误,Pearson 相关系数 $PR=0.998\ 8$,得分为 0.5,其余的双污染源判断的准确性有待提高。其中 B_1B_2,B_1B_4,B_2B_5,B_3B_5 的辨识的相关系数排名第二,Pearson 相关系数 $PR\geqslant0.999\ 8$。从整体上来看,辨识准确的双污染源数量较少,准确性还有待提高,所以继续增加模拟的时间,取不同时段的得分率进行对比分析,找到最佳辨识时段,为分析不同工况下双污染源辨识所需时间的快慢奠定了基础。下文将给出合理的时间段。

表 8.17　τ=60 s 时的源辨识结果评价

待测的双污染源	待测的双污染源和临近的假设双污染源 Pearson 相关系数		评价得分
	PR	排名	
B_1B_2	1.000 0	1	5
B_1B_3	0.999 9	2	3
B_1B_4	0.999 9	1	5
B_1B_5	0.999 8	2	3

续表

待测的双污染源	待测的双污染源和临近的假设双污染源 Pearson 相关系数		评价得分
	PR	排名	
B_1B_6	0.977 1	12	0
B_2B_3	0.999 9	1	5
B_2B_4	0.999 8	3	1
B_2B_5	0.999 9	1	5
B_2B_6	0.999 8	1	5
B_3B_4	1.000 0	1	5
B_3B_5	1.000 0	1	5
B_3B_6	0.999 9	2	3
B_4B_5	1.000 0	1	5
B_4B_6	0.998 8	2	2.5
B_5B_6	1.000 0	1	5
—	—	—	总得分:61.5,得分率 η=82%

根据上文介绍的评价标准,表 8.17 所示是当τ=60 s 时的双污染源散发的辨识结果。从表中能看出在60 s时污染源的辨识效果相比20 s时有所提高,但是还达不到辨识准确性的要求,在满分为75分的情况下,总得分为64分,辨识的效率为82%。其中有9个双污染源的位置判断准确,分别为 B_1B_2,B_1B_4,B_2B_3,B_2B_5,B_2B_6,B_3B_4,B_3B_5,B_4B_5,B_5B_6,得分都是满分,Pearson 相关系数 $PR \geqslant 0.999\ 8$;B_1B_6 判断错误,得分为 0,Pearson 相关系数 $PR=0.977\ 1$,排名第十二;B_2B_4 的得分率较低,为 1 分,Pearson 相关系数 $PR=0.999\ 8$,排名第三;B_4B_6 的为 2.5 分,Pearson 相关系数 $PR=0.998\ 8$,排名第二。剩余还有 3 个双污染源判断的准确性有待提高。由于传感器β的检测时间提高,双污染源辨识的效果提高了,但是,辨识效果的得分率并没有达到最好,所以传感器检测的时间还需再增加。

表 8.18　τ=100 s 时的源辨识结果评价

待测的双污染源	待测的双污染源和临近的假设双污染源 Pearson 相关系数		评价得分
	PR	排名	
B_1B_2	0.999 6	1	5
B_1B_3	1.000 0	1	5
B_1B_4	1.000 0	1	5
B_1B_5	1.000 0	1	5
B_1B_6	0.979 6	11	0
B_2B_3	0.999 9	1	5

续表

待测的双污染源	待测的双污染源和临近的假设双污染源 Pearson 相关系数		评价得分
	PR	排名	
B_2B_4	0.999 9	1	5
B_2B_5	0.999 9	1	5
B_2B_6	0.999 9	1	5
B_3B_4	1.000 0	1	5
B_3B_5	1.000 0	1	5
B_3B_6	1.000 0	1	5
B_4B_5	1.000 0	1	5
B_4B_6	0.999 4	1	4.5
B_5B_6	1.000 0	1	5
—	—	—	总得分:67.5,得分率 $\eta=90\%$

表 8.18 所示是当$\tau=100$ s 时的双污染源散发的辨识结果。从表中能看出在 200 s 时污染源的辨识效果已经达到了 90%,在满分为 75 分的情况下,总得分为 70 分,辨识的效率更是高达 90%。由于得分率 $\eta\geqslant90\%$,所以能够作为辨识依据。除了双污染源 B_1B_6 判断失误外,Pearson 相关系数 $PR=0.979\ 6$,排名第十一名;其余污染源判断均准确,Pearson 相关系数 $PR\geqslant0.999\ 5$。B_4B_6 的 Pearson 相关系数 $PR=0.999\ 4$,虽然数值较低,但是排名第一,得分为 4.5 分,接近 5 分,由于得分率较高,能够作为辨识的判断依据。能够看出,随着进风速度的减少,传感器得分率提高用时更短。

表 8.19　$\tau=120$ s 时的源辨识结果评价

潜在的双污染源	潜在的双污染源和临近的假设双污染源 Pearson 相关系数		评价得分
	PR	排名	
B_1B_2	0.999 9	1	5
B_1B_3	1.000 0	1	5
B_1B_4	1.000 0	1	5
B_1B_5	0.999 9	1	5
B_1B_6	0.981 6	11	0
B_2B_3	0.999 9	1	5
B_2B_4	0.999 9	1	5
B_2B_5	0.999 9	1	5
B_2B_6	0.999 9	1	5
B_3B_4	1.000 0	1	5

续表

潜在的双污染源	潜在的双污染源和临近的假设双污染源 Pearson 相关系数		评价得分
	PR	排名	
B_3B_5	1.000 0	1	5
B_3B_6	1.000 0	1	5
B_4B_5	1.000 0	1	5
B_4B_6	1.000 0	1	5
B_5B_6	1.000 0	1	5
—	—	—	总得分:70,得分率 $\eta=93.3\%$

表8.19是当$\tau=120$ s时的双污染源散发的辨识结果。继续延长辨识时间后发现超过$\tau=120$ s后,传感器的辨识得分率达到了最高,在$\tau=120$ s时污染源的辨识效果已经达到最高,准确率为93.3%,除了污染源B_1B_6以外,其他的污染源方位都辨识准确,很多个*PR*值高达1。在接下来的120~300 s内,传感器的得分率均保持在93.3%。辨识达到最高得分率用时较工况一、工况二、工况三的更短。进风速度的变化对辨识得分率达到最高所用时间具有重要影响。

为进一步了解辨识效果随时段τ变化的情况,在0~300 s之间每隔20 s求解各个时段的$PR(S_i^*,S_i,\tau)$指标,并对辨识结果进行评价,得到评价结果即得分率随时段的变化情况,由图8.9所示。在$\tau=20$ s时,得分率最低,仅有70%,但是相对于工况一和工况三来说传感器辨识的得分率高出约6%。20~60s内辨识的准确率增加较快,$\tau=60$ s时达到百分之八十以上,之后传感器辨识准确率增加较缓慢。随后随着时段增加,得分率从整体上有了快速提升,至$\tau=100$ s时达到了82.7%,之后得分率提高较慢,并在$\tau=100$ s时达到了90.7%。由于室内进风速度减小,所以传感器辨识得分率增加更快,达到90%以上所用时长更短。当$\tau=120$ s时准确率达到了最高93.33%,并在120~300 s这段时间内保持不变。由于工况四的风速在这四种工况中是最小的,所以辨识的准确率达到最高作用时间相比前面三种更短。

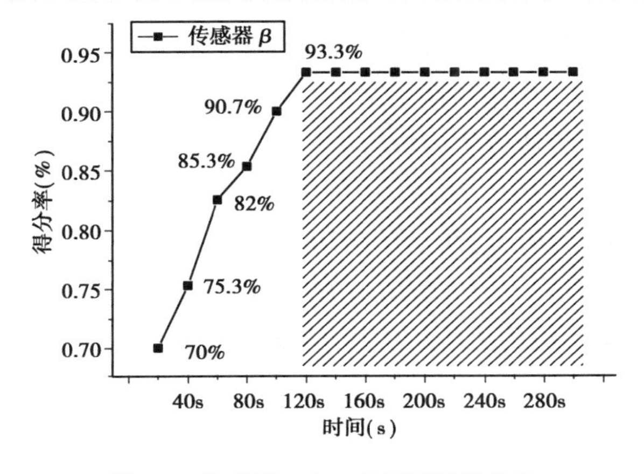

图8.9　传感器β在工况四下的得分率

8.3.5 比较分析

为了得到在不同进风速度时对污染源辨识得分率的影响,通过上述四种工况下对双污染源辨识结果进行的详细分析,分别取 40 s,80 s,120 s,160 s,200 s,240 s,280 s 时间段的传感器 β 得分率进行对比分析。如图 8.10 所示,不同底纹的柱状图分别表示工况一、工况二、工况三和工况四下的得分率。从图中的对比分析可以看出由于不同工况下的风速是不同的,造成污染源辨识得分率达到最高值所用的时间长短也是不一样的。

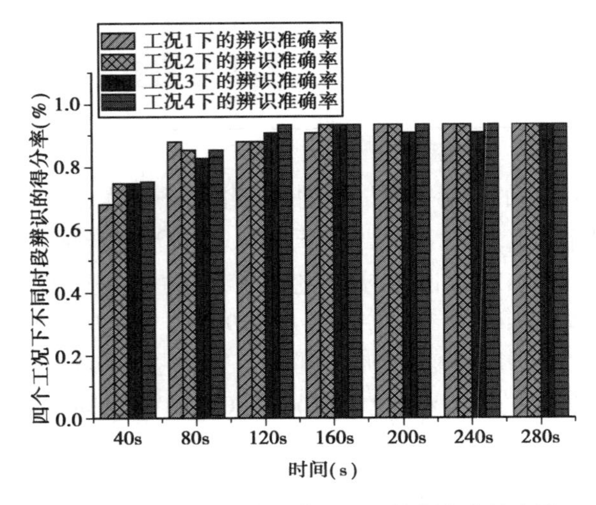

图 8.10 传感器 β 在四个工况下的得分率的比较

①当室内风口进风速度为 2 m/s 时,传感器 β 的辨识得分率在 200 s 时达到最高。

②当室内风口进风速度为 1.5 m/s 时,传感器 β 的辨识得分率在 160 s 时达到最高。

③当室内风口进风速度为 1 m/s 时,传感器 β 的辨识得分率在 140 s 时达到最高。

④当室内风口进风速度为 0.5 m/s 时,传感器 β 的辨识得分率在 120 s 时达到最高。得分率最高值都是 93.3%。

由此可以得出,当进风速度越大时辨识所需的时间就越长,这是因为风速较大时容易带出更多的已经扩散的污染物,大大降低了室内的污染物的浓度,所以辨识的用时变长。从图中还能看出,当污染源辨识的得分率达到最高后,从达到最高的时刻开始直到 300 s 都保持稳定。从整体上看出:

①工况一的污染源最佳辨识时间范围是 200~300 s。

②工况二的污染源最佳辨识时间范围是 160~300 s。

③工况三在 200~240 s 时传感器 β 的得分率略有下降,所以最佳的辨识时间范围是140~180 s 和 260~300 s。

④工况四的辨识最佳范围是最多的,范围是 120~300 s。

进风速度越小,传感器辨识污染源就能在较短的时间内快速判断出污染源所在的位置。从整体上看还能得出一个结论:传感器 β 的辨识得分率达到的最大值受室内进风速度影响较小;但是传感器β得分率达到最大值所用时间长短受到室内进风速度的影响,随着送风速度的减小,达到最大值所用时间就越短。

8.4 室内三个污染源的辨识分析

8.4.1 污染源散发的设置方案

本节以一个单区模型为例来辨识室内存在三个污染源的情况,选用 Airpak 中的 Room 模块建立分房间模型,用 CFD 模拟作为辅助手段检验辨识方法的准确性。在一个简单的机械通风房间中运用上文提出的多污染源辨识的方法。为了减少模拟的次数,在这个区域内任意假设了屋内三个污染源的位置,分别为 A_1—A_5。待辨识的三个污染源位置为 B_1—B_5。污染源的模型见图 8.11 所示,具体的每个污染源的坐标见表 8.18。

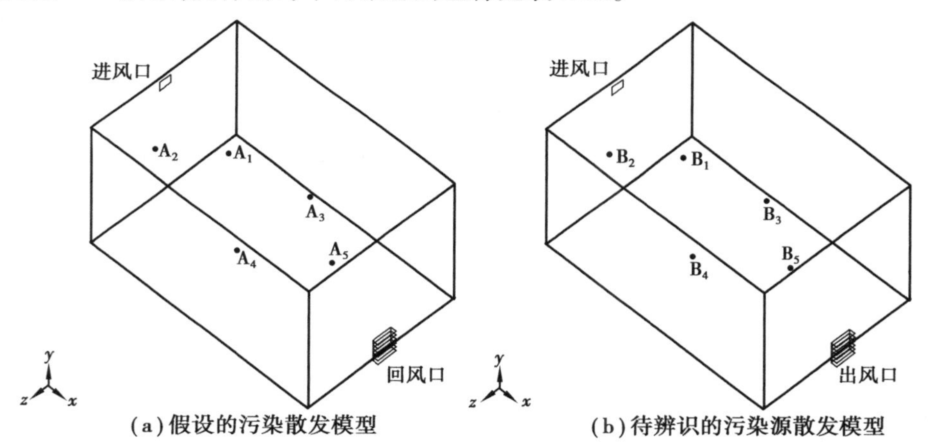

图 8.11 三个污染源辨识模型

三个污染源辨识模型的网格划分和计算方式均和双污染源模型一致,此次模拟与双污染源的模拟工况相同,仍然分为四个工况。这样分是为了将辨识出的结果能够与双污染源的辨识结果做对比,以便找出污染源辨识的规律,进一步探寻多污染源情况下辨识结果随着风速和污染源数量变化之间的关系,为多污染源辨识奠定基础。下文将具体介绍工况一的辨识结果,工况二、工况三和工况四的辨识结果就不一一列出。表 8.20 是室内假设可能存在的污染源和待测的室内污染源。

表 8.20 污染源的坐标位置

假设污染源	起始坐标(m)			结束坐标(m)			待辨识污染源	起始坐标(m)			结束坐标(m)		
	x	y	z	x	y	z		x	y	z	x	y	z
A_1	0.72	0.72	0.97	0.78	0.78	1.03	B_1	0.72	0.62	0.97	0.68	0.78	1.03
A_2	0.72	2.22	2.97	0.78	2.28	3.03	B_2	0.72	2.12	2.97	0.78	2.12	3.03

续表

假设污染源	起始坐标(m)			结束坐标(m)			待辨识污染源	起始坐标(m)			结束坐标(m)		
	x	y	z	x	y	z		x	y	z	x	y	z
A_3	2.97	1.22	0.97	3.03	1.28	1.03	B_3	2.97	1.12	0.97	3.03	1.18	1.03
A_4	5.22	0.72	2.97	5.28	0.78	3.03	B_4	5.22	0.62	2.97	5.28	0.68	3.03
A_5	5.22	2.22	2.57	5.28	2.28	2.63	B_5	5.22	2.12	2.57	5.28	2.18	2.63

表 8.21 是污染源位置坐标,从表中可以知道假设室内存在三个污染源的情况,那么三个假设的污染源的组合可能是 $A_1A_2A_3$,$A_1A_2A_4$,$A_1A_2A_5$,$A_1A_3A_4$,$A_1A_3A_5$,$A_1A_4A_5$,$A_2A_3A_4$,$A_2A_3A_5$,$A_2A_4A_5$,$A_3A_4A_5$;三个待测的污染源的组合可能是 $B_1B_2B_3$,$B_1B_2B_4$,$B_1B_3B_4$,$B_2B_3B_4$,具体如表 4.21 所示。由于设置了四种工况,需要在不同工况下对双污染源散发的情况进行模拟,一种工况需要做 8 次模拟,所以四种工况共需要做 32 次模拟才能完成。在室内放置了传感器 β,坐标为(0.3,1.5,2)用于检测污染源散发时的浓度信息,检测时间为 0~300 s,时间步长为 0.5 s。

表 8.21　三个污染源辨识组合

假设的双污染源的组合			待测点的双污染源的组合		
A_1 A_2 A_3	A_2 A_3 A_4	A_2 A_3 A_4	B_1 B_2 B_3	B_2 B_3 B_4	B_2 B_3 B_4
A_1 A_2 A_4	A_2 A_3A_5	—	B_1 B_2 B_4	B_2 B_3B_5	—
A_1 A_2 A_5	A_2 A_4 A_5	—	B_1 B_2 B_5	B_2 B_4 B_5	—
A_1 A_3 A_4	—	—	B_1 B_3 B_4	—	—
A_1 A_3 A_5	—	—	B_1 B_3 B_5	—	—
A_1 A_4 A_5	—	—	B_1 B_4 B_5	—	—

8.4.2　污染源散发的辨识结果

将三个污染源 $A_xA_yA_z$ 散发的浓度记为 Y_i^*,双污染源 $B_xB_yB_z$ 散发的浓度记为 Y_i,那么对于三个污染源 $A_xA_yA_z$ 和污染源 $B_xB_yB_z$,可以将各自的浓度数据记为$(Y_i^*,Y_i)(i=1,2,\cdots,602)$,根据前面给出的 Pearson 相关系数的式(3.1),把三个污染源 $A_xA_yA_z$ 和污染源 $B_xB_yB_z$ 的 Pearson 相关系数记作 PR,其数学表达式为:

$$PR=\frac{\sum_{i=1}^{602}(Y_i^*-\overline{Y}^*)(Y_i-\overline{Y})}{\sqrt{\sum_{i=1}^{602}(Y_i^*-\overline{Y}^*)^2\sum_{i=1}^{602}(Y_i-\overline{Y})^2}} \tag{8.2}$$

本节列举了工况一时三个污染源的辨识结果,工况一是当进风速度为 2 m/s 时的污染源散发情况,经过 Airpak 模拟后通过读取传感器 β 得到污染源在 0~300 s 内散发的浓度信息。

用 Matlab 来求解所读取的假设三污染物浓度数据 Y_i^* 与待测双污染源的浓度数据 Y_i 之间的 Pearson 相关系数。从而得到不同时段τ内的量化指标值 $PR(Y_i^*, Y_i, \tau)$，并运用辨识评价方法对不同时段下的辨识结果进行评价。以$\tau=20$ s，80 s，220 s，260 s 为例，其评价结果如表 8.22 所示。

表 8.22　$\tau=20$ s 时的源辨识结果评价

待测的三个污染源	待测的三个污染源和临近的假设双污染源 Pearson 相关系数		评价得分
	PR	排名	
$B_1B_2B_3$	0.999 3	1	4.5
$B_1B_2B_4$	0.999 9	2	3
$B_1B_2B_5$	1	1	5
$B_1B_3B_4$	0.999 9	2	3
$B_1B_3B_5$	0.999 4	3	1
$B_1B_4B_5$	0.998 2	5	0
$B_2B_3B_4$	0.999 9	2	3
$B_2B_3B_5$	0.999 9	2	3
$B_2B_4B_5$	1	1	5
$B_3B_4B_5$	0.999 9	4	0
—	—	—	总得分：27.5，得分率 $\eta=55\%$

表 8.22 是当$\tau=20$ s 时的三个污染源散发的辨识结果。从表中能看出在$\tau=20$ s 时污染源的辨识得分率较低，在满分为 50 分的情况下，总得分为 27.5 分，辨识的得分率为 55%。其中只有 2 组三污染源辨识得满分，分别是 $B_1B_2B_5$ 和 $B_2B_4B_5$，Pearson 相关系数 $PR \geqslant 0.9999$。污染源 $B_1B_4B_5$ 和 $B_3B_4B_5$ 辨识的得分为 0，Pearson 相关系数 $PR \geqslant 0.9993$，排名在第三名之后。其他的污染源的辨识度有待提高。这 10 组可能存在的三个污染源中，其中有 2 组辨识准确，2 组辨识失误，还有 6 组辨识得分有待提高。而且，三个污染源的辨识得分率低于工况一时双污染源在$\tau=20$ s 的辨识得分率。

表 8.23　$\tau=80$ s 时的源辨识结果评价

待测的三个污染源	待测的三个污染源和临近的假设双污染源 Pearson 相关系数		评价得分
	PR	排名	
$B_1B_2B_3$	0.999 2	1	4.5
$B_1B_2B_4$	1	1	5
$B_1B_2B_5$	1	1	5
$B_1B_3B_4$	1	1	5

续表

待测的三个污染源	待测的三个污染源和临近的假设双污染源 Pearson 相关系数		评价得分
	PR	排名	
$B_1B_3B_5$	0.999 9	1	5
$B_1B_4B_5$	0.987 8	7	0
$B_2B_3B_4$	0.999 6	1	5
$B_2B_3B_5$	0.999 0	2	3
$B_2B_4B_5$	1	1	5
$B_3B_4B_5$	0.999 9	2	3
—	—	—	总得分:40.5,得分率 $\eta=81\%$

根据上文介绍的评价标准,表 8.23 是当$\tau=80$ s 时的双污染源散发的辨识结果。从表中能看出在$\tau=80$ s 时传感器对三个污染源的辨识效果已经达到了 80%以上,在满分为 50 分的情况下,总得分为 40.5 分,辨识的得分率更是高达 81%。其中只有 6 组的三污染源辨识得分率为满分,分别是 $B_1B_4B_5$,$B_1B_2B_5$,$B_1B_3B_4$,$B_1B_3B_5$, $B_2B_3B_4$ 和 $B_2B_4B_5$,Pearson 相关系数 $PR\geqslant0.999\ 9$,可以看出 Pearson 相关系数也是非常高的,污染源 $B_1B_4B_5$ 和 $B_3B_4B_5$ 辨识的得分为 0,辨识错误,其 Pearson 相关系数 $PR=0.987\ 8$,排名第七。$B_1B_2B_3$,$B_2B_3B_5$ 和 $B_3B_4B_5$ 污染源的辨识度有待提高,Pearson 相关系数 $PR\geqslant0.999\ 2$。这 10 组可能存在的三个污染源中,其中有 5 组辨识准确,1 组辨识失误,还有 3 组辨识得分有待提高。随着辨识时间的增加,得分率也在逐渐增加。与$\tau=20$ s 时三个污染源辨识的得分率相比,能够看出污染源辨识的得分率快速提高,比$\tau=20$ s 时高出将近 30%。所以可以得出在辨识前期,污染源的辨识得分率是快速提升的,随着时间的增加,污染源辨识的得分率提高速度是在逐渐减小的。

表 8.24　$\tau=220$ s 时的源辨识结果评价

待测的三个污染源	待测的三个污染源和临近的假设双污染源 Pearson 相关系数		评价得分
	PR	排名	
$B_1B_2B_3$	0.999 9	1	5
$B_1B_2B_4$	0.999 9	1	5
$B_1B_2B_5$	1	1	5
$B_1B_3B_4$	0.999 9	1	5
$B_1B_3B_5$	0.999 9	1	5
$B_1B_4B_5$	0.998 9	2	2.5
$B_2B_3B_4$	0.999 9	1	5
$B_2B_3B_5$	0.999 9	1	5

续表

待测的三个污染源	待测的三个污染源和临近的假设双污染源 Pearson 相关系数		评价得分
	PR	排名	
$B_2B_4B_5$	1	1	5
$B_3B_4B_5$	0.999 9	1	5
—	—	—	总得分:47.5,得分率 $\eta=95\%$

表 8.24 是当$\tau=220$ s 时传感器对室内三个污染源散发的辨识结果。从表中能看出在$\tau=220$ s 时污染源的辨识效果已经很理想了,在满分为 50 分的情况下,总得分为 47.5 分,传感器对这三个污染源的辨识得分率更是高达 95%。其中只有 2 组三污染源辨识得满分,分别是 $B_1B_2B_5$ 和 $B_2B_4B_5$,其 Pearson 相关系数 $PR\geqslant0.9999$,从 Pearson 相关系数能够看出,其相关性是非常大的。污染源 $B_1B_4B_5$ 和 $B_3B_4B_5$ 辨识的得分为 0,辨识错误,其 Pearson 相关系数 PR≥0.999 3,排名在第三名之后,从 Pearson 系数能够看出这两个辨识错误的污染源相关性很小。其他污染源的辨识度有待提高。这 10 组可能存在的三个污染源中,其中有 2 组辨识准确,2 组辨识失误,还有 6 组辨识得分有待提高。而且,三个污染源的辨识得分率低于工况一时双污染源在$\tau=20$ s 的辨识得分率。可能是随着污染源数量的增加,污染源辨识得分率所需的时间也会增加,为了验证这个结论,下文将继续探究时段对污染源辨识的影响。

表 8.25　$\tau=260$ s 时的源辨识结果评价

待测的三个污染源	待测的三个污染源和临近的假设双污染源 Pearson 相关系数		评价得分
	PR	排名	
$B_1B_2B_3$	0.999 3	1	4.5
$B_1B_2B_4$	0.999 9	1	5
$B_1B_2B_5$	1	1	5
$B_1B_3B_4$	0.999 9	1	5
$B_1B_3B_5$	0.999 9	1	5
$B_1B_4B_5$	0.998 9	2	2.5
$B_2B_3B_4$	0.999 9	1	5
$B_2B_3B_5$	0.999 9	1	5
$B_2B_4B_5$	1	1	5
$B_3B_4B_5$	0.999 9	2	3
—	—	—	总得分:45,得分率 $\eta=90\%$

表 8.25 是当τ=260 s 时传感器对三个污染源散发的辨识结果。从表中能看出在τ=260 s 时传感器对三个污染源的辨识得分率相比τ=220 s 时降低了，在满分为 50 分的情况下，总得分为 45 分，传感器辨识的得分率降低到了 90%。其中只有 7 组三污染源辨识得满分，分别是 $B_1B_2B_4$，$B_1B_2B_5$，$B_1B_3B_4$，$B_1B_3B_5$，$B_2B_3B_4$，$B_2B_35_4$ 和 $B_3B_4B_5$ 的 Pearson 相关系数 $PR \geqslant 0.999\ 9$，从 Pearson 相关系数能够看出其相关性还是比较高的。其中 $B_1B_2B_3$，$B_1B_4B_5$ 和 $B_3B_4B_5$ 污染源的辨识度中 $B_1B_2B_3$ 是最高的，接近满分，能作为辨识依据，而其他污染源的辨识得分有待考察，Pearson 相关系数 $PR \geqslant 0.9993$。这 10 组可能存在的三个污染源中，其中有 8 组辨识准确，1 组辨识失误，还有 3 组辨识得分有待提高。$B_1B_4B_5$ 和 $B_3B_4B_5$ 污染源的辨识度还有待考察。

8.4.3 辨识结果比较分析

如图 8.12 所示，是室内存在三个污染源分别在四个工况下不同时段 0~300 s 内的辨识得分率。图(a)是三个污染源在工况一下的辨识得分率，从图中可知：在τ=20 s 时得分率是最低的，仅有 55%，在 20~80 s 内传感器辨识的准确率增加较快，τ=80 s 时的得分率接近 80%，之后辨识准确率增加缓慢，随后随着时段增加，得分率从整体上有了快速提升，至τ=220 s 时达到了最高，得分率为 95%，相比双污染源在工况一下达到相同的得分率用时更长(双污染源在工况一下是在τ=200 s 时达到了最高)。图(b)是三个污染源在工况二下的辨识得分率，从图中可知：在 20~40 s 时得分率快速提升，在 20 s 内从 50%提升到了 73%，之后提升较为缓慢，τ=120 s 后之后辨识准确率达到了 80%以上，随后随着时段增加，至τ=180 s 时辨识得分率达到最高，得分率为 95%，220s 后辨识得分率下降到 90%，相比双污染源在工况二下达到相同的得分率用时更长(双污染源在工况二下是在τ=160 s 时达到了最高)。图(c)是三个污染源在工况三下的辨识得分率，从图中可知：在 20~80 s 时得分率快速提升，在 20 s 内从 56%提升到了 88%，随着进风速度的减小，辨识得分率达到 80%以上所用时间缩短，τ=60 s 后之后辨识准确率达到了 80%以上，随后随着时段增加，至τ=160 s 时辨识得分率达到最高，得分率为 93%，在 160~300 s 之间一直保持最高得分率，相比双污染源在工况二下达到相同的得分率用时更长(双污染源在工况三下是在τ=140 s 时达到了最高)。图(d)是三个污染源在工况四下的辨识得分率，从图中可知：在 20~60 s 时得分率快速提升，在 20 s 内从 50%提升到了 86%，之后提升较为缓慢，τ=100 s 后辨识准确率达到了 90%以上，随后随着时段增加，至τ=120 s 时辨识得分率达到最高，得分率为 95%，在τ=240 s 时辨识得分率有所下降，但是得分率仍然保持在 90%以上，可以作为辨识的依据。

从四个工况下的传感器对双污染源和三个污染源的辨识得分率可以得出，传感器用于多污染源辨识时，其辨识的得分率达到最高值时所用的时间不仅与室内进风速度有关，还与室内污染源数量相关。经过传感器对双污染源和三个污染源在四个工况下的辨识结果对比分析可得到，随着室内污染源数量的增加，传感器 β 辨识得分率达到最高所需要的时间也增加。

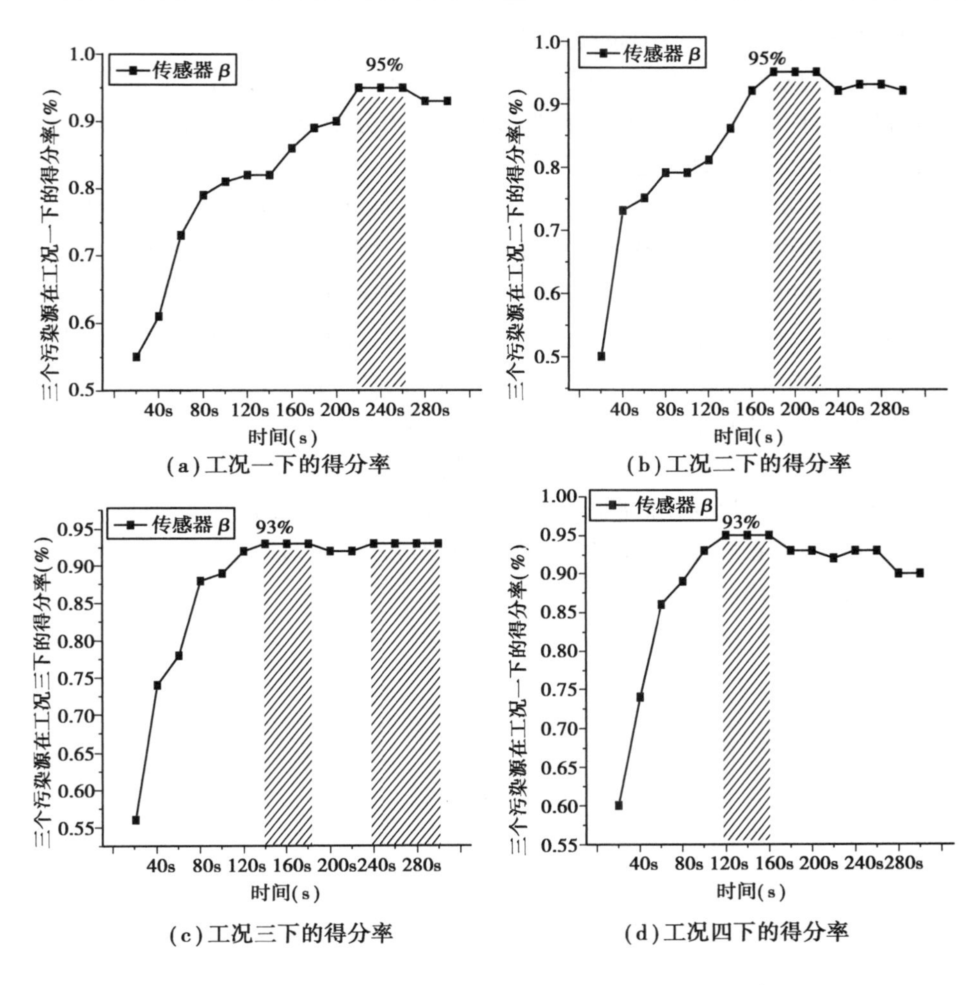

(a)工况一下的得分率

(b)工况二下的得分率

(c)工况三下的得分率

(d)工况四下的得分率

图 8.12　三个污染源辨识在四个工况下的辨识得分率

8.5　本章小结

本章主要介绍了模拟所选用的污染物源辨识模型,利用 Airpak 软件建立物理模型,进行网格化分并介绍其计算方法和收敛原则等。在上一章的源辨识理论基础上,开展了基于单传感器反馈数据的污染源位置辨识工作。首先将模拟工况根据风速的不同分为四个工况,然后对室内分别存在两个和三个污染源的情况在不同工况下进行了源辨识的研究。在数据处理阶段以 Matlab 为计算工具,分别基于优化法和概率法进行了数据整理工作,并得到了 Pearson 相关系数指标;随后在多污染源辨识阶段依据所得到的多污染源辨识指标完成位置辨识工作,最后利用第 3 章的评价方法对传感器 β 的多污染源辨识工作的准确度进行了评价。同时对不同工况下的辨识结果做了对比分析。

本章主要结论如下:

①基于 Pearson 相关系数指标得到的数值可以实现对假设的多污染源与待测的多污染源

之间的相关性进行判断。相关系数越接近于 1,相关性越高,则判断出多污染源的位置就越准确。本章以辨识室内双污染源和三个污染源为例,得到了传感器 β 在 0~300 s 内的辨识结果,结果表明随着辨识的时间的增加,传感器 β 辨识的得分率也在逐渐增加,室内双污染源和三个污染源的最高得分率分别高达 93.3%和 95%。

②在双污染源的辨识结果中,能够得出随着室内进风速度的减小,污染源辨识用时缩短。工况一的辨识结果中可以得出传感器 β 辨识的得分率达到最高是在 τ = 200 s,工况二是 τ = 160 s,工况三是 τ = 140 s,工况四是 τ = 120 s。在三个污染源的辨识结果中,污染源的辨识用时也是随着室内进风速度的增加而减小的。从工况一的辨识结果中可以得出传感器 β 辨识的得分率达到最高是在 τ = 220 s,工况二是 τ = 180 s,工况三是 τ = 160 s,工况四是 τ = 120 s;当传感器 β 辨识的得分率达到最高后,在后面的时间段基本维持不变。

③通过传感器 β 对不同数量污染源在不同工况下的辨识结果表明,传感器 β 达到最高得分率所用时长随着室内进风速度的减小而减小,随着污染源数量的增加传感器 β 辨识的得分率达到最高的时间也随着增加,所以多污染源辨识的得分率达到最高的时间不仅与室内进风速度有关,还与污染源的数量有关。

第 9 章
多污染源散发强度辨识

在多污染源辨识的研究中，当污染源方位辨识出来后就能够采取有效措施来消除室内污染源。如果在源辨识研究中能够辨识出污染源散发的强度，那么研究人员不仅能够对污染源的危害程度做出准确判断还能及时采取有效的污染物控制方法，所以污染源的源强辨识对污染物的控制起着至关重要的作用，多污染源散发强度的辨识是必要的。本章的主要内容是在污染源方位辨识成功的基础上，利用传感器检测到的污染源的实际位置信息作为参数进行线性拟合，将得到的斜率 k 带入方程，就能求出污染源的散发强度。本章以双污染源的散发强度辨识为例，说明多污染源的散发强度辨识，并探究源辨识的准确性与源强辨识之间的关系。

9.1 基于多污染源散发强度辨识策略

根据第三章在验证 Pearson 相关系数只与污染源散发距离有关，与污染源散发强度无关时得出如下的结论，斜率 k 和双污染源 A_1A_2 的散发强度存在正比例关系，由此得到如下关系式：

$$k = \frac{s_i}{s^*}(i = 1,2,3,\cdots) \tag{9.1}$$

因此，对于两组线性相关性较高的多污染源，如果已知某一污染源的源强以及回归方程的斜率 k 的话，则另一组多污染源的源强可由式(9.1)求得。实际应用中，在多污染源位置辨识的结果准确的前提下，运用该式可以有效地完成对未知的多污染源散发强度的辨识，为污染源的危害程度进行评估。

由于污染源的辨识的准确率在设置的 0~300 s 内随着时间的增加其得分率也随之增加。那么这个辨识的结果对接下来的多污染源强的辨识有着什么样的影响，是否会受到源辨识时候由于辨识错误而带来的影响？随着源辨识准确率的增加而源辨识的散发强度的误差是否会减小？那么下面将以两个双污染源的源强辨识为例探究源辨识和源强辨识之间存在的关系。

9.2 基于单传感器的双污染源散发强度辨识

9.2.1 工况一下的双污染源散发强度辨识

工况一下，已知假设的双污染源位置处的污染源散发强度统一设定为 $S=0.1$ g/s，每个待辨识污染源的实际强度均为 $S^*=0.01$ g/s。在双污染源位置辨识完成的基础上，当某双污染源 A_mA_n 的散发强度 S^* 已知，其回归方程斜率 k 和未知待测双污染源 B_mB_n 散发强度 S_i 存在正比例关系。因此在某待测双污染源 B_mB_n 的位置辨识结束后，对该待测双污染源和假设的双污染源的浓度数据为参数进行线性拟合，经过线性拟合得到回归方程斜率 k，并代入式(9.1)即得到潜在污染源的强度辨识值。全部潜在污染源的辨识结果整理后如表 9.1 所示。

表 9.1 污染源强度辨识

待测的双污染源	假设的双污染源	辨识是否准确	斜率 k	已知 A_mA_n 的源强 (g/s)	强度辨识值 (g/s)	源强辨识值相对误差 (%)
B_1B_2	A_1A_2	是	10.204	0.1	0.009 8	2
B_1B_3	A_1A_3	是	9.709	0.1	0.010 3	3
B_1B_4	A_1A_4	是	11.111	0.1	0.009 0	10
B_1B_5	A_1A_5	是	11.765	0.1	0.008 5	15
B_1B_6	A_1A_6	否	66.667	0.1	0.002 3	77
B_2B_3	A_2A_3	是	8.928	0.1	0.010 8	2
B_2B_4	A_2A_4	是	9.174	0.1	0.010 9	9
B_2B_5	A_2A_5	是	9.804	0.1	0.010 2	2
B_2B_6	A_2A_6	是	10.870	0.1	0.009 2	8
B_3B_4	A_3A_4	是	9.434	0.1	0.010 6	6
B_3B_5	A_3A_5	是	20.833	0.1	0.004 8	8
B_3B_6	A_3A_6	否	28.571	0.1	0.003 5	65
B_4B_5	A_4A_5	是	10.204	0.1	0.009 8	2
B_4B_6	A_4A_6	是	9.174	0.1	0.010 9	9
B_5B_6	A_5A_6	是	9.707	0.1	0.010 3	3

从表9.1可见，传感器β的位置辨识结果很理想，多个位置上的散发强度预测值和实际源强产生的差异较小。在全部15个双污染源位置的预测结果中，当实际位置在B_1B_6和B_3B_6时，相对误差较高，分别达到了77%和65%；相对误差最大值出现在B_1B_6时。当实际位置在B_1B_4和B_1B_5时，相对误差达到10%及以上，分别达到了10%和15%。从第4章的辨识结果可知，B_1B_4和B_1B_5这两组污染源的准确辨识所用时间较其他组长，这也可能是导致这两组污染源辨识的散发强度误差较大的原因。除此之外，剩余位置的污染源源强辨识的相对误差均在10%以下。通过观察还发现，所提出的几个相对误差较高的点和单传感器β的情景类似，基本上都是位置辨识失准的点，少数是辨识用时较长的点。继续将辨识得到的污染源散发强度进行整理，结果见图9.1。

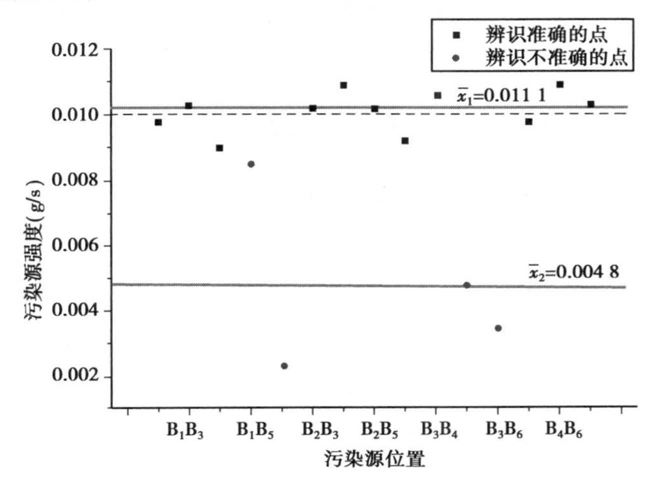

图9.1　待辨识双污染源强度辨识的相对误差

在图9.1中，方点代表辨识准确的点，圆点表示辨识用时较长或辨识不准确的点。灰色虚线$x=0.01$表示污染源的实际强度；灰色实线$\bar{x}_1=0.011\ 1$表示全部位置预测准确点的源强预测平均值，或者，该值是当污染源位置辨识准确时，其污染源强度的数学期望值。浅灰色实线$\bar{x}_2=0.004\ 8$则表示全部位置预测失准点的源强预测平均值，即当污染源位置辨识失准时的源强的数学期望值。可见，位置预测准确点的污染源强度预测值分布较为集中，其整体的期望值与实际值也非常接近，误差仅为11%；位置预测失准点的污染源强度预测值的分布则比较分散，其整体的期望值与实际值的误差达到了52%，此值较大。

图9.2所示是待测多污染源强度辨识的相对误差，在图中，浅色条纹柱状图代表辨识准确的双污染源，深色柱状图代表辨识不准确或者是辨识用时较长的双污染源。从图中可以明显看出，释放强度相对误差较大的基本来自辨识不准确的双污染源，有少数是来自位置辨识所需更长时间的双污染源，即深色柱状图也包含位置辨识所需更长时间的双污染源；释放强度的相对误差较小的点基本来自辨识准确的点，即浅色柱状图。从整体上来看，位置辨识准确的双污染源强度预测平均值均和实际值是比较接近的。所以经过分析后能够得到推论1：

位置辨识的准确性会影响污染源强度的辨识结果，位置辨识准确点的源强辨识结果准确性高于位置辨识失准点的，更加接近实际污染源强度。

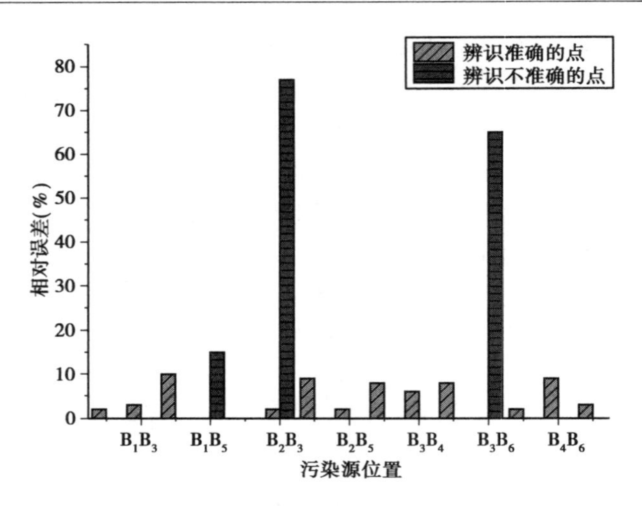

图 9.2 待测实际污染源强度辨识的相对误差

9.2.2 工况二下的双污染源散发强度辨识

在工况一辨识的基础上,为了验证 9.2.1 节的推论,继续对工况二下的双污染源散发强度进行辨识。已知待测的污染源散发的初始浓度值设置为 0.01 g/s,对于工况二下假设的双污染源和辨识出的待测双污染源模拟得到的浓度数据为参数进行线性拟合,拟合得到回归方程斜率 k,并代入式(9.1)即得到待测污染源的强度辨识值,通过计算出源强辨识值的相对误差可以得出污染源强度辨识的准确程度,再结合第 4 章中双污染源的辨识结果探究源辨识和污染源散发强度辨识之间的关系。全部待测污染源的辨识结果整理后如表 9.2 所示。

表 9.2 污染源强度辨识

待测的双污染源	假设的双污染源	辨识是否准确	斜率 k	已知 A_mA_n 的源强(g/s)	强度辨识值(g/s)	源强辨识值相对误差(%)
B_1B_2	A_1A_2	是	9.709	0.1	0.010 3	3
B_1B_3	A_1A_3	是	8.929	0.1	0.011 2	12
B_1B_4	A_1A_4	是	11.628	0.1	0.008 6	14
B_1B_5	A_1A_5	否	15.152	0.1	0.006 6	44
B_1B_6	A_1A_6	否	55.556	0.1	0.001 8	80
B_2B_3	A_2A_3	是	8.928	0.1	0.011 2	12
B_2B_4	A_2A_4	是	9.346	0.1	0.010 7	7
B_2B_5	A_2A_5	是	8.696	0.1	0.011 5	15
B_2B_6	A_2A_6	是	10.638	0.1	0.009 4	6
B_3B_4	A_3A_4	是	10.417	0.1	0.009 6	4

续表

待测的双污染源	假设的双污染源	辨识是否准确	斜率 k	已知 A_mA_n 的源强（g/s）	强度辨识值（g/s）	源强辨识值相对误差（%）
B_3B_5	A_3A_5	是	9.709	0.1	0.010 3	7
B_3B_6	A_3A_6	否	25.64	0.1	0.003 9	61
B_4B_5	A_4A_5	是	9.709	0.1	0.009 8	2
B_4B_6	A_4A_6	是	9.709	0.1	0.010 3	3
B_5B_6	A_5A_6	是	9.524	0.1	0.010 5	5

从表 9.2 可见，得到的污染源强结果从整体上看还是比较精确的，不过也有个别污染物的源强辨识误差较大。在全部的 15 个双污染源散发源强的辨识结果中，当双污染源的实际位置为 B_1B_5，B_1B_6 和 B_3B_6 时，其污染源源强散发辨识的相对误差较大，分别达到了 44%、80% 和 61%，其中 B_1B_6 的辨识效果是最差的，污染源散发的辨识值为 0.001 8 g/s；相对误差最小值出现在双污染源 B_4B_5 时，相对误差仅为 2%，辨识值为 0.009 8 g/s；当实际位置在 B_1B_3，B_1B_4，B_2B_3 和 B_2B_5 时，相对误差分别达到了 12%，14%，12% 和 15%，剩余位置的相对误差均在 10% 以下。从表中数据可以得出，辨识的相对误差较大的几组污染源情况和工况一时相似，也是在位置辨识错误或者用时较长的污染源的辨识误差较大，辨识用时较短且准确的污染源其散发源强的相对误差也较小。

将表中辨识的污染源散发强度值都整理到图 9.3 中，方点代表辨识准确的点，圆点表示辨识用时较长或辨识不准确的点，图中能够清晰地看出辨识准确和不准确的污染源和其平均值。通过对工况二下源强的比较分析，发现得出的结论与工况一时相同，所以能够得出工况一的推论是准确的。

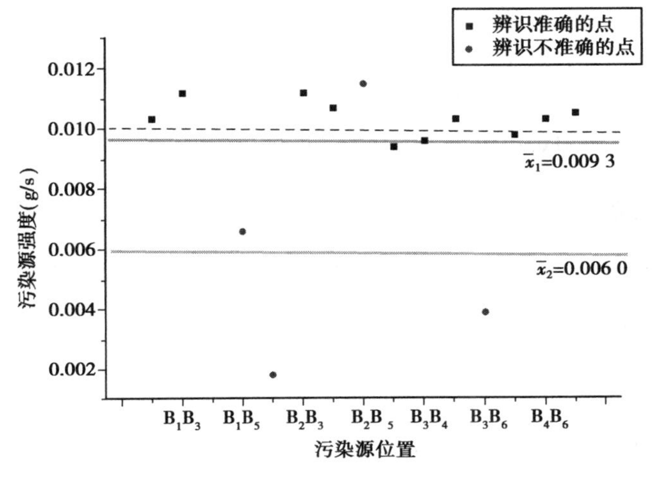

图 9.3　待求实际污染源强度辨识的相对误差

图 9.3 中,灰色虚线 $x=0.01$ 表示污染源的实际强度;灰色实线 $\bar{x}_1=0.009\ 3$ 表示全部位置预测准确点的源强预测平均值,或者该值是当污染源位置辨识准确时,其污染源强度的数学期望值;浅灰色实线 $\bar{x}_2=0.006\ 0$ 则表示其他位置预测失准点的源强预测平均值,即当污染源位置辨识失准时的源强的数学期望值。可知,位置预测准确点和失准点的源强预测整体期望值都很不理想,均和实际不接近。辨识准确的点的平均值和实际污染源散发的浓度较为接近。通过观察还发现,所提出的几个相对误差较高的点的情况和单传感器 β 时的类似,其基本上都是位置辨识失准的点,少数是辨识用时较长的点。

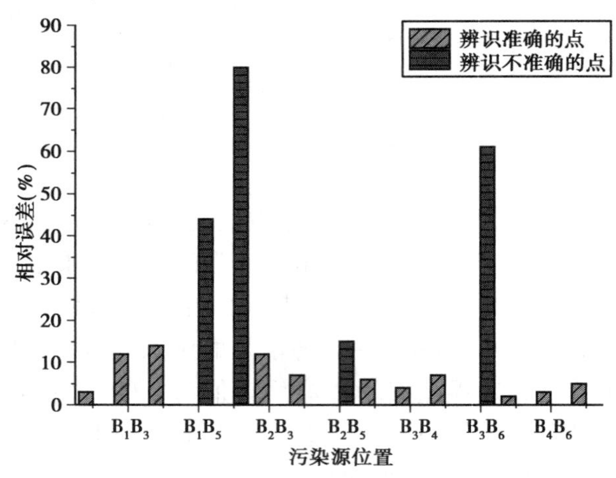

图 9.4 待测实际污染源强度辨识的相对误差

图 9.4 所示是待测多污染源强度辨识的相对误差。图中浅色条纹柱状图代表辨识准确的点,深色柱状图代表辨识不准确的点。可以明显看出,释放强度的相对误差较大的基本来自辨识不准确的点,即深色柱状图;释放强度的相对误差较小的点基本来自辨识准确的点,即浅色柱状图。虽然从整体上看,位置辨识准确点和失准点的污染源强度预测平均值均和实际值比较接近,但是由于样本点比较少,整体结果的可信度不高,因而并不能说明辨识不准确的源强辨识一定满足要求。所以得到以下推论 2:

多污染源位置辨识的结果对多污染源强度辨识结果的稳定性有明显的影响。首先,位置辨识错误的多污染源会导致多污染源散发强度辨识相对误差增大,其次,辨识准确的点上用时的长短也会影响源强的相对误差,辨识所需时长越长,相对误差也会越大。

9.2.3 工况三下的双污染源散发强度辨识

工况一下的双污染源,在污染源位置辨识完成的基础上,利用已知污染源的实际位置信息,建立方程,求出污染源的散发强度。当某双污染源 A_mA_n 的散发强度 S^* 已知,回归方程斜率 k 和未知待测双污染源 B_mB_n 散发强度 S_i 存在正比例关系。因此在某待测双污染源 B_mB_n 的位置辨识结束后,对该潜在源和辨识出的假设源的浓度数据为参数进行线性拟合,拟合得到回归方程斜率,并代入式(9.1)即得到潜在污染源的强度辨识值。全部潜在污染源的辨识结果整理后如表 9.3 所示。

表9.3　污染源强度辨识

待测的双污染源	假设的双污染源	辨识是否准确	斜率 k	已知 A_mA_n 的源强(g/s)	强度辨识值(g/s)	源强辨识值相对误差(%)
B_1B_2	A_1A_2	是	18.868	0.1	0.005 3	47
B_1B_3	A_1A_3	是	10.101	0.1	0.009 9	1
B_1B_4	A_1A_4	是	13.514	0.1	0.007 4	26
B_1B_5	A_1A_5	是	23.256	0.1	0.004 3	57
B_1B_6	A_1A_6	否	40.000	0.1	0.002 5	75
B_2B_3	A_2A_3	是	9.434	0.1	0.010 6	6
B_2B_4	A_2A_4	是	10.753	0.1	0.009 3	7
B_2B_5	A_2A_5	是	9.174	0.1	0.010 9	9
B_2B_6	A_2A_6	是	9.434	0.1	0.010 6	6
B_3B_4	A_3A_4	是	9.259	0.1	0.010 8	8
B_3B_5	A_3A_5	是	10.526	0.1	0.009 5	5
B_3B_6	A_3A_6	否	23.256	0.1	0.004 3	57
B_4B_5	A_4A_5	是	10.204	0.1	0.009 8	2
B_4B_6	A_4A_6	是	9.346	0.1	0.010 7	7
B_5B_6	A_5A_6	是	9.804	0.1	0.010 2	2

从表9.3可见，传感器β的位置辨识结果很理想，多个位置上的散发强度预测值和实际源强产生的差异较小。在全部15个双污染源位置的预测结果中，当实际位置在B_1B_6和B_3B_6时，相对误差较高；相对误差最大值出现在B_1B_6时。除此之外，剩余位置相对误差均在10%以下，辨识结果与前两种工况的辨识结果类似。结果如图9.5。在位置辨识准确的前提下，基于线性回归方程斜率值的污染源散发强度辨识方法具备可行性。

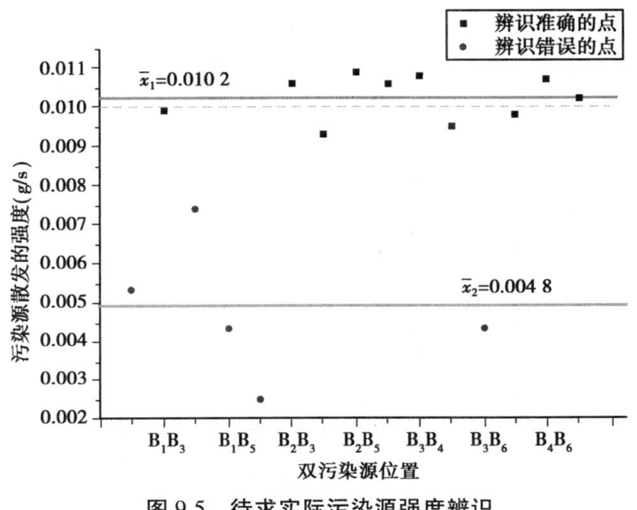

图9.5　待求实际污染源强度辨识

图 9.5 中,灰色虚线 $x=0.01$ 表示污染源的实际强度;灰色实线 $\bar{x}_1=0.010\ 2$ 表示全部位置污染源辨识确点的源强预测平均值,或者该值是当污染源位置辨识准确时,其污染源强度的数学期望值;浅灰色实线 $\bar{x}_2=0.004\ 8$ 则表示其他位置预测失准点的源强预测平均值,即当污染源位置辨识失准时的源强的数学期望值。可知,位置预测准确点和失准点的源强预测整体期望值都很不理想,均和实际不接近,这可能是因为位置辨识错误点较少。

为了衡量各个点的污染源预测强度与预测平均值的偏离程度,借鉴数理统计学原理引入污染源预测强度标准差的概念,记作 SPR,计算式为:

$$SPR=\sqrt{\frac{1}{n-1}\sum_{i=1}^{n}(S_i-\bar{x})} \tag{9.2}$$

式中 S_i——实际污染源 B_mB_n 位置处的污染源强度预测值,g/s;

$\bar{x}$——所选择位置的源强预测平均值,g/s。

对于位置辨识准确点,其标准差记为 SPR_1,对于位置辨识不准确的点,其标准差记为 SPR_2,计算结果见表 9.4。

表 9.4 源强预测的整体统计结果

污染源位置	期望值 $\bar{x}$	标准差 SPR
预测准确点	0.010 2	0.002 3
预测失准点	0.004 8	0.011 3

标准差的计算结果表明,虽然从整体上看,位置辨识准确点和失准点的污染源强度预测平均值均和实际值相差较大,但是由于样本点比较多,其结果与工况一和工况二相似,因而能说明辨识失准点的源强辨识一定不满足要求。通过标准差的计算结果可知,预测失准点的标准差 SPR_2 是预测准确点的标准差 SPR_1 的 4.9 倍,说明全部预测失准点的源强辨识结果之间的波动远高于预测准确点,由于较差的稳定性,显然预测失准点不能适用于源强辨识的应用。据此得到推论 3:

污染源位置辨识结果对污染源强度辨识结果的稳定性影响更加明显,位置辨识准确点的源强辨识结果不仅更接近污染源实际强度,而且各点之间波动更小,辨识结果精密度更高。

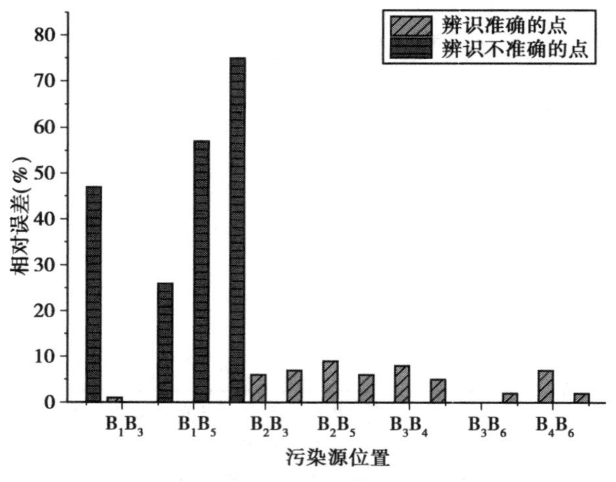

图 9.6 待测实际污染源强度辨识的相对误差

图 9.6 所示是待测多污染源强度辨识的相对误差。图中浅色条纹柱状图代表辨识准确的点,深色柱状图代表辨识不准确的点。可以明显看出,释放强度的相对误差较大的基本来自辨识不准确的点,即深色柱状图;释放强度的相对误差较小的点基本来自辨识准确的点,即浅色柱状图。虽然从整体上看,位置辨识准确点和失准点的污染源强度预测平均值均和实际值比较接近,但是由于样本点比较少,整体结果的可信度不高,因而并不能说明辨识不准确的源强辨识一定满足要求。

9.2.4　工况四下的双污染源散发强度辨识

工况四下的双污染源,在污染源位置辨识完成的基础上,利用已知污染源的实际位置信息,建立方程,求出污染源的散发强度。当某双污染源 A_mA_n 的散发强度 S^* 已知,回归方程斜率 k 和未知待测双污染源 B_mB_n 散发强度 S_i 存在正比例关系。因此在某待测双污染源 B_mB_n 的位置辨识结束后,对该潜在源和辨识出的假设源的浓度数据为参数进行线性拟合,拟合得到回归方程斜率,并代入式(9.1)即得到潜在污染源的强度辨识值。全部潜在污染源的辨识结果整理后如表 9.5 所示。

表 9.5　污染源强度辨识

待测的双污染源	假设的双污染源	辨识是否准确	斜率 k	已知 A_mA_n 的源强(g/s)	强度辨识值(g/s)	源强预测值相对误差(%)
B_1B_2	A_1A_2	是	8.403	0.1	0.011 1	11
B_1B_3	A_1A_3	是	10.204	0.1	0.009 3	7
B_1B_4	A_1A_4	是	11.905	0.1	0.008 4	16
B_1B_5	A_1A_5	是	22.222	0.1	0.004 5	55
B_1B_6	A_1A_6	否	55.556	0.1	0.001 8	82
B_2B_3	A_2A_3	是	9.259	0.1	0.010 8	8
B_2B_4	A_2A_4	是	8.929	0.1	0.011 1	11
B_2B_5	A_2A_5	是	10.204	0.1	0.009 8	2
B_2B_6	A_2A_6	是	10.101	0.1	0.009 9	1
B_3B_4	A_3A_4	是	10.870	0.1	0.009 2	8
B_3B_5	A_3A_5	是	11.111	0.1	0.009 0	10
B_3B_6	A_3A_6	否	9.709	0.1	0.010 3	7
B_4B_5	A_4A_5	是	9.804	0.1	0.009 3	7
B_4B_6	A_4A_6	是	22.222	0.1	0.007 4	26
B_5B_6	A_5A_6	是	9.259	0.1	0.009 4	6

从表 9.5 可见,已知待测污染源的设定值为 0.01 g/s,对比 15 次污染源强的辨识可知,在全部 15 个双污染源位置的预测结果中,当实际位置在 B_1B_6、B_3B_6 和 B_4B_6 时,相对误差较高,分别达到了 82%、53%和 55%,相对误差最大值出现在 B_1B_6 时。当实际位置在 B_1B_2 和 B_2B_4

时,相对误差达到10%及以上。继续对单传感器β情形下得到的全部待求污染源的强度预测结果进行整理,结果见图9.7。

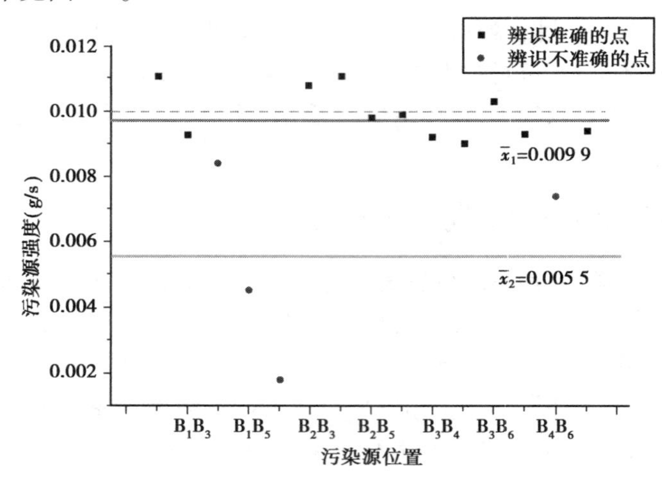

图 9.7　待求实际污染源强度辨识的相对误差

图9.7中,灰色虚线x=0.01表示污染源的实际强度;灰色实线$\bar{x}_1$=0.009 9表示全部位置预测准确点的源强预测平均值,或者该值是当污染源位置辨识准确时,其污染源强度的数学期望值,浅灰色实线$\bar{x}_2$=0.005 5则表示其他位置预测失准点的源强预测平均值,即当污染源位置辨识失准时的源强的数学期望值。可知,位置预测准确点和失准点的源强预测整体期望值都很不理想,均和实际不接近,这可能是因为位置辨识错误点较少。

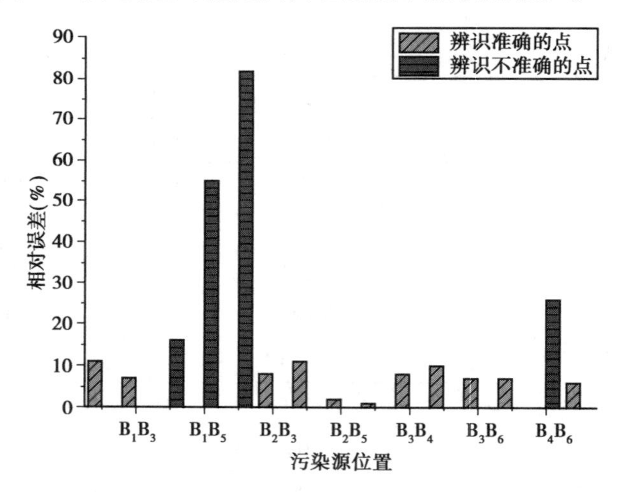

图 9.8　待测实际污染源强度辨识的相对误差

图9.8所示是待测多污染源强度辨识的相对误差。图中浅色柱状图代表辨识准确的点,深色柱状图代表辨识不准确的点。可以明显看出,释放强度的相对误差较大的基本来自辨识错误的污染源和辨识所需时间更长的污染源,即深色柱状图;释放强度的相对误差较小的点基本来自辨识准确的点,即浅色柱状图。从整体上看,位置辨识准确点和失准点的污染源强度预测平均值均和实际值比较接近,但是由于样本点比较少,整体结果的可信度不高,因而并不能说明辨识不准确的源强辨识一定满足要求。

基于双污染源在四个工况下完成的源强辨识结果可知，在对多污染源的位置辨识准确的前提下，进一步得到的源强辨识结果的准确性和稳定性可以保证，因而它们是合理有效的，可以应用于实际控制。

9.3　本章小结

本章是在多污染源位置辨识结束后，展开对位置污染源另一个重要特性——多污染源的散发强度的辨识工作。本章首先根据第 3 章中对多污染源辨识方法的验证，总结出用于辨识多污染源的 Pearson 相关系数只与污染源的距离有关，和污染源散发的强度无关；并得出当散发强度不同时，拟合得到的方程的斜率 k 与假设的污染源的源强之间存在正比例关系，进而可以求出待测污染源的源强。对于两组线性相关性较高的污染源，已知某一组污染源的源强以及回归方程的斜率 k，则另一组污染源的源强可求得。实际应用中，在污染源位置辨识的结果准确的前提下，运用源强关系式可以有效地完成对未知多污染源的散发强度的辨识。

本章主要结论如下：

①多污染源位置辨识的结果对多污染源强度辨识结果的稳定性有显著的影响。首先位置辨识错误的多污染源会导致多污染源散发强度辨识相对误差的增加；其次，辨识准确的点用时的长短也会影响污染源散发强度的相对误差，辨识所需时长越长，相对误差也会越大。

②由强度辨识结果可知，预测强度的相对误差基本在 15%以下，因而具有实际操作性。另外，当污染源位置辨识准确时，其强度辨识结果普遍优于污染源的位置辨识失准的情况。这就要求研究工作必须保证位置的辨识精度。

③实际应用中，在污染源位置辨识的结果准确的前提下，运用源强关系式可以有效地完成对未知污染源的散发强度的辨识。

第 10 章 建筑室内污染物浓度实测

为了使制定的通风策略更有效、更合理、更符合实际，要先对住宅建筑室内房间的污染物及其浓度状况有一个详细的了解；只有充分认识、了解了室内房间污染物及其浓度的现状、分布特点等规律，才可以更有针对性地制定通风策略。因此本文在冬季以严寒及寒冷地区典型城市沈阳为例测量了住宅建筑室内房间的污染物浓度，通过对实地测量的结果分析掌握住宅建筑室内污染物浓度现状。

10.1 实测污染物的选取

室内污染物种类繁多，对室内人员的健康危害程度也不尽相同，同时污染物的浓度和释放量也各有不同。若将室内房间所有的污染物逐一测量，不仅耗时费力，在技术上也存在一定难度。有些污染物由于浓度较低，对室内人员危害较小，可能对于检测评价结果影响甚微；有些污染物既不能被室内人员察觉，也不能被检测设备检测到，但却可能影响到居民的健康。因此，如何选择测量中的污染物并使其具有代表性尤为重要。过分要求全面细致的检测不一定能产生有效的评价结果，盲目地借用其他国家已有的研究成果未必符合我国的国情。

本节的研究思路是用典型的污染物来代表一类室内污染物。住宅建筑室内空气中的污染物可以分为两类，第一类是由于室内人员生活、生产所产生的污染物，第二类是由于装修、装饰材料以及建筑物本身所释放的污染物。因此，本文选取的两种污染物其一可以代表室内人员所产生的污染物，其二可以代表建筑本身以及装修、装饰材料所散发的污染物。

10.1.1 实测指标选取原则

检测指标的选择要有一定的依据，选取的指标既要在一定程度上可以代表某一类的室内空气污染物浓度，又要在检测技术方面可行性高，还要考虑到其对室内人员健康的危害程度等问题。具有代表性的测试结果可以使得测试指标具有说服力。选择指标时有如下要求：

①所选取的指标应是目前研究所公认的室内空气环境中普遍存在的污染指标；

②所选取的污染指标应是目前已知的或怀疑会对室内人员健康造成危害的;

③所选取的指标必须是当前的检测技术可检测到的;

④发现污染问题后,该项指标可以采取相应的措施来消除或该项指标是可以通过一定方法控制的;

⑤在不同功能分区的建筑环境内可采取可能存在的技术方法进行监控。

10.1.2　指标一:CO_2

早在 20 世纪 70 年代 CO_2 就作为室内房间空气品质的评价指标。当时有些学者认为当室内污染源主要来自室内人员自身时,CO_2 浓度可作为判断室内环境好坏的依据之一。

(1)CO_2 的来源

在日常生活中,室内房间空气中的 CO_2 的主要来自烹饪时燃料的燃烧以及室内人员人体的呼吸作用。当前情况下由于排油烟机的广泛推广应用,由烹饪所产生的 CO_2 可以快速有效地被排出至室外。因此,住宅建筑室内房间空气中 CO_2 浓度的主要影响因素为室内人员数量、房间的体积、室内房间的通风情况以及人员活动情况等。严格来讲,CO_2 并不属于室内房间污染物,它是反映住宅建筑室内房间污染物浓度的一个综合指标,其意义在于可以代表室内人员污染物散发量的大小,也可以在一定程度上体现室内房间通风效果的优劣。尽管 CO_2 不属于室内污染物,但是当其浓度超过一定的范围之后,也会对室内人员的身心健康造成一定的危害。

(2)选取依据

CO_2 浓度指数常用于评估通风效果。室内人员会呼出 CO_2,如果室内通风不良,会导致室内 CO_2 积累从而浓度增加,因此其浓度能够有效地反映室内房间的通风情况。此外,选择 CO_2 浓度作为通风系统送风的控制参数,是因为室内人员是 CO_2 的主要来源,并且以 CO_2 浓度作为指标的通风系统有以下优点:

①在室内房间中,CO_2 气体的惰性相对来讲较大,改变不快,将其浓度作为控制指标对通风系统的稳定性有较大帮助,具有较强的抗干扰能力;

②CO_2 浓度反映了人员在室内的情况,可以代表室内污染物的释放情况。室内人员是室内污染的重要来源之一,在以 CO_2 为控制指标的空调环境中,当 CO_2 浓度得到良好的控制时,其他污染物浓度也不会太高;

③当以 CO_2 浓度为通风系统的控制指标时,在控制送风量时也会将由于渗透作用或其他原因引入的新风包含在内,所以节能效果更优。

(3)CO_2 的危害

当室内房间中的 CO_2 浓度在 0.07%以下时,室内空气属于洁净空气,此时室内房间的人员身体感觉良好;当室内房间中的 CO_2 浓度为 0.07%~0.1%时,室内房间中的空气属于一般空气,个别敏感体质的室内人员会产生空气中有不良气味的感觉;当室内房间中的 CO_2 浓度为 0.1%~0.15%时,处于临界点,此时室内房间空气品质有恶化的征兆,室内人员大多数感觉不舒适;当室内房间 CO_2 浓度为 0.3%~0.4%时,室内人员会出现呼吸加重、头痛、耳鸣等情况。不同浓度的 CO_2 会对室内人员造成不同程度的危害,表 10.1 详细呈现了 CO_2 浓度与室内空气指标以及其对室内人员健康的影响。

表 10.1　CO_2 浓度与室内空气品质以及其对室内人员健康的影响

作用形式	含量(%)	空气品质指标性质及其对室内人员健康影响
CO_2 含量作为室内空气污染指标	0.03~0.04	室外空气浓度范围
	0.07	室内人数较多时的室内允许值
	0.1	一般情况的室内允许值
	0.15	通风换气计算基准值
	0.2~0.5	室内空气质量环境较差
	>0.5	室内空气质量环境恶劣
CO_2 含量对室内人员健康的影响	0.07	少数敏感者有感觉
	0.1	更多人感到不适
	3	人体呼吸加深加快
	4	感到头晕、头痛、耳鸣、眼花、血压上升等
	8~10	呼吸困难、心跳加快、全身无力、神志由兴奋到丧失
	>18	致命

随着我国人民生活水平的提高及市场上建筑装修、装饰材料的多样化，室内装修变得逐渐复杂起来，由建筑物本身及装修、装饰材料所散发的污染物已经不能被忽视。仅将 CO_2 浓度作为通风控制指标并不能满足室内环境要求，因此需要寻找其他控制指标来作为可以代表建筑本身所释放的污染物，将二者结合才能保证室内的空气品质。

10.1.3　指标二：甲醛

由中国建筑装饰协会的统计数据显示，我国新建的住宅建筑的装修率高达95%以上，这些建筑材料在使用过程中会散发大量的挥发性有机化合物，导致室内空气品质大幅度降低。其中以甲醛最为突出，甲醛被世界卫生组织(WHO)确定为一类致癌物，当室内房间甲醛浓度较高时，会对人体的呼吸系统、神经系统以及循环系统等造成不同程度的损害。与此同时，中国室内环境监测中心以及健康医疗中心所提供的数据表明，室内环境污染的主要污染物有四种，分别是：甲醛、苯、氨气以及放射性物质，其中甲醛最为突出。美国健康与公共事业部在其发布的致癌物质的报告中也将甲醛列为一类致癌物质，国际癌症研究机构在2004年将甲醛升为第一类致癌物质。因此室内甲醛浓度是评价建筑装修材料释放物对室内房间空气污染的主要指标之一。

(1)甲醛来源

甲醛是最简单的醛类，其极易挥发，熔点为-92 ℃，沸点为-19.5 ℃。甲醛是无色的气体，具有刺激性气味，常温下易溶于水，密度略大于空气。甲醛的来源非常广泛，污染浓度也不低，在我国有毒化学品有限控制名单中位居第二。室外甲醛的来源主要包括汽车的尾气排放、工业废气的排放以及光化学烟雾等，室内其主要来源包括燃料及香烟的不完全燃烧、建筑装修、装饰材料中的黏合剂、化纤地毯、塑料、涂料以及隔热材料等等。另外，甲醛也可能来自杀虫剂、室内空气清新剂、化妆品、消毒剂等轻工产品。合成板是许多建筑装饰材料中最主要的甲醛来源。

(2)室内甲醛的影响因素

甲醛释放强度、填装程度、室内温湿度、装修、装饰材料的寿命等是室内甲醛情况的主要影响因素。有研究已经表明在正常情况下合成薄片中甲醛的释放速率小于 0.3 mg/m^3·h。甲醛的释放速度不仅与家用产品中甲醛的浓度有关,还与室内的环境有关,如室内温度、湿度以及风速等。甲醛在水中的溶解度很强,当室内湿度较大时,甲醛易溶于水,然后留在室内,当室内湿度较小时,甲醛很容易排出到户外。此外,引入新鲜空气只能对甲醛起稀释作用,不能缩短甲醛的释放周期。

(3)甲醛释放原理

装修装饰材料尤其是人工合成板材中的甲醛的主要来源是板材在加工制作工程中所用的脲醛(UF)树脂胶粘剂,其总共由四部分构成:其一为树脂在固化过程中因条件的改变而引起的二亚甲基醚键与羟甲基断裂造成甲醛被释放出;其二为树脂在合成的过程中存在未参与反应的部分甲醛;其三为在高温的条件下,木材家具与装修、装饰材料中的半纤维素会分解,进而导致木素中的一些甲氧基键断裂,这一过程也会导致甲醛的释放,但这一部分的释放量与脲醛树脂中的释放量相比是很少的,几乎可以忽略不计;其四是材料在使用过程中受到温湿度、酸碱度、光照度等环境的影响使得材料降解进而释放出了甲醛。

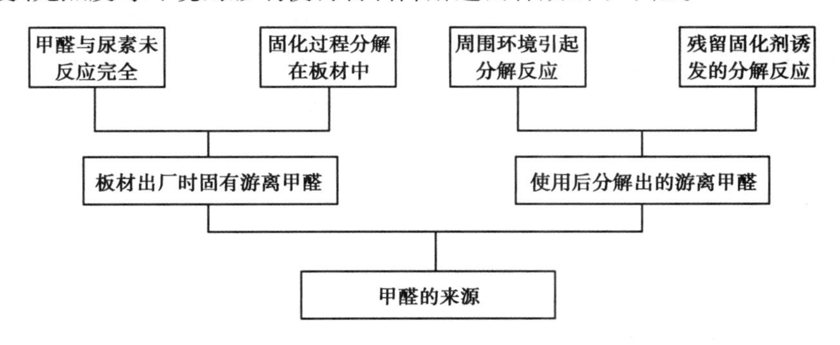

图10.1　甲醛释放来源示意图

(4)甲醛的危害

室内甲醛对人体健康的危害主要表现为嗅觉异常、刺激、过敏。当甲醛在室内空气中的浓度范围为 0.06~0.07 mg/m^3 时,幼儿就会有轻微气喘的现象。当室内空气中的甲醛浓度达到 0.1 mg/m^3 时,室内人员就会闻到异味并伴有不适感,当甲醛浓度达到 0.5 mg/m^3 时,室内人员就会感到眼睛受到刺激,引起泪流,当甲醛的室内浓度达到 0.6 mg/m^3 时,会引起室内人员咽喉不适或疼痛。当甲醛浓度达到更高时,可引起室内人员胸闷咳嗽、恶心呕吐、气喘等,严重的甚至会导致人员死亡。长期生活在低浓度甲醛的环境中的室内人员会患上慢性呼吸道疾病等。在所有接触甲醛的人群中,对甲醛最为敏感的是幼儿与孕妇,甲醛对这些人的危害也更大。

由于甲醛对人体健康危害甚大,因此各国都出台相关的规定来限制室内甲醛的浓度,以此来减少甲醛对室内人员健康所造成的危害。表10.2显示了世界各国室内甲醛浓度的指导限值及其最大允许浓度。

表 10.2　世界各国室内甲醛浓度的指导限值及其最大允许浓度

国家或组织	限值(mg/m^3)	备　注
WHO	<0.08	总人群,30 min 指导限值
芬兰	0.13	对新或老(以 1981 年为界)建筑物的指导限值
意大利	0.12	暂定指导限值
挪威	0.06	推荐指导限值
美国	0.1	美国 EPA
日本	0.12	室内空气质量标准
中国	0.08	室内空气质量标准

由上述种种分析可知,甲醛不仅广泛地存在于室内房间,而且严重地威胁到了室内人员的身心健康,由此将甲醛作为代表由建筑物本身及装修、装饰材料所散发的污染物的控制指标是比较合理的。因为其不仅危害程度大,并且广泛存在于室内,且材料中的甲醛的释放周期极长,短时间的通风并不能彻底地去除甲醛,只能稀释其在室内房间的浓度,故而,本研究将甲醛作为控制指标来代表由建筑本身所释放的污染物。

10.2　实测对象

10.2.1　沈阳地区气候特点

本节以严寒及寒冷地区典型城市沈阳为例,测试室内房间污染物浓度及其分布情况。在测量前首先要了解该地区的气候特点,可以根据该地区的气候特点来判断该地区住宅建筑居民用户的通风习惯,有利于对室内房间污染物浓度以及分布进行了解,与此同时,可以为后续的通风策略的制定提供必要的依据。一套合理的通风系统必须要与当地气候以及室外环境相结合,这样才可以在满足室内人员对空气品质要求的同时满足节能的要求。

我国北方地区主要分严寒与寒冷地区,严寒地区分两种,具体情况如表 10.3 所示。从表中可知沈阳地区属于严寒地区。本文中的严寒地区是指累年最冷月平均气温低于-10 ℃的地区。严寒地区的气候有以下特点:第一,冬季严寒时间较为漫长,采暖期在 6 个月左右。第二,夏季短暂而温暖,没有酷暑天气,平均气温小于 25 ℃,降水量小于 800 mm。由于冬季十分漫长,故日照时间比较短,风向以西北风为主,并且伴有强降雪。第三,极端最高气温与最低气温温差十分大,最低气温普遍低于-35 ℃,最高气温相对来说山地明显偏低,盆地明显偏高。

表 10.3　严寒地区的代表性城市

气候分布	代表性城市
严寒地区 A 区	海伦、博客图、伊春、呼玛、海拉尔、满洲里、齐齐哈尔、富锦、哈尔滨、牡丹江、佳木斯、克拉玛依、大庆等
严寒地区 B 区	长春、乌鲁木齐、延吉、通辽、通化、四平、沈阳、大同、呼和浩特、抚顺、哈密、银川、丹东等

注：严寒地区 A：6 000<HDD18 冬季保温要求极高，必须满足保温设计要求，不考虑防热设计；

严寒地区 B：5 000<HDD18<6 000 冬季保温要求非常高，必须满足保温设计要求，不考虑防热设计。

10.2.2　测试地点

测试的主要对象是沈阳市住宅建筑，测试参数主要为住宅房间内空气中的 CO 和甲醛浓度，测试时间为冬季，即 2016 年 1 月。表 10.4 列出了 4 户住宅所在位置以及相关信息。

表 10.4　测试所选住户住宅信息

季节	序号	测试地点	楼层	所在区域
冬季	1	盛华苑小区	18	沈河区
	2	万和郦景小区	5	铁西区
	3	天华苑 A 区	11	和平区
	4	金海园小区	8	浑南区

10.3　实地测试

为了真实地反映住宅建筑在居民用户使用过程中室内空气环境的状况，本文调查采用现场实地测量的方法，测试的时间选择在住宅建筑正常使用的时间内进行。因为在现场测试中会受到许多因素的干扰与影响，所以现场测试调查的进行只能尽最大可能避免这些因素的干扰或最大限度地降低干扰程度。

10.3.1　采样点的选取原则

对住宅建筑而言，考虑到不同功能的房间可能存在的污染物的分布有所差别，应在不同功能的房间同时设置采样点，以保证所测样品具有代表性。依据《民用建筑工程室内环境污染控制规范》以及 ASHRAE Standard 55-2004（Thermal environmental conditions for human occupancy，人类居住的热环境条件）中的规定，现将在室内检测中采样点的布置原则总结如下：

当室内房间面积小于 16 m^2 时，测量点布置的个数为 1；当房间面积为 16~30 m^2 时，测量点的布置个数为 2；当房间面积为 30~60 m^2 时，测量点布置 3 个；当房间面积为 60~100 m^2 时，测量点布置 5 个；当房间面积大于 100 m^2 时，依据实际情况，每增加 20~50 m^2 就多布置一个测量点。

当只有一个测量点时，测量点应该安排在室内活动区域的中心。当有两个测量点时，测量点应该在检测区域内沿对角线排列。当测量点的布置达到三时，需要在检测区域内沿对角线排列并位于三等分点。当需要布置的测点数量为五时，需在室内房间的两条对角线上作梅花形排列。当测量点数大于五时，要根据实际测量地点的实际情况，适当安排所增加测量点的位置。

由于在现场测试中实际情况复杂多变，因此在布置测点时还应该根据测试环境中的实际情况对测点数量和位置进行合理的调整。因此本次测试两点之间的距离相距至少 5 m，离墙壁距离大于 0.5 m，采样点的高度在人的呼吸道高度范围内（离地面 0.5~1.5 m）。

在本次的实地测试中，依据上述采样点布置的原则，选择了客厅、主卧室、客卧室、厨房以及卫生间五个功能性房间作为测试地点。其中，按照每个房间的大致面积以及实际情况，在客厅布置了 3 个采样点并以对角线的形式排列，在两个卧室分别设置 2 个采样点，因厨房和卫生间面积较小，故布置 1 个采样点。

10.3.2 检测设备

甲醛检测：甲醛检测采用 JSM-136 空气质量监测仪。检测范围为 0~9.999 mg/m³，精确度为 0.001 mg/m³，检测浮动为±1。（图 10.2）

CO_2 浓度检测：CO_2 浓度检测采用 Telaire-7001 二氧化碳测定仪。该仪器采用双光束、双波长红外式探测器，测量准确，分辨率高，稳定性好。测量范围为 0~10 000 ppm，分辨率为 1 ppm，精度为±50 ppm。（图 10.3）

温湿度检测：温湿度检测采用 texto177-H1 温湿度记录仪。该产品温湿度探头响应速度快并且长期稳定，检测范围为-20~+70 ℃及 0~100%RH，分辨率分别为 0.1 ℃及 0.1%HR。（图 10.4）。

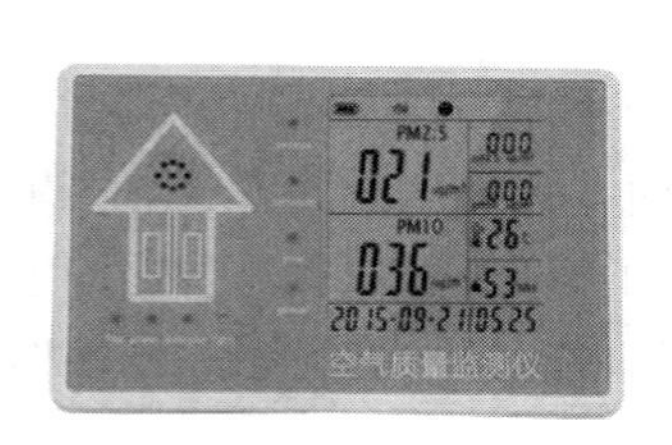

图 10.2 JSM-136 室内空气质量监测仪

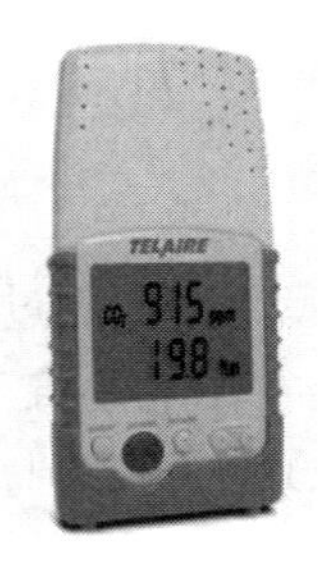

图 10.3 Telaire-7001 CO_2 浓度检测仪

图 10.4 Testo 177-H1 温湿度记录仪

10.3.3 数据采集

由于沈阳冬季室内外温差较大，室外气候条件恶劣，冬季用户采取自然通风的情况很少，因此室内污染物浓度会有所增加。本次实地测试时对住户住宅在测试过程中进行了自然通风，从而了解通风后污染物的浓度情况，从而验证自然通风的通风效果及其在冬季的可行性。此外，由于北方地区冬季雾霾现象比较严重，故本次测量也考虑了其他参数，包括 PM2.5 与 PM10。

本次测量的参数主要包括室内 CO_2 浓度、甲醛浓度、室内温度、PM2.5 以及 PM10。其中的污染物指标可在一定程度上反映室内空气品质的好坏;通过对其的测量,可以在一定程度上了解室内人员的居住环境。

本次测试流程总结如图 10.5 所示。

在进入住户房间后首先了解室内的布局以及室内人员的分布、活动情况,根据室内房间的大小,确定测点的位置,之后等待室内环境进入稳定状态。在大约 15 min 后对室内房间布置的所有测点进行第一次检测,检测得到的数据作为该住宅未通风前室内房间各项污染物数据,这也是室内人员日常生活所处环境中空气污染物浓度。之后打开室内所有的门窗,对住宅进行自然通风,通风时间控制在 10 min 左右,在通风过程中记录各个测点的污染物数据,作为通风结束后室内污染物的初始浓度,记录后关闭门窗,此时通风结束。在通风结束后,为了记录室内污染物浓度的分布以及其增长趋势,每隔 15~20 min 记录一次各个测点的污染物浓度,大约 1 h 后,当室内污染物数据增长趋于稳定时停止记录,室内房间污染物浓度及其分布检测到此结束。

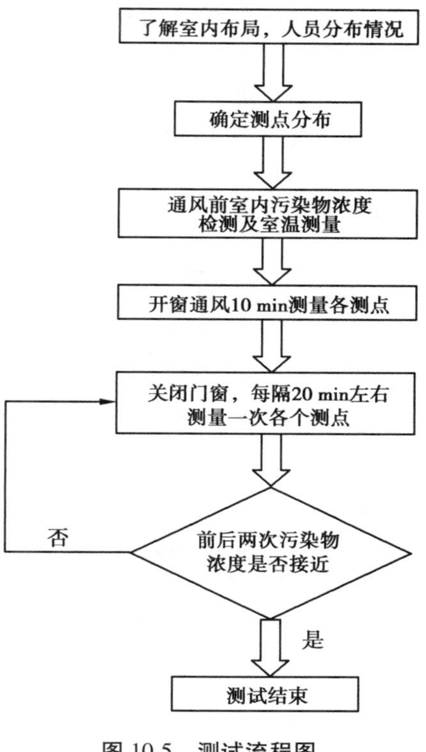

图 10.5　测试流程图

10.4　测试数据分析

测试结束后,对各项数据进行详细的整理。对于布置多个测点的房间,取多个测点的平均值作为房间数据。此外,出于快速测试的目的,本次测量的甲醛检测设备未采用实验室高精度仪器,而是用手持式的电子仪器。手持式测试仪器的原理为设备中的电化学传感器吸收空气中的甲醛分子,进而产生微弱的电压或者电流,经过放大后自动计算出空气中甲醛的浓度。

应用电化学原理的甲醛检测仪器容易受到室内湿度、共存干扰物质以及仪器使用寿命的影响,因此测量所得到的甲醛需要修正。

有研究表明,室内湿度在不大于 80%或不小于 20%时,对测量误差的影响有限。本次测试的湿度范围符合要求,因此在修正过程中不再考虑湿度的影响。与此同时,本次测量所采用的仪器均为最新购买,不存在使用寿命的问题,因此只考虑共存干扰物的影响。

肖启宏通过在充满甲醛气体的恒温恒湿箱中加入适当浓度的干扰物,使用待测电子甲醛检测仪器测量加入干扰物质前后恒温恒湿箱内的甲醛浓度变化,以此来分析室内空气环境中各类化学性污染物对测量的干扰程度。结果显示,SO_2、乙醇、氨气、甲醇、烟雾(香烟)等不同程度地对测定形成了正干扰,使得检测结果偏高。

李韵谱等选择了 214 户住宅建筑进行了测试,测试结果表明,电子检测仪器与通过标准方法得到的数据的相对偏差超过100%的样品数约占总数的4成。结合该数据,为了使得测量的结果更接近真实的情况,需要对甲醛的测量数据乘以一个修正系数 $n=0.5$,作为后续对甲醛浓度分析的数据。

首先把盛华苑小区住户的各项污染物浓度指标及温度数据整理如下。表10.5列出了住户在未进行通风时的各项指标数据,这组数据也表明了室内人员日常居住时的室内污染物浓度及其分布情况。

表10.5 住宅未通风前室内污染物初始浓度

房间	甲醛浓度(mg/m^3)	CO_2 浓度(ppm)	室内温度(℃)	PM2.5(ug/m^3)	PM10(ug/m^3)
客厅	0.216	1 715	20.9	43	75
主卧	0.225	1 723	21.7	51	93
客卧	0.187	1 574	18.0	71	125
厨房	0.213	1 889	20.1	48	80
卫生间	0.227	1 857	22.1	52	90
平均浓度	0.214	1 752	20.6	53	92.6

为了更直观体现各个房间的污染物浓度,将上表中的数据以条形图的形式展现,以便后续的结果分析。图10.6显示了各个房间甲醛的浓度分布,图10.7显示了各个房间 CO_2 浓度分布,图10.8显示了各个房间的温度分布情况,图10.9显示了各个房间PM2.5的分布情况,图10.10显示了各个房间PM10的分布情况。

从图中可以看出室内房间哪些地方污染物浓度较高、那些地方污染物浓度较低,以及温度在室内各个房间的分布,这些可以为后续住宅建筑通风系统策略的制定提供依据以及思路。表10.5反映了日常生活中室内房间空气中污染物浓度现状,通过对污染物浓度的检测可以直观清楚地知道室内污染物浓度是否超标,从而对所处的室内环境质量有一定了解与掌握,可以以此来指导室内人员对室内空气品质进行优化与提高。

从表10.5可以看出,室内甲醛浓度平均值为0.214 mg/m^3,室内 CO_2 浓度平均值为1 752 ppm,室内温度平均值为20.6 ℃,室内PM2.5浓度平均值为53 ug/m^3,室内PM10浓度平均值为92.6 ug/m^3。

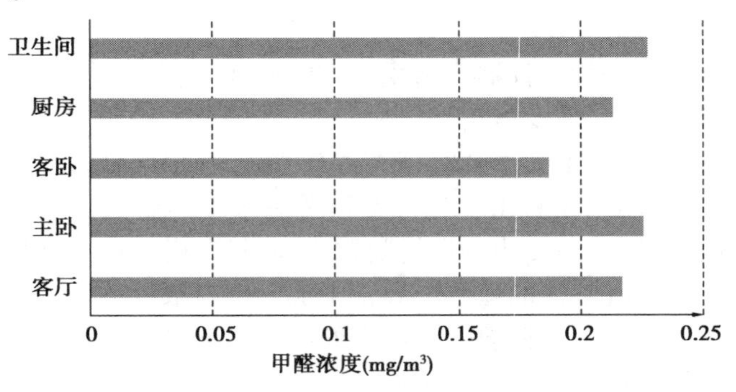

图10.6 各个房间甲醛浓度

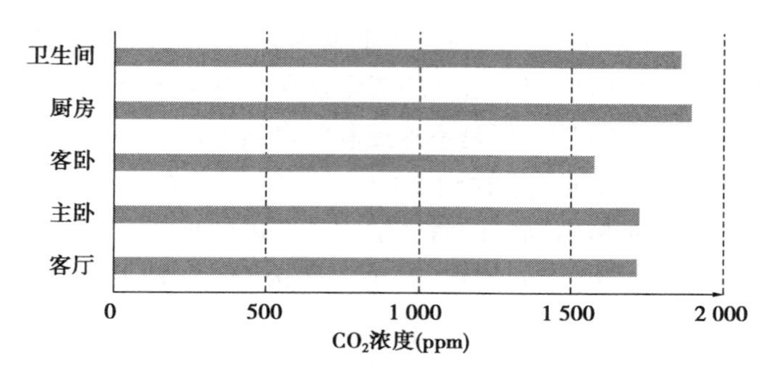

图10.7　各个房间 CO_2 浓度

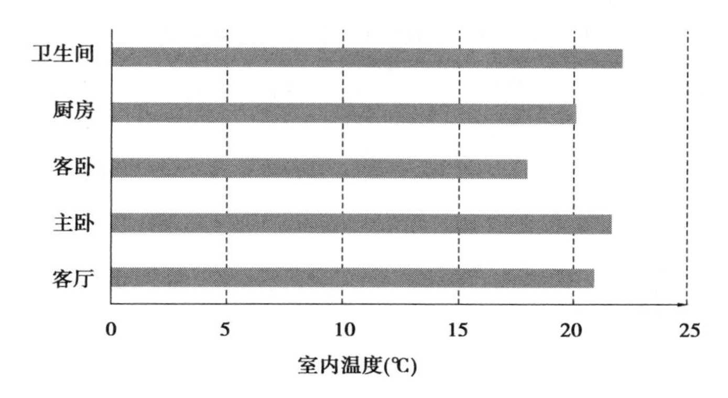

图10.8　各个房间温度

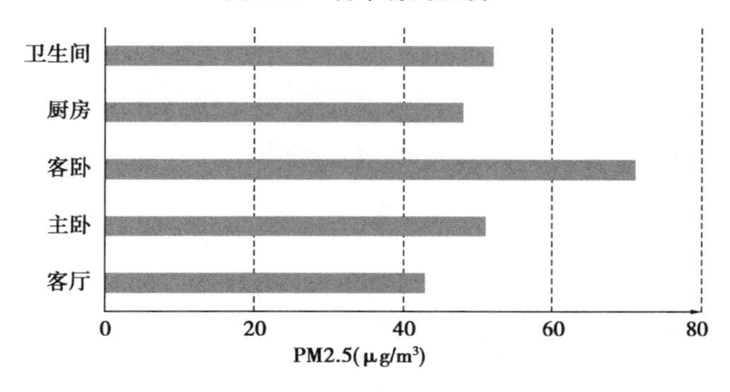

图10.9　各个房间PM2.5浓度

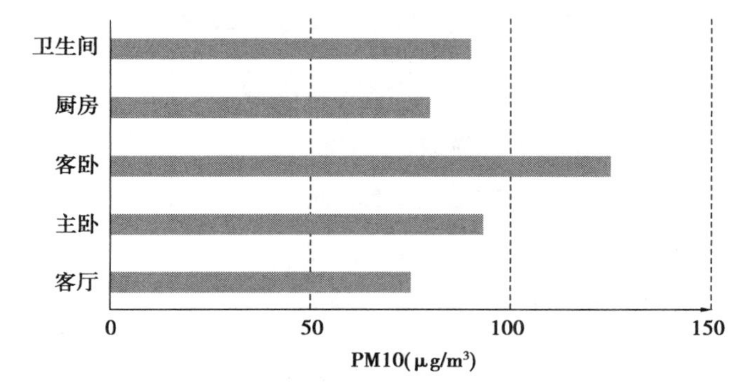

图10.10　各个房间PM10浓度

表 10.6 显示了住宅在通风时的室内污染物浓度与分布情况以及室内温度情况。图 10.11、图 10.12、图 10.13 分别显示了甲醛、CO_2 浓度的变化以及室内温度的变化，从图中可以看出，通风可以有效地降低室内污染物的浓度。但是不加控制的自然通风使得室内温度急剧降低，使室内的平均温度只有 13.2 ℃，最低温度甚至达到了 8.9 ℃，室内人员在通风时明显感觉到寒冷与不舒适，这大大降低了室内人员的热舒适感，同时也增加了室内的采暖负荷，造成了能源的浪费。与此同时，沈阳地区在冬季雾霾现象非常严重，因此从图 10.14、图 10.15 中可以看出当室内房间进行自然通风时室内房间空气中的 PM2.5 与 PM10 的浓度都显著增加，这说明仅通过开窗进行自然通风的形式虽然可以将室内部分污染物浓度降低，但是其又引进了新的污染物，使得室内的空气品质反而变得更加恶劣，因此，不建议盲目采用自然通风来控制室内空气品质。

表 10.6　通风时室内房间污染物浓度及其温度分布

房间	甲醛浓度（mg/m^3）	CO_2 浓度（ppm）	室内温度（℃）	PM2.5（ug/m^3）	PM10（ug/m^3）
客厅	0.051	592	12.2	82	145
主卧	0.046	579	13.8	94	164
客卧	0.058	585	8.9	86	153
厨房	0.062	574	13.1	59	158
卫生间	0.081	682	15.2	62	106
平均浓度	0.060	602	12.6	77	145

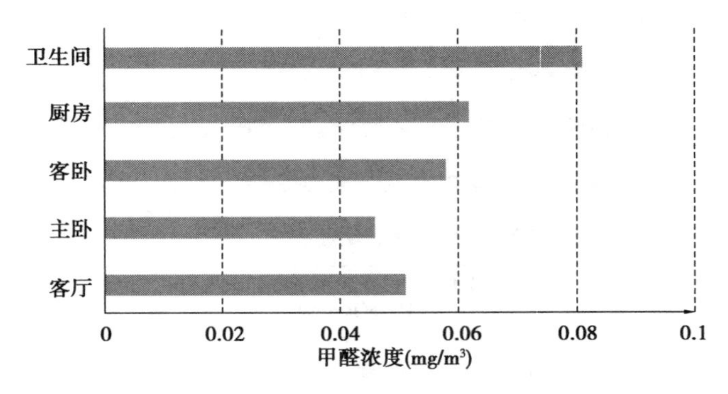

图 10.11　通风时各个房间甲醛浓度

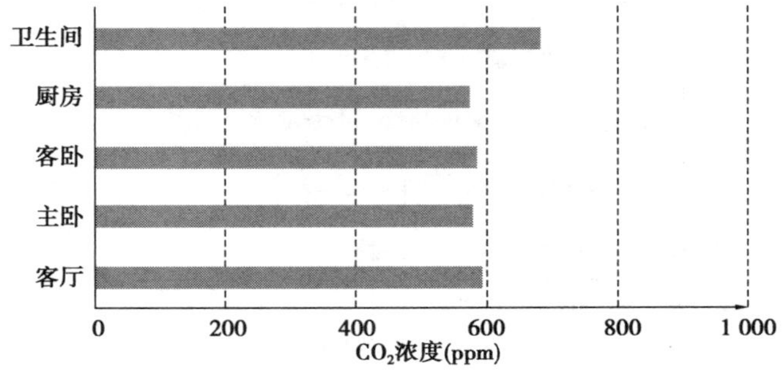

卫生间
厨房
客卧
主卧
客厅
0
200
400
600
800
1 000
CO_2浓度(ppm)

图 10.12　通风时各个房间 CO_2 浓度

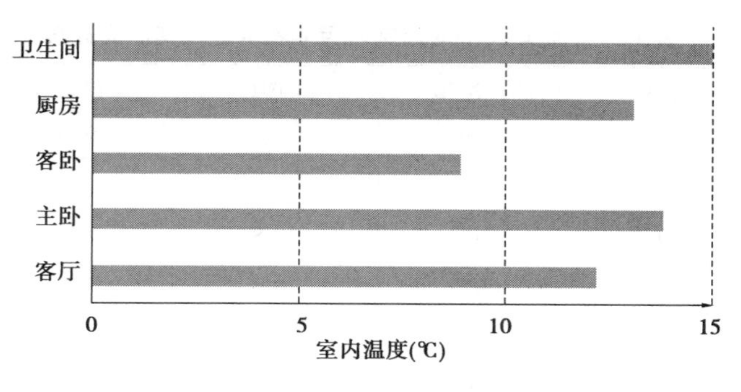

图 10.13　通风时各个房间温度

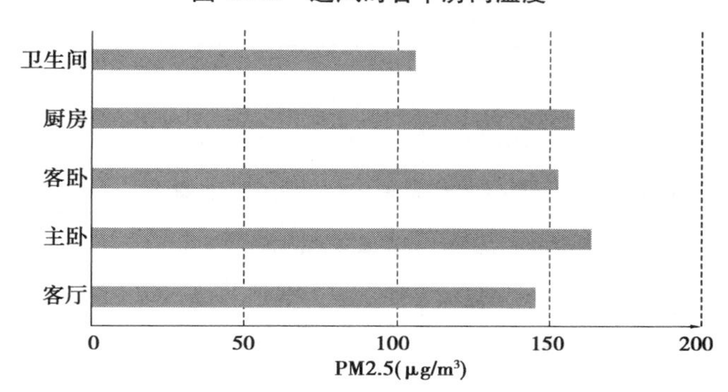

图 10.14　通风时各个房间 PM2.5 浓度

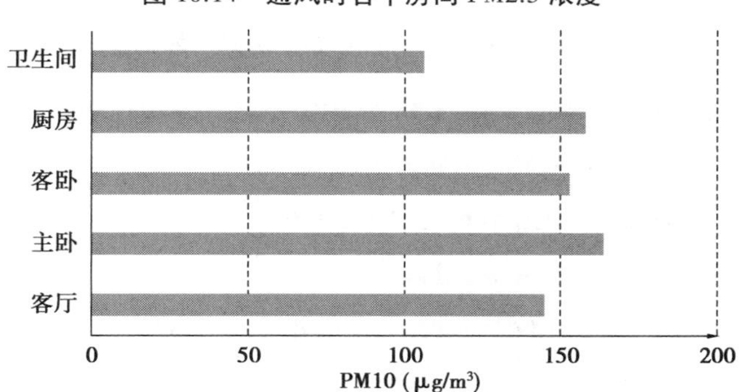

图 10.15　通风时各个房间 PM10 浓度

通风结束 20 min 后,再次对室内污染物的浓度进行测量,测量所得数据如表 10.7 所示,而图 10.16、图 10.17、图 10.18、图 10.19、图 10.20 分别显示了在通风结束 20 min 后污染物浓度与分布情况以及室内温度情况。从图、表中可以明显地看到,在通风过后的 20 min 内,室内房间空气中的甲醛浓度与 CO_2 浓度均有回升,其中室内房间空气中的甲醛浓度回升较快,已经超过国家标准,但是比通风之前的浓度降低了 50%左右,CO_2 浓度虽有回升,但是比之前降低了 60%左右,仍未超过国家标准。由此可见通风确实可以在一定程度上改善室内空气环境,但是在一段时间过后,其浓度又有所回升,改善的效果随着时间的推移越来越小,而冬季通风时间较长又会导致室内温度过低,影响室内人员的热舒适性、增加采暖负荷。

表 10.7　通风 20 min 后室内污染物浓度及其温度分布

房间	甲醛浓度（mg/m^3）	CO_2 浓度（ppm）	室内温度（℃）	PM2.5（$\mu g/m^3$）	PM10（$\mu g/m^3$）
客厅	0.114	748	17.8	86	148
主卧	0.109	661	19.8	76	139
客卧	0.111	697	18.3	89	154
厨房	0.115	791	18.5	77	135
卫生间	0.127	779	20.1	77	143
平均浓度	0.115	735	18.9	81	144

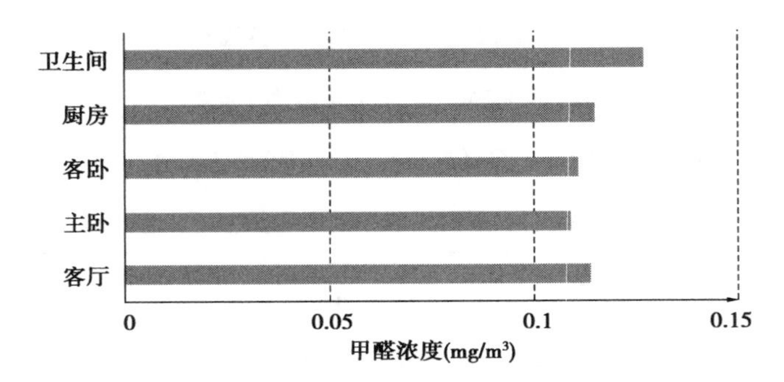

图 10.16　通风 20 min 后各个房间甲醛浓度

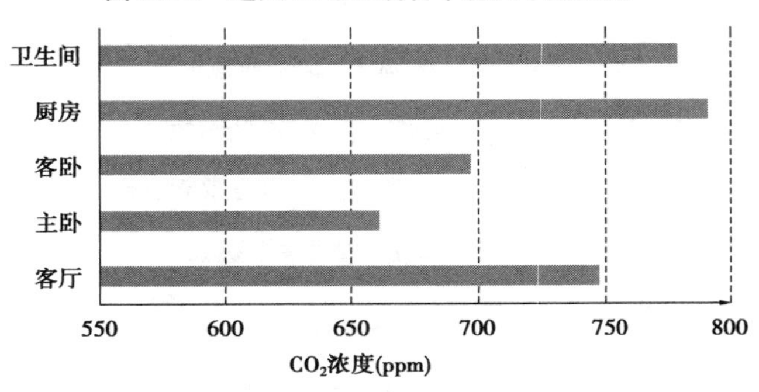

图 10.17　通风 20 min 后各个房间 CO_2 浓度

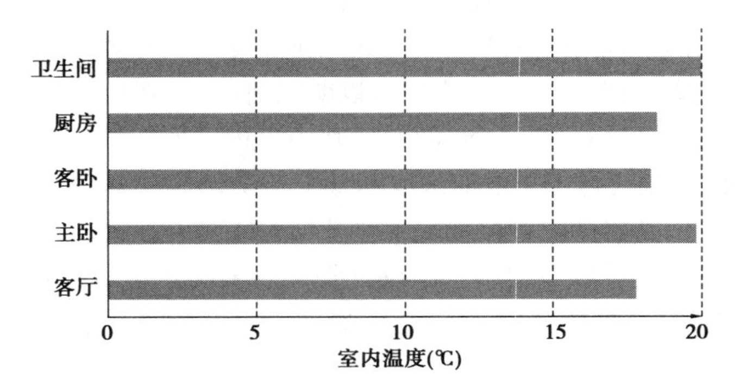

图 10.18　通风 20 min 后各个房间温度

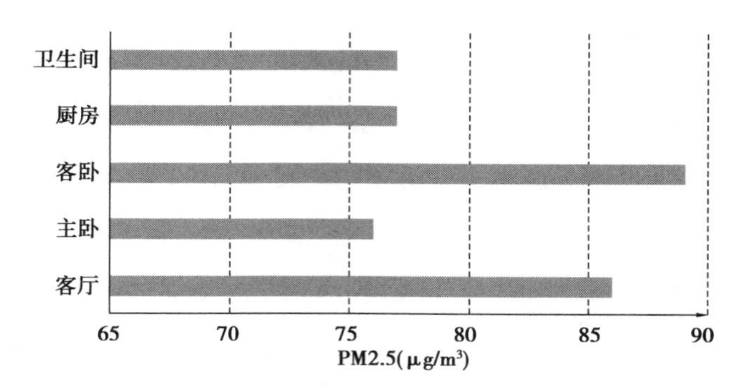

图 10.19　通风 20 min 后各个房间 PM2.5 浓度

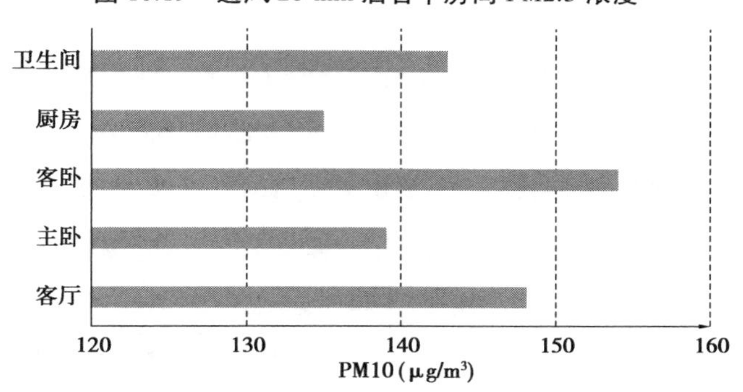

图 10.20　通风 20 min 后各个房间 PM10 浓度

表 10.8 显示了通风结束 40 分钟后的室内房间污染物浓度与分布情况以及室内温度情况，图 10.21、图 10.22、图 10.23 分别显示了此时甲醛、CO_2 以及温度的数据，从对比中可以看出室内房间空气中的污染物浓度仍在缓慢增长，温度也在逐渐升高，但与未通风前相比，室内房间空气中的甲醛与 CO_2 浓度均有所下降。从数据上来看，室内甲醛浓度比原来减少了 50%左右，CO_2 浓度减少了 50%左右。此时室内房间的温度逐渐恢复，已经高于设计标准所要求的 18 ℃，室内人员的热舒适性显著提高。从图中可以看出，尽管室内房间污染物浓度在通风结束后一段时间有所回升，但是仍比未通风时效果要好。图 10.24、图 10.25 分别显示了通风结束 40 分钟后室内房间空气中的 PM2.5 与 PM10 的浓度及其分布，可以看出由于盲目地自然通风造成室内房间空气中 PM2.5 与 PM10 显著升高后在短时间内很难降低。

表 10.8　通风 40 min 后室内污染物浓度及其温度分布

房间	甲醛浓度 (mg/m^3)	CO_2 浓度 (ppm)	室内温度 (℃)	PM2.5 ($\mu g/m^3$)	PM10 ($\mu g/m^3$)
客厅	0.145	932	19.9	84	152
主卧	0.140	889	21.8	82	138
客卧	0.139	895	19.4	89	152
厨房	0.138	947	19.9	83	139
卫生间	0.153	925	20.9	79	139
平均浓度	0.143	918	20.4	84	144

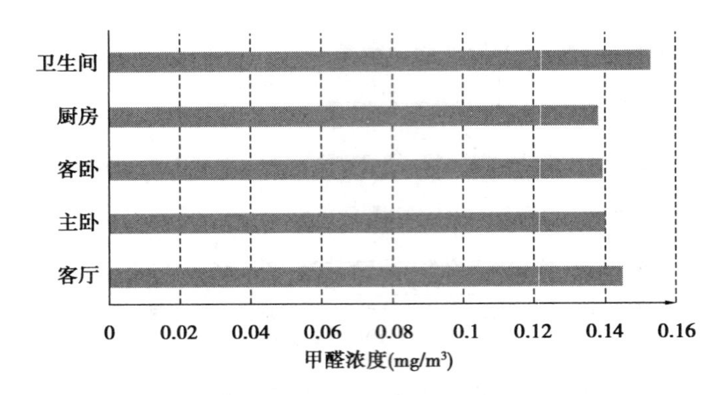

图 10.21　通风 40 min 后各个房间甲醛浓度

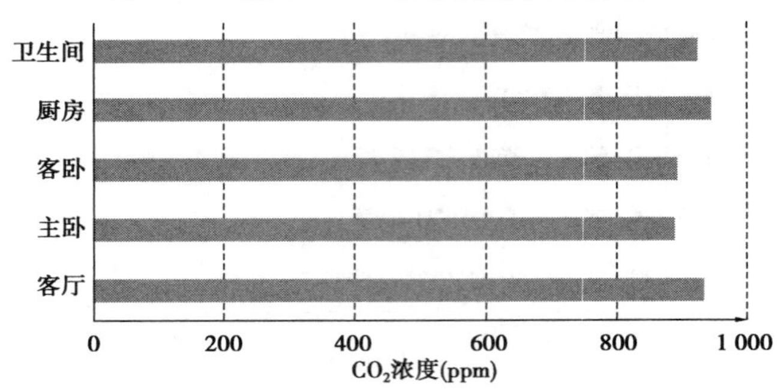

图 10.22　通风 40 min 后各个房间 CO_2 浓度

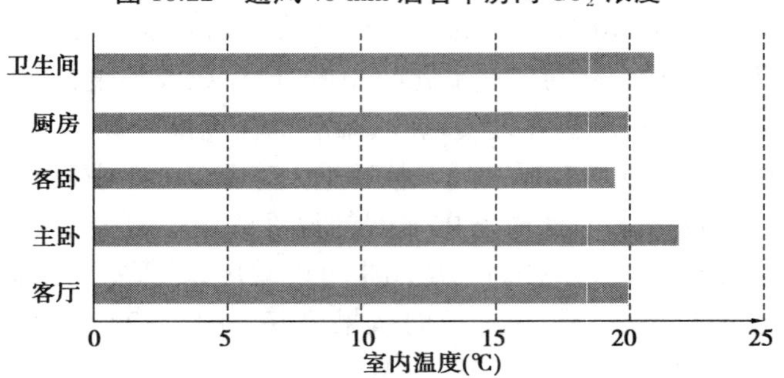

图 10.23　通风 40 min 后各个房间温度

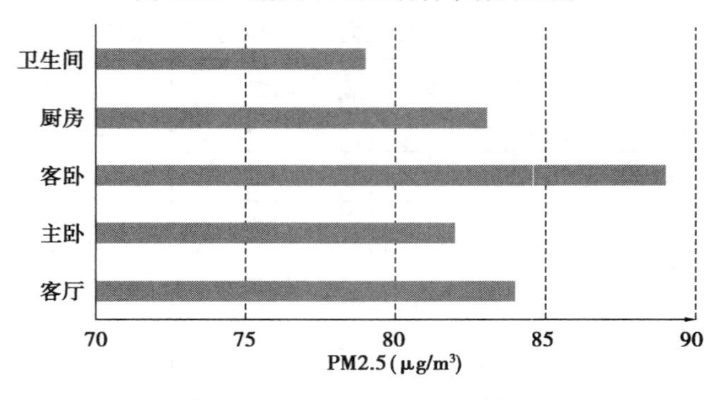

图 10.24　通风 40 min 后各个房间 PM2.5 浓度

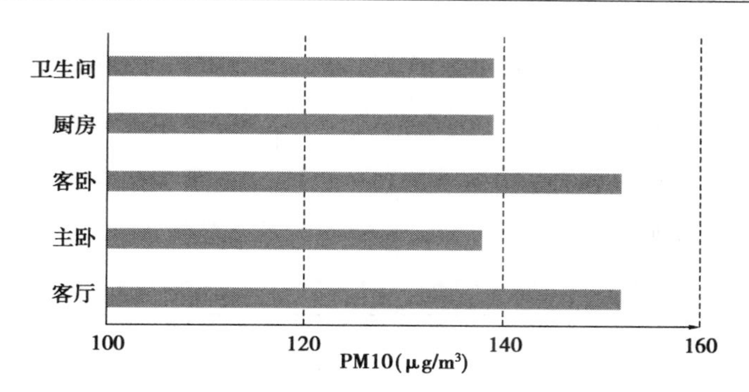

图 10.25 通风 40 min 后各个房间 PM10 浓度

在通风 60 min 后,对室内房间空气中的污染物再次进行测量,此时的测量结果较之前变化不大,由此可以判断出此时室内房间空气中的污染物浓度及其分布基本稳定。表 10.9 显示了通风 60 min 后室内房间污染物的浓度及其分布,图 10.26、图 10.27、图 10.28 分别显示了室内各房间空气中甲醛、CO_2、以及温度的数据。图 10.29、图 10.30 显示了室内房间空气中 PM2.5与 PM10 的浓度。从中可以看出室内房间空气中的污染物逐步达到稳定状态,但是室内悬浮颗粒物 PM2.5 与 PM10 下降十分缓慢。当室内污染物浓度重新达到稳定状态时,与未通风时相比,甲醛浓度减少了 40%,CO_2 浓度减少了 35%。甲醛浓度仍超过国家标准。因此对于控制室内房间空气中的污染物来说,通风是必要的,通过通风措施可以快速有效地降低室内房间空气中污染物浓度,为室内人员带来新鲜的空气。

表 10.9 通风 60 min 后室内房间污染物浓度及其温度分布

房间	甲醛浓度 (mg/m³)	CO_2 浓度 (ppm)	室内温度 (℃)	PM2.5 (μg/m³)	PM10 (μg/m³)
客厅	0.148	967	19.9	84	133
主卧	0.155	946	22.9	71	125
客卧	0.137	972	18.6	81	144
厨房	0.147	989	19.4	78	139
卫生间	0.154	995	20.4	68	111
平均浓度	0.148	974	20.2	76	130

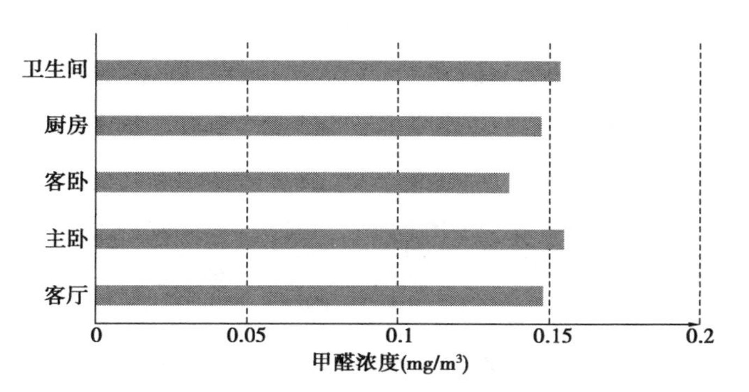

图 10.26 通风 60 min 后各个房间甲醛浓度

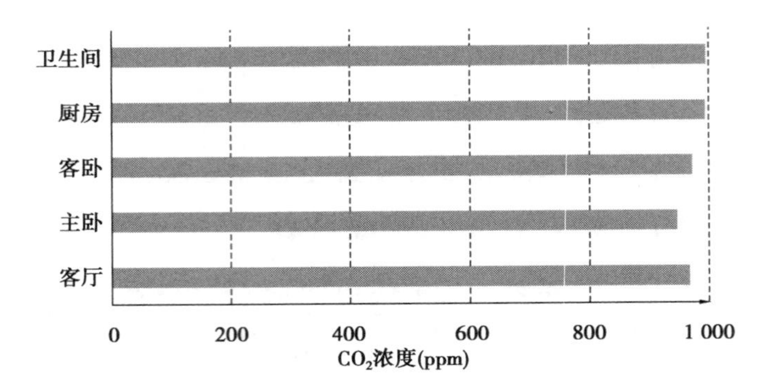

图 10.27　通风 60 min 后各个房间 CO_2 浓度

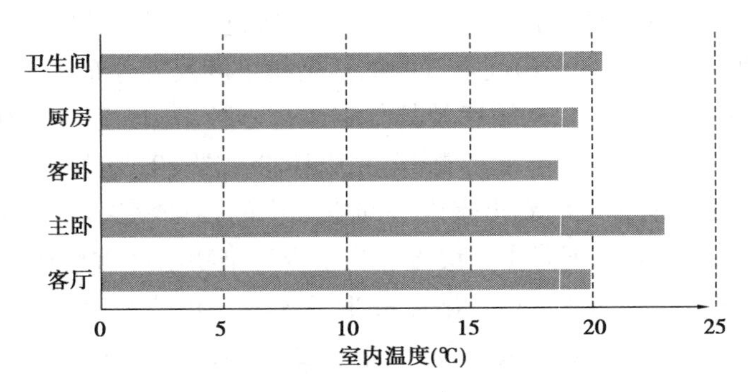

图 10.28　通风 60 min 后各个房间温度

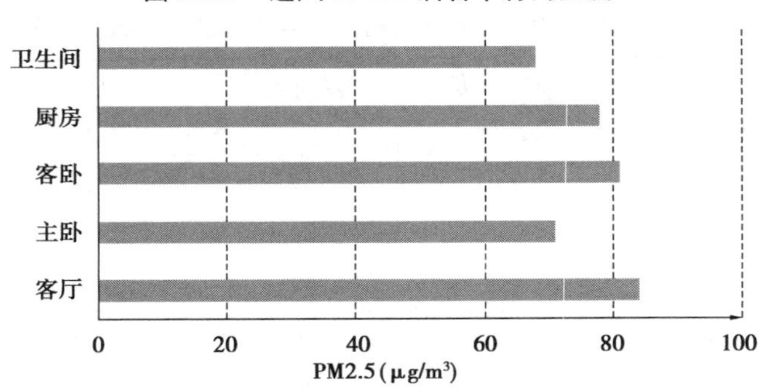

图 10.29　通风 60 min 后各个房间 PM2.5 浓度

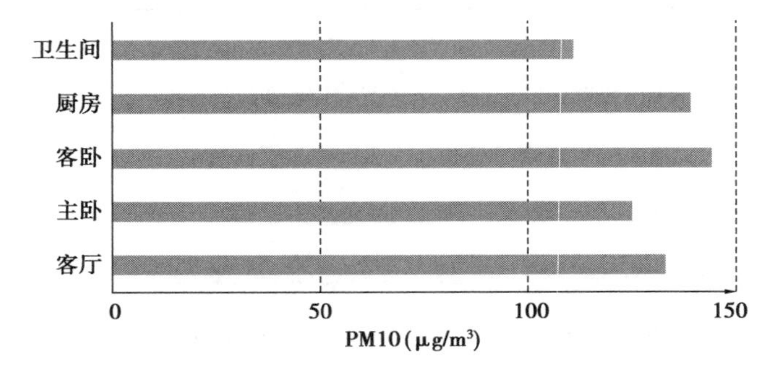

图 10.30　通风 60 min 后各个房间 PM10 浓度

接下来针对每一个污染物以及室内温度在整个通风过程中的变化进行整理统计，具体情况详见图 10.31、图 10.32、图 10.33，它们分别显示了室内房间空气中的甲醛浓度、CO_2 浓度以及室内温度在整个测量过程中的变化。从图中可以很明显地观察到，通风后室内房间空气中的污染物浓度很快下降，且通风时室内房间空气中污染物浓度下降最为明显，但此时室内温度也大幅度下降，这对室内人员的热舒适性影响是很大的。图 10.34、图 10.35 显示了 PM2.5 与 PM10 浓度在整个测量过程中的变化。由于北方冬季室外雾霾情况严重，盲目地自然通风也会导致室外大量的 PM2.5、PM10 进入到室内房间，使得室内 PM2.5 与 PM10 浓度升高，对室内房间造成新的污染，使得原本因通风不足导致的室内房间恶劣的空气品质问题更加严重。因此，通风是必要的，但是不建议盲目采用自然通风来控制室内空气品质。

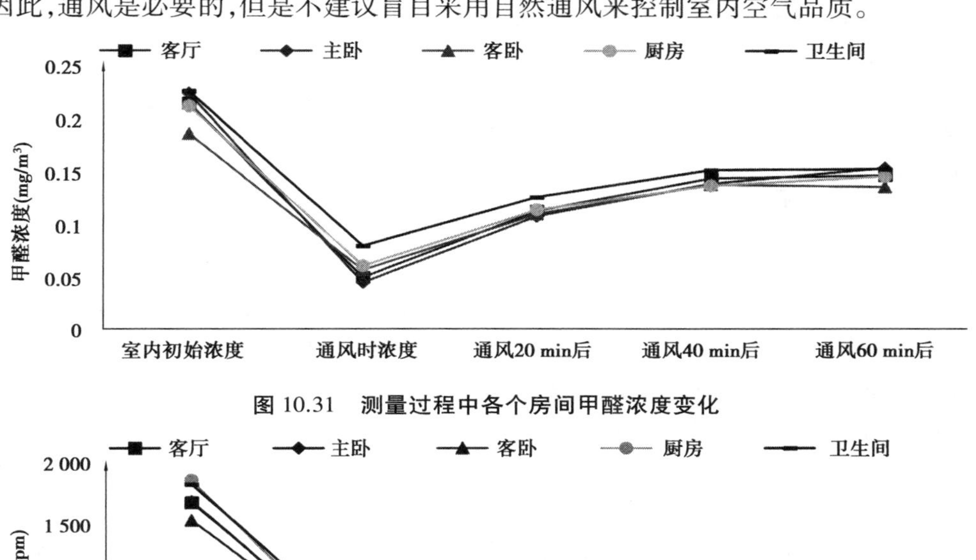

图 10.31　测量过程中各个房间甲醛浓度变化

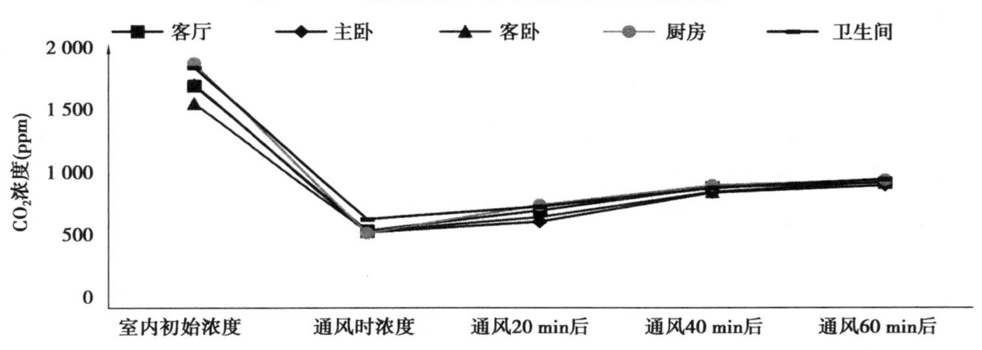

图 10.32　测量过程中各个房间 CO_2 浓度变化

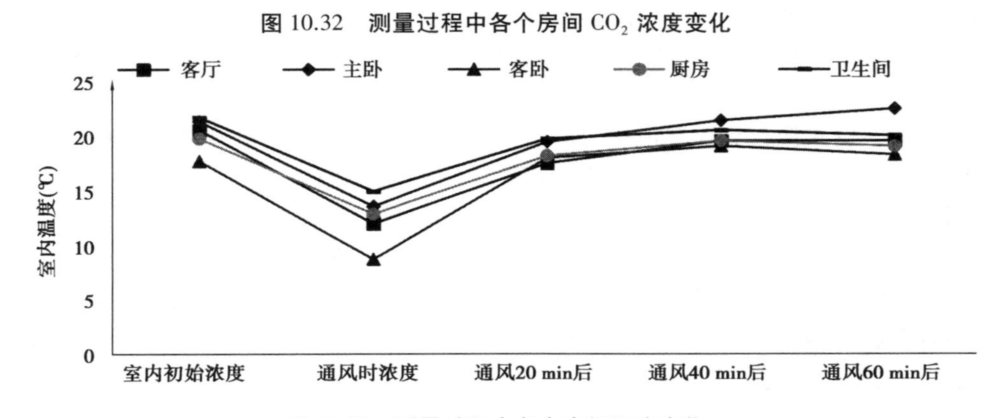

图 10.33　测量过程中各个房间温度变化

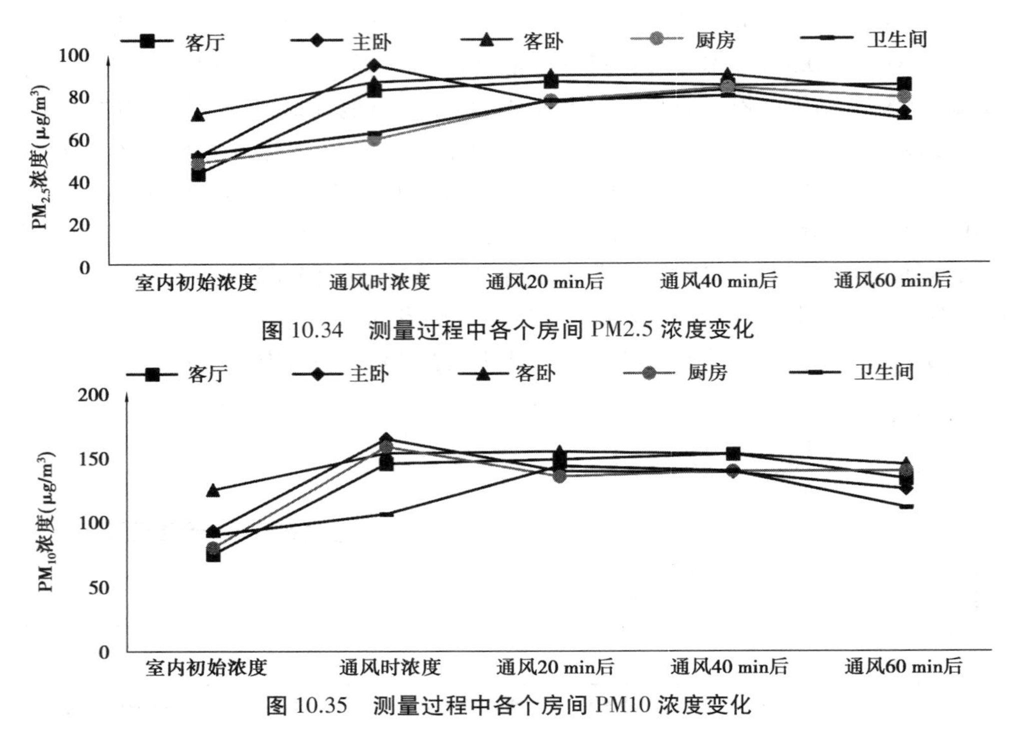

图 10.34　测量过程中各个房间 PM2.5 浓度变化

图 10.35　测量过程中各个房间 PM10 浓度变化

从图 10.34 与图 10.35 中可以看出，当室内房间在冬季进行自然通风时，室内房间空气中的 PM2.5 与 PM10 的浓度都有所增加，且直至测量结束后，室内房间空气中的 PM2.5 与 PM10 的浓度仍高于室内房间未通风时的状况，这就表明此次的自然通风引进了新的污染物到室内房间的空气中，且在通风结束后的很长一段时间内其污染物的浓度都无法通过房间的“自净”作用降低。通过对比图 10.31、图 10.32、图 10.33、图 10.34、图 10.35 可以得出结论：对室内房间进行通风可以有效地降低室内甲醛与 CO_2 气体等浓度，但是如果在寒冷的冬季进行无法控制的自然通风，则在通风时会导致室内房间温度骤然降低，降低室内人员的热舒适感，也会将 PM2.5 与 PM10 等悬浮颗粒物带入室内，导致室内空气品质变得恶劣。通风时甲醛浓度比未通风时下降了 80%，CO_2 浓度下降了 60%。当室内空气重新达到稳定后，甲醛浓度比未通风时下降了 40%，CO_2 浓度下降了 33%，PM2.5 与 PM10 的浓度升高了 15%与 30%。因此，室内房间在冬季通风是必要的，但是不建议盲目采用自然通风来控制室内空气品质，所以有必要为住宅建筑设计一套合理的、有效的、可控制的机械通风系统，以满足室内空气品质的要求与人员健康的要求。

上述图表数据来源仅为沈阳市沈河区盛华苑小区。图 10.36、图 10.37、图 10.38、图10.39、图 10.40 是沈阳市铁西区万和郦景小区某住宅室内房间的相关数据分析。通风时甲醛浓度比未通风时下降了 82%，CO_2 浓度下降了 58%。当室内重新达到稳定后，甲醛浓度比未通风时下降了 43%，CO_2 浓度下降了 25%，PM2.5 与 PM10 的浓度升高了 13%与 25%。

图 10.41、图 10.42、图 10.43、图 10.44、图 10.45 是沈阳市和平区天华苑 A 区某住宅室内房间相关数据分析。通风时甲醛浓度比未通风时下降了 82%，CO_2 浓度下降了 62%。当室内重新达到稳定后，甲醛浓度比未通风时下降了 44%，CO_2 浓度下降了 31%，PM2.5 与 PM10 的浓度升高了 11%与 26%。

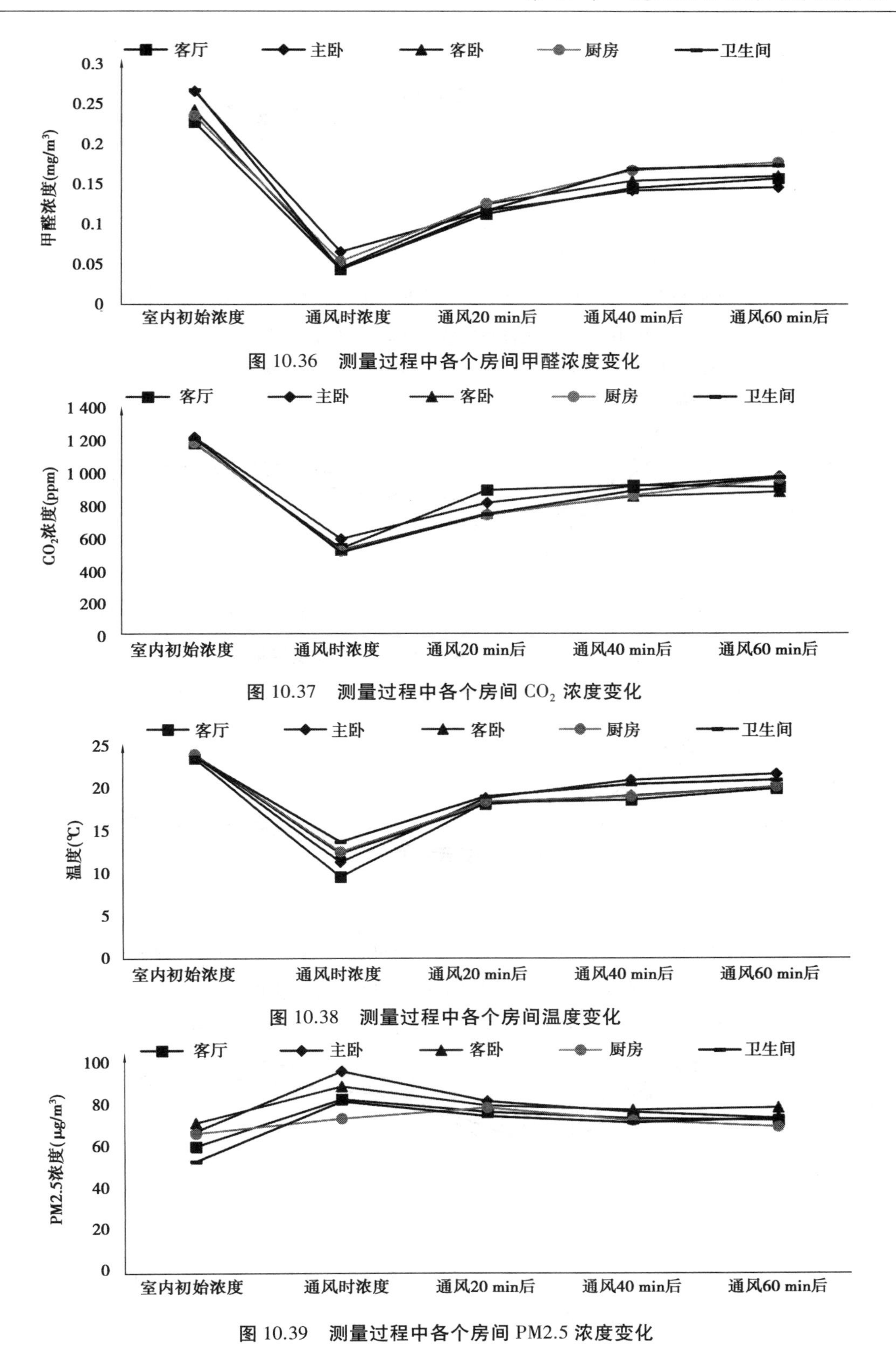

图10.36　测量过程中各个房间甲醛浓度变化

图10.37　测量过程中各个房间 CO_2 浓度变化

图10.38　测量过程中各个房间温度变化

图10.39　测量过程中各个房间 PM2.5 浓度变化

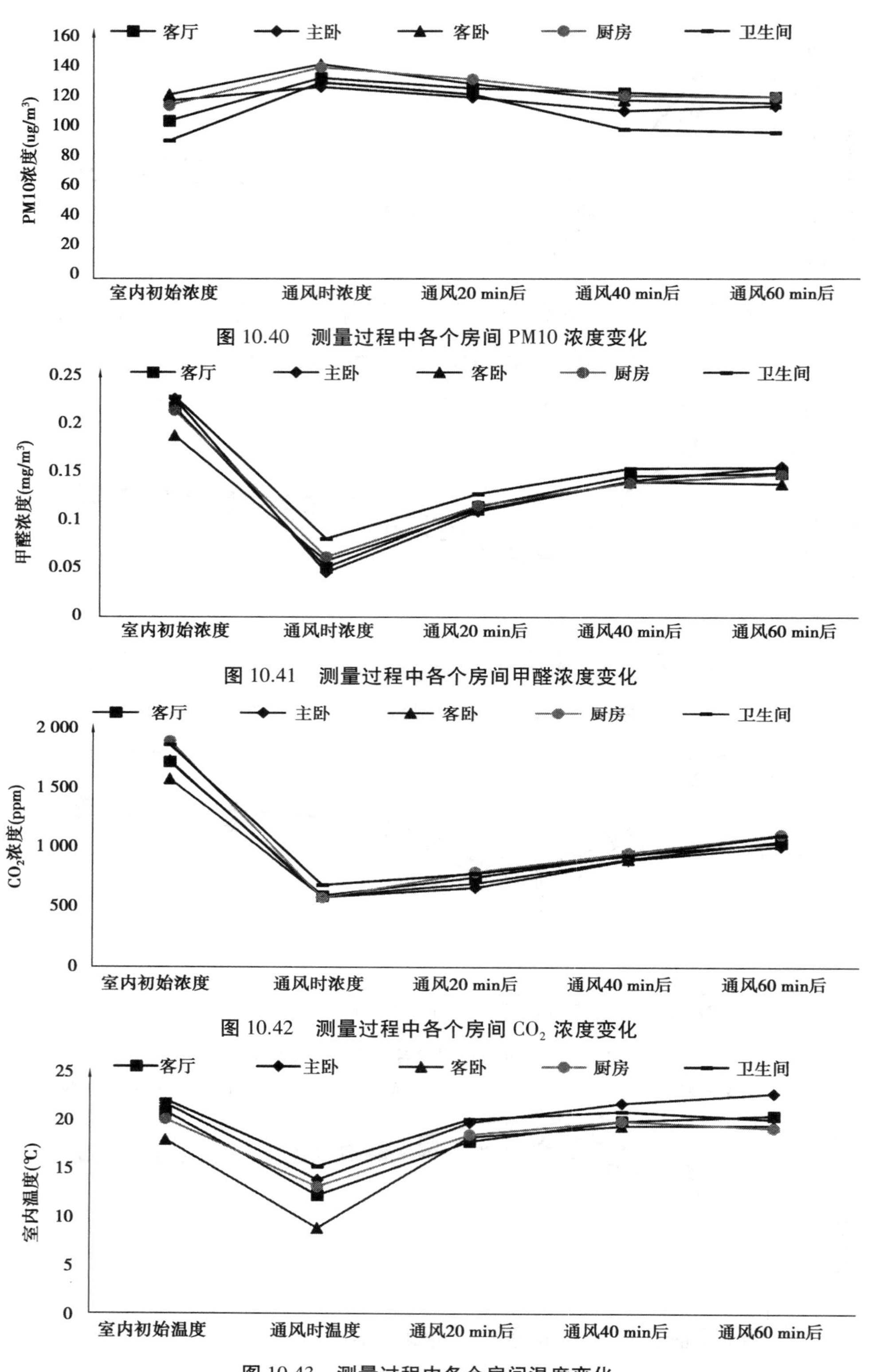

图 10.40　测量过程中各个房间 PM10 浓度变化

图 10.41　测量过程中各个房间甲醛浓度变化

图 10.42　测量过程中各个房间 CO_2 浓度变化

图 10.43　测量过程中各个房间温度变化

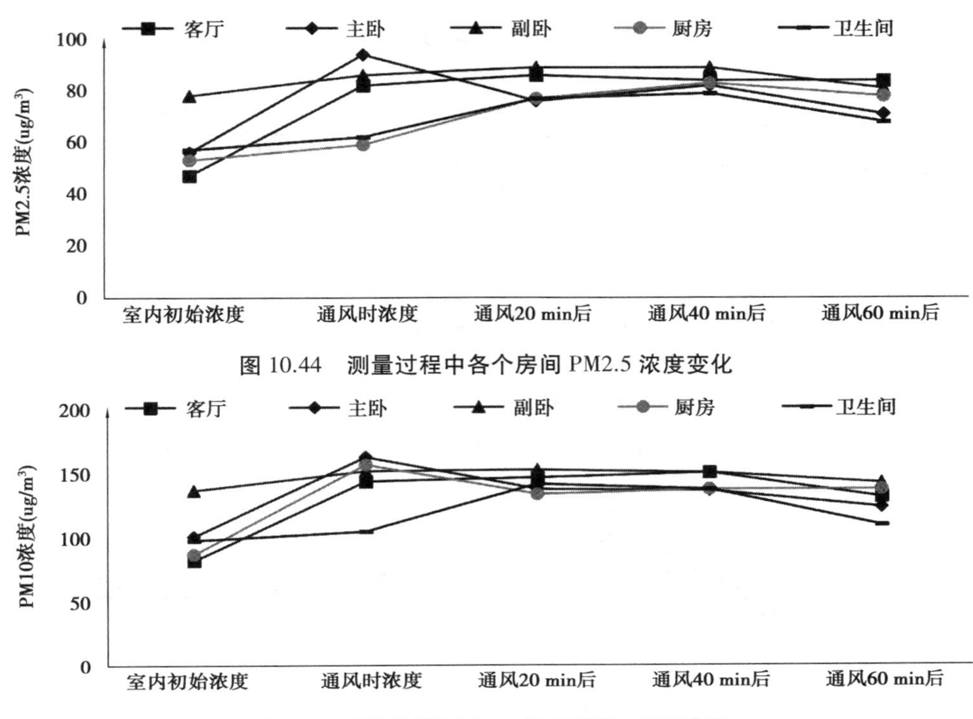

图 10.44　测量过程中各个房间 PM2.5 浓度变化

图 10.45　测量过程中各个房间 PM10 浓度变化

最后是对位于沈阳浑南区的金海园小区某住宅室内房间的相关数据的整理分析，如图 10.46、图 10.47、图 10.48、图 10.49、图 10.50 所示。通风时甲醛浓度比未通风时下降了 73%，CO_2 浓度下降了 54%。当室内重新达到稳定后，甲醛浓度比未通风时下降了 30%，CO_2 浓度下降了 20%，PM2.5 与 PM10 的浓度升高了 10%与 25%。

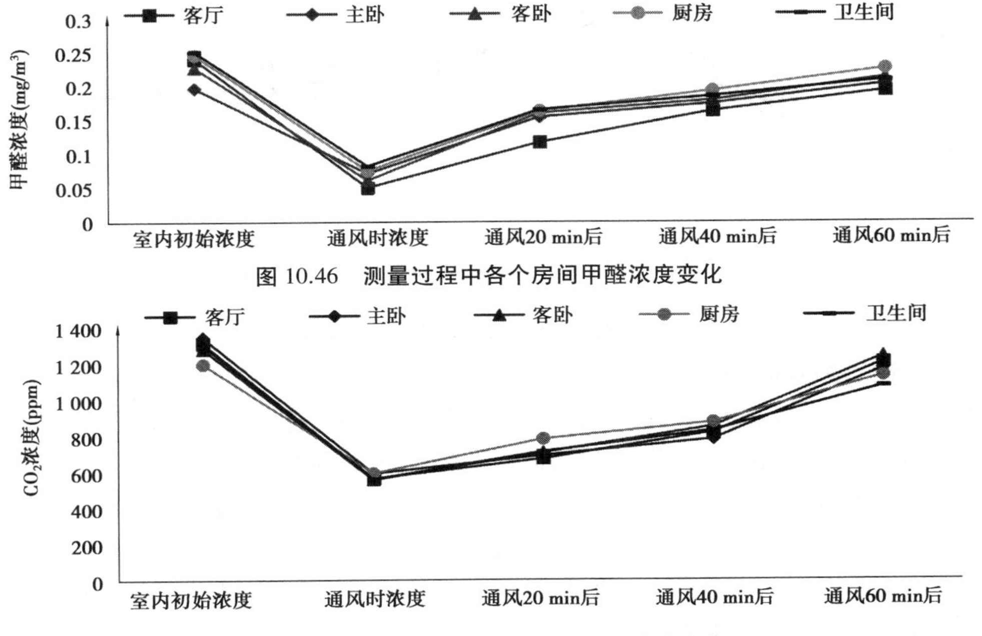

图 10.46　测量过程中各个房间甲醛浓度变化

图 10.47　测量过程中各个房间 CO_2 浓度变化

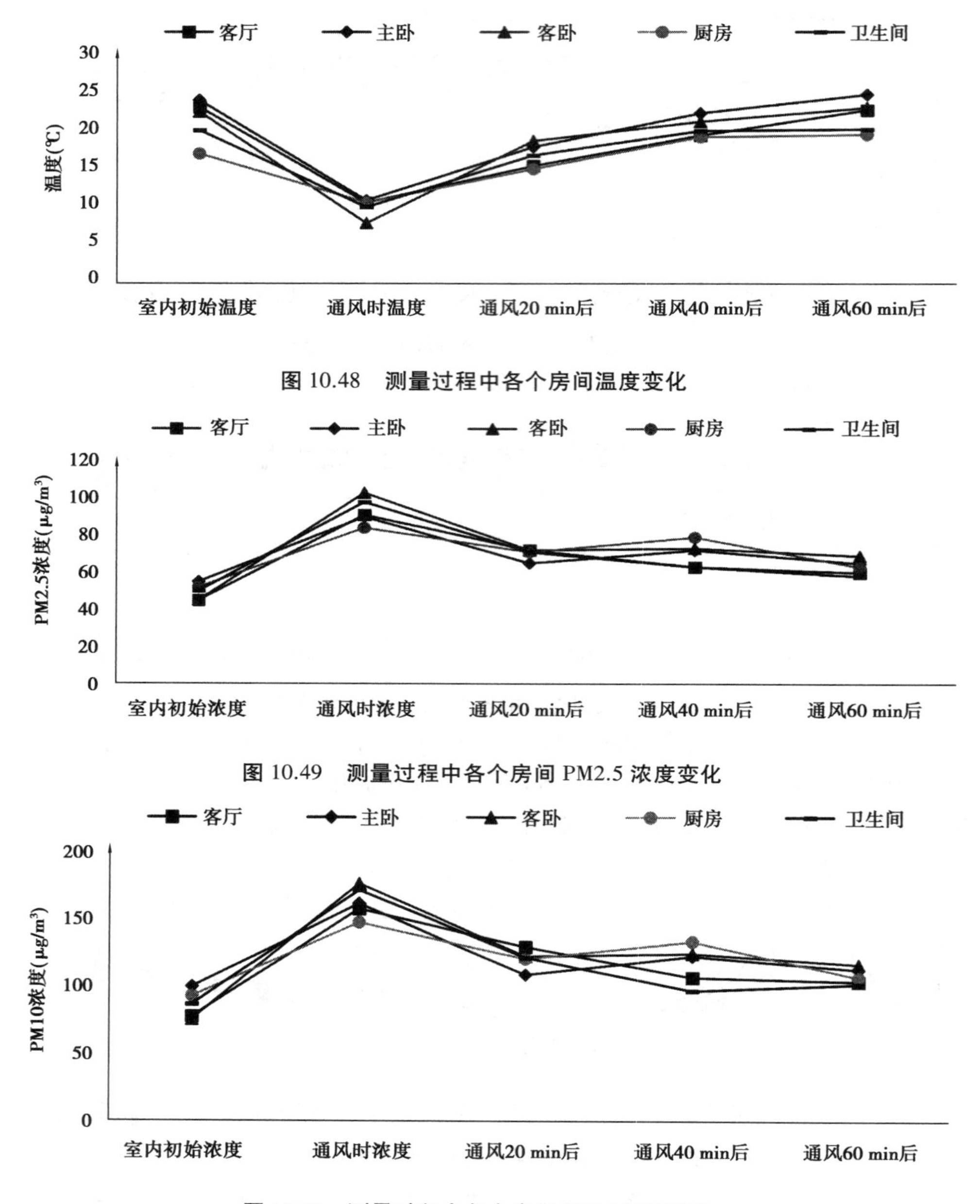

图 10.48 测量过程中各个房间温度变化

图 10.49 测量过程中各个房间 PM2.5 浓度变化

图 10.50 测量过程中各个房间 PM10 浓度变化

以上是本次测量的全部过程，通过测量得到了冬季住宅室内房间空气品质数据，从四户住宅通风前的数据可以看出，在进行通风前室内房间空气中无论是甲醛浓度还是 CO_2 浓度都超过国家标准所规定的范围，因此这 4 户住宅都属于不健康建筑。

此外，对自然通风来说，其空气品质无法保证，当室外环境较差时，进行自然通风会将室外的污染物带入到空气当中。而严寒地区住宅在冬季采取自然通风的方式不仅会将其他空气污染物引入室内房间，而且会大幅度降低室内房间的温度，导致室内人员的热舒适性降低，增加额外的采暖负荷，浪费能源。

室内通风对于室内空气品质的改善是必要的,但是不建议盲目采用自然通风来控制室内空气品质。因其会带来新的空气污染问题与能源浪费,因此对室内房间进行机械通风来代替自然通风是推荐考虑的方法,其可以在不引入新的污染物以及保证通风温度的前提下为室内房间带来新鲜空气,提高室内房间的空气品质与安全性。

10.5　本章小结

本章对沈阳地区不同位置的住宅建筑室内空气污染物现状进行了检测,同时测试了在沈阳地区冬季采取自然通风的措施提高室内空气品质是否具有适用性。首先在测量前选取了甲醛与 CO_2 作为测试室内房间的主要污染物,并介绍了选取的依据。其次对测量的设备与测量过程进行了说明,包括测点的选取、设备的测量范围、精确度等。最后对测量的数据进行了整理,分析了室内污染物浓度在整个测试过程中的变化。

测试结果显示,在人们日常生活中,室内甲醛浓度为 0.23 mg/m^3,CO_2 浓度为 1 500 ppm,PM2.5 浓度为 56 $\mu g/m^3$,PM10 浓度为 95 $\mu g/m^3$,室内污染物浓度超过国家标准。在开窗进行自然通风时,室内甲醛浓度迅速下降,甲醛浓度为 0.05 mg/m^3,CO_2 浓度为 700 ppm。同时 PM2.5 与 PM10 浓度升高,室内温度下降,室内人员热舒适感降低。通风结束后一段时间,室内污染物浓度逐渐上升,在室内污染物浓度重新达到稳定后发现室内 CO_2 浓度接近国家标准,甲醛浓度依旧超标,PM2.5 与 PM10 浓度比通风前高。

测试结果说明了通风的必要性,也暴露了自然通风所存在的问题,因而应该考虑采取机械通风的方式来保证室内空气品质与室内人员健康。

第 11 章 通风系统新风量及策略制定

通过上一章对室内房间空气环境的实地测量发现，由于冬季室内房间环境较为密闭，室内房间空气中的污染物浓度已经超过了国家标准，因此通风是必须的。本章就来具体研究保证室内人员的健康与舒适的通风策略的制定。

目前为止，大多数典型的通风系统其控制指标为室内房间的温度及湿度，有些还可以兼顾室外的焓值及室内的压力等因素对室内房间环境的影响。但是由于室内房间的温度、湿度指标的范围较为宽泛，经过模拟验证，在室内房间主要活动区域中的通风量均能满足室内人员对于舒适性的要求，这就使得通风控制系统出现了精度较低的问题，从而造成室内人员对于室内房间空气体验感较差的结果，同时也与我国节能减排的需求不符。目前，由于室内空气质量问题所引起的病态建筑综合征逐渐增加，使人们的健康以及工作效率都受到了很大的影响，人们对室内空气环境越来越重视。室内房间空气中的污染物是影响室内人员身心健康以及工作、生活效率的重要因素，因此可以将污染物浓度作为通风系统的控制指标，通过不同的通风策略来控制室内房间的空气品质，这样不仅能够满足室内人员对于室内房间空气品质的要求，还可以提高通风系统的控制精度，同时也满足了我国节能减排的要求，最终提高了室内人员对室内房间空气的满意度。因此本文针对严寒及寒冷地区的机械通风系统，提出了以污染物浓度为控制指标的通风控制策略。

根据第 2 章~第 5 章将优化法与概率法相结合，通过模拟仿真的方法可以有效对污染源所在区域进行辨识，研究结果表明：对于污染源位置的辨识，基于壁面位置附近传感器得到的辨识准确度高于基于房间中央位置附近的传感器得到的辨识准确度；基于回风口附近的传感器得到的辨识准确度高于基于送风口附近的传感器得到的辨识准确度。改用双传感器进行辨识时，辨识准确度则从 70.8%到 88.5%不等，整体辨识结果相对于单传感器情况有了很大的提升，辨识准确度的平均提高程度达到 13.5%。此外，双传感器辨识情况下，不同传感器组之间辨识结果的差异更小，表明双传感器组的辨识策略可以有效消除传感器布置的位置对结果的影响，因而具有更好的适应性。因此，将源辨识技术与通风系统相结合，可以使得室内的通风更有针对性，可以达到迅速去除室内污染物的目的，同时可以减少相应的能耗。

11.1　我国住宅建筑机械通风新风量理论分析

从世界各个国家通用的通风标准来看，住宅建筑室内新风量的计算主要包括三种方法：

第一种是与住宅建筑室内的使用者（即室内人员）所需要的新风量有直接关系，该新风量定义为人均每小时所需要的新鲜空气量，单位为 $m^3/(h·人)$，也可表示为 L/(h·人)。这一数值随着住宅建筑室内人员的变化情况而变化，若仅满足室内人员呼吸所需的新风量，那么新风量仅仅为 0.72 $m^3/(h·人)$ 即可；若要稀释由室内人员自身及其工作、生活产生的污染物时，需要的新风量约为 30 $m^3/(h·人)$，如果室内人员有吸烟习惯且吸烟行为较为严重，则需要稀释吸烟产生烟气的新风量约为 115 $m^3/(h·人)$。这一数值对于一般民用住宅建筑来说过大，考虑到住宅建筑室内人员不可能每时每刻都在吸烟，在一般的设计中，都选择 30 $m^3/(h·人)$ 为标准来对新风量进行限定。

第二种为换气次数法，换气次数指每小时完全更新房间空气的次数，单位为次/h。对于应用了机械通风系统的办公建筑来说，其换气次数的范围在 4~6 次/h，对于食堂与餐厅，其换气次数范围在 10~15 次/h，住宅建筑的换气次数在各国的规范与设计手册中有着不同的规定。根据日本的实践测量经验，住宅建筑的换气次数至少为 0.5 次/h，美国的最新标准规定住宅建筑的换气次数为 0.35 次/h，但同时不应小于每人 24 m^3/h 的新风量。

我国在最新的《民用建筑供暖通风与空气调节设计规范》（GB 50736—2012）中，第一次通过换气次数的方法来确定了居住建筑的最小新风量。该标准通过人均居住面积来确定最小换气量，具体规定如表 11.1 所示。

表 11.1　人均居住面积与最小换气次数的关系

人均居住面积（m^2）	最小换气次数（次）
<10	0.7
10~20	0.6
20~50	0.5
>50	0.45

第一种与第二种新风量的计算方法也存在着如式（11.1）的换算规律：

$$n = \frac{Q}{V} \tag{11.1}$$

式中　n——室内房间每小时的换气次数，次/h；

Q——室内房间的送风量，m^3/h；

V——室内房间的体积，m^3。

室内房间的总送风量与室内每人每小时所需新风量也应满足式（11.2）：

$$Q = q \cdot N \tag{11.2}$$

式中　q——室内每人每小时所需风量，$m^3/(h·人)$；

N——室内房间的人数。

因此就有式(11.3)：

$$n = \frac{q \cdot N}{V} \tag{11.3}$$

根据规范规定的室内人员人均新风量或者换气次数来预算住宅建筑所需新风量的方法，其优点在于简单明了，便于计算，即通过少量的数据就可以提前算出住宅建筑所需要的新风量。但是在目前实际生活中，室内污染的情况普遍比较严重，且室内污染物种类繁多，污染物在时间与空间上的分布也都有所不同，仅仅通过简单的规范或手册上的数据计算可能无法满足实际情况中复杂多变的环境要求。这时就需要根据室内污染物的分布以及其浓度来对新风量进行较为精确的计算。这就涉及第三种新风量的计算。

第三种新风量的计算方法为按照消除室内有害气体所需空气量计算新风量，其计算公式如式(11.4)所示：

$$Q = \frac{X}{Y_i - Y_o} \tag{11.4}$$

式中　Q——消除室内有害气体计算的新风量，$m^3/(h·人)$；

X——室内有害气体的发生量，$m^3/(h·人)$；

Y_i——室内有害气体允许体积分数，%；

Y_o——室外有害气体的体积分数，%。

该新风量计算方法的优点是将室内各种污染物综合考虑在内，比较安全、全面。

11.2　住宅建筑通风系统新风量计算

对于民用住宅建筑来说，究竟需要多少新风量才可以在满足室内人员的生活、工作需要和降低室内房间空气中污染物浓度的同时，又可以最大程度地节约资源呢？

本文以严寒地区城市沈阳为例，对室内新风量进行设计计算。辽宁1%人口抽样调查显示，沈阳人均建筑面积为29.29 m^2，高于全省平均水平，相比第六次全国人口普查数据27.92 m^2/人高出1.37 m^2/人。若以3口之家平均估算，那么沈阳户均建筑面积达到87.87 m^2。本文以位于沈阳市的某住宅建筑为例，计算其冬季供暖期间所需的新风量，设该住宅建筑面积为87 m^2，层高3 m，居住者为3人，冬季室内计算温度18 ℃，室外计算温度-20 ℃，具体计算如3.3.1节所示。

11.2.1　室内污染物未超标时新风量分析

(1)按换气次数法计算所需的新风量

根据表11.1所示，当人均居住面积在20~50 m^2 时，最小换气次数为0.5次/h，本案例居住面积87 m^2，3口之家人均居住面积为29 m^2，故换气量取0.5次/h，因此得出计算的风量为：

$$Q_1 = nV = 0.5 \times 87 \times 3 = 130(m^3/h)$$

(2)稀释室内 CO_2 所需的新风量

室内 CO_2 的主要来源是燃料的燃烧以及室内人员的新陈代谢作用,由于抽油烟机的大量普及,由燃料燃烧所产生的 CO_2 很快就被抽油烟机排除至室外,因此不予考虑,仅考虑由室内人员活动所产生的 CO_2。表 11.2 显示了人体活动与产生 CO_2 量的关系,人在室内一般不会产生较大活动,因此选取静坐时所产生的 CO_2 量,19 L/(h·人),即 0.019 m^3/(h·人)。按照我国《室内空气质量标准》中的规定,室内 CO_2 体积百分比上限为 0.1%,室外 CO_2 体积百分比取值为 0.038%。

表 11.2　人员活动水平与污染物产生量的关系

		二氧化碳 CO_2 (L/h·人)	一氧化碳 CO (L/h·人)	水蒸气 (g/h·人)
静坐	无吸烟者	19		50
	20%吸烟者	19	11×10^{-3}	50
	40%吸烟者	19	21×10^{-3}	50
	100%吸烟者	19	53×10^{-3}	50
活动	低强度	50		200
	中等强度	100		430
	高等强度	170		750
	幼儿(3~6 岁)	18		90
	青少年	19		50

当室内 CO_2 的来源主要是室内人员代谢产生时,按照式(11.4)计算该住宅每小时每人所需的新风量,依照式(11.4)计算所得新风量为:

$$Q=\frac{X}{Y_i-Y_o}=\frac{0.019}{0.01-0.000\ 38}=30.6(m^3/h)$$

总共有 3 人居住在室内,故总的新风量为:

$$Q_2=3Q=3\times30.6=91.8(m^3/h)$$

(3)稀释室内甲醛所需的新风量

根据《民用建筑工程室内环境污染控制规范》(GB 50325—2010),室内建筑装饰材料散发甲醛量为 0.12 mg/(m^2·h),甲醛在大气中的浓度为 0.01~0.03 mg/m^3,本节取 0.02 mg/m^3。我国《室内空气质量标准》规定,室内甲醛允许浓度的极限值为 0.08 mg/m^3。

根据式(11.4)计算稀释室内甲醛所需的新风量为:

$$Q_{甲醛}=\frac{X}{Y_i-Y_o}=\frac{0.12S}{0.08-0.02}=120(m^3/h)$$

式中　S——散发甲醛的装饰材料面积,m^2。

本节依照装饰材料及尺寸计算得 Q_3 为 120 m^3/h。

当室内活动强度增加时,产生的 CO_2 浓度也增加,如表 11.2 所示,那么所需的室内新风量也会相应增加,例如人们处于低强度活动时,此时 Q_2 约为 240 m^3/h。

房间的送风量取 Q_1、Q_2、Q_3 中的最大值为 $Q_1=130\ \mathrm{m^3/h}$，与此同时，Q_1、Q_2、Q_3 总体数值相近，也验证了我国规范所规定的合理性。但规范中所规定的新风量仅仅是在室内人员活动较少、室内污染物浓度未超标的情况下的送风量的下限值，因为室内人员情况不定以及污染物在实时变化，所以并不代表室内可以一直以不变的送风量送风。

11.2.2 室内污染物超标时新风量分析

当室内污染物浓度超标时，仅凭舒适性通风的新风量不足以使得室内的污染物快速、有效地排除至室外，甚至会造成污染物的累积。因此，必须制定新的新风量来使得室内污染物可以快速、有效地被排除至室外。

对于一般住宅建筑而言，室内污染物浓度超标可能由于温度、压力等原因使得装修材料中污染物释放量有所增加，或由于室内人员突然大幅度增加导致室内 CO_2 浓度增加，或由于吸烟导致室内污染物浓度突然增加等。因此，新风量应根据不同污染物浓度范围而定，同时新风量的增加也要有一定的限度。本文设定污染物浓度超标 50%以上时的风量为最大风量，当超过这一数值时新风会对室内人员造成强烈的吹风感，且室内物品也会受到吹风的影响。故本文设定污染物浓度超标范围分别为 30%以下、30%~50%以及超标 50%以上。

(1)稀释室内 CO_2 所需的新风量

因标准中规定的都是最小新风量，没有规定如何在室内污染物浓度超标的情况下对风量计算，当室内污染物浓度超标时，一般采取加大送风量或延长送风时间的措施来降低污染物浓度，但是延长送风时间会导致高浓度污染物与室内人员接触时间的延长，加大送风量又没有一个明确统一的标准。因此，最合理的方法应是在一定浓度范围内选取一定的新风量，故当污染物浓度超标时，本文选取了以下情况进行分析，并在后续章节通过数值模拟的方法来验证其合理性。当污染物浓度超标范围在 30%以下时，根据式(11.4)送风量应为：

$$Q_{CO_2}=\frac{X}{Y_i-Y_o}=\frac{1.3\times 0.019}{0.001-0.000\ 38}\times 3=120(\mathrm{m^3/h})$$

$$Q_{甲醛}=\frac{X}{Y_i-Y_o}=\frac{0.156S}{0.08-0.02}=156(\mathrm{m^3/h})$$

依据两者最大值，取送风量为 $156\ \mathrm{m^3/h}$。

当污染浓度超标在 30%~50%时，送风量应为：

$$Q_{CO_2}=\frac{X}{Y_i-Y_o}=\frac{1.5\times 0.019}{0.001-0.000\ 38}\times 3=140(\mathrm{m^3/h})$$

$$Q_{甲醛}=\frac{X}{Y_i-Y_o}=\frac{0.18S}{0.08-0.02}=180(\mathrm{m^3/h})$$

依据两者最大值，取送风量为 $180\ \mathrm{m^3/h}$。

当污染物浓度超标 50%以上时，送风量应为：

$$Q_{CO_2}=\frac{X}{Y_i-Y_o}=\frac{2\times 0.019}{0.001-0.000\ 38}\times 3=185(\mathrm{m^3/h})$$

$$Q_{甲醛}=\frac{X}{Y_i-Y_o}=\frac{0.24S}{0.08-0.02}=240(\mathrm{m^3/h})$$

依据两者最大值，取送风量为 240 m^3/h。

送风量与污染物浓度关系如表 11.3 所示。

表 11.3　送风量与污染物浓度关系

序号	送风量(m^3/h)	污染物浓度范围
1	130	污染物浓度未超标
2	130~156	超标 30%以下
3	156~180	超标 30%~50%
4	180~240	超标 50%以上

11.3　住宅建筑通风系统策略

对住宅建筑制定通风策略时要考虑以下问题：

(1)新风量的确定。向室内房间引入新风的目的是向室内人员提供其呼吸所需要的氧气，稀释室内房间空气中的污染物的浓度，消除室内房间空气中的异味，从而达到提高室内空气品质的目的，进而为室内人员创造一个健康舒适的生活、工作环境。新风量越大，空气的新鲜程度越高，对室内房间空气品质改善的效果越好，但同时也会增加风机的能耗；同时，增大的送风量会导致送风风速增大，对室内人员造成吹风感，影响室内人员的舒适性。此外，新风量的大小不应该是一个固定不变的值，其值实际上应该是动态变化的，故而应对室内空气品质采取监控措施，实时监测室内房间空气中污染物浓度的变化，通过对污染物浓度的分析来改变送入室内房间新风量的大小，以此来达到提高室内空气质量的目的。

(2)新风的品质要求。为了保证新风的质量，首先要保证入口处的新风质量，即应在新风入口处增加过滤净化装置，以此来减少甚至消除新风所受到的污染。其次要对新风口进行合理地布置，在将新风送入室内房间的过程中，要保证将新风优先送入室内人员集中活动的区域，缩短新风的空气龄，避免新风在传播过程中受到污染。

(3)合理的气流组织。室内通风口布置合理，避免出现新鲜空气短缺现象，使处理后的新鲜空气能最大限度地与室内空气混合，提高室内空气的通风效率，保证良好的室内空气质量。

(4)节能与健康。通风系统应该从节能与健康两方面综合考虑。不能为了节约能源就以室内人员舒适性为代价。通风量可以建立一个最低限度，保证不会影响室内人员的健康；在此基础上，应结合各类建筑特点、使用规律和气候条件，考虑新风量的调整。

基于以上四点建议，本文采用按需求通风系统的方案。优化后的通风系统控制方案主要是通过在室内各个房间中布置传感器来对室内污染物浓度进行检测，依据国家标准在控制程序中设置各种污染物浓度指标的上限，根据不同的污染物浓度，控制各个房间的送风量。当室内房间多种污染物浓度同时超标时，变频风机可以依据排除相应污染物对应的新风量的最大值进行工作，这样就可以保证室内各个污染物浓度水平维持在国家标准允许的浓度范围之内;如果室内房间空气中的污染物浓度未超标,则按照室内人员所需求的新风量来进行送风。

11.3.1 通风系统策略制定步骤

通风策略的研究工作大体上可以分为以下两方面:第一方面是考察通风系统在日常情况下的通风效果,这样做的目的是保证室内人员对新鲜空气的需求以及及时排除由室内人员以及建筑本身所产生的污染物;第二方面是分析并确定房间中污染源可能出现的几个典型的位置,用 CFD 方法模拟分析所设计的通风形式在不同位置出现突发污染源时的通风效果,给出不同位置出现污染源时对应的最佳通风方案。

通风策略的制定可以分为三个步骤进行:

①假定室内可能出现的污染源的位置。对于住宅建筑而言,客厅、主卧室与客卧室是室内人员长时间停留的位置,一旦这些地方存在突发性污染物,而又无法及时有效地去除污染物,将对室内人员健康造成严重危害,故将室内污染源可能出现的位置设定在客厅、主卧以及客卧。

②针对不同位置污染源设计不同的通风形式,根据污染物浓度超标范围计算不同的送风量。通风策略由通风形式与新风量共同组成。

③通过 CFD 模拟不同送风形式以及不同送风量所确定的策略的通风效果,通过对比分析通风效果确定最优的通风策略。

11.3.2 通风系统的策略制定

本节以一户住宅建筑为例,将 CO_2 与甲醛作为室内房间空气中污染物的控制指标,对制定住宅建筑通风系统的控制策略。首先,由前文介绍的污染物辨识原理可知该系统可以辨识污染源的位置,因此对住宅房间进行分区控制,如图 11.1 所示,分为客厅区、主卧区、客卧区(由于厨房与卫生间有独立的通风系统,且室内人员停留时间很短,故不再考虑)。主卧区与客卧区都有独立的送、排风系统,排风口布置在靠窗户附近,送风口布置在门口位置;客厅区送风口布置在房间中央位置,排风口布置在窗户附近。

图 11.1 住宅建筑通风分区示意图

分区之后对通风策略进行研究：

当室内污染物浓度未超标时，此时送风的目的是满足室内人员对新鲜空气的需求，通过上一节的计算得出的送风量为130 m^3/h，用位于客厅区的送风口向室内送风。因为位于客厅区的送风口同时处于房间正中位置，这样设计的目的是在污染物浓度未超标时，只需要一个送风口就可以将室内的三个区域都兼顾到。

对室内可能存在的污染源位置进行假设：由于茶几、沙发等家具可能因室内温度、压力等导致其甲醛释放量突增，且当大部分客人集中在客厅区时，会使该区 CO_2 浓度增加，故将污染源可能出现的位置确定在客厅区；主卧与客卧都存在大量的木材类装修、装饰材料及家具，如衣柜、床头柜等，这些家具的材料会释放甲醛，故在客卧区与主卧区也分别假设有可能出现的污染源，其主要集中在衣柜等木质家具附近。

针对不同位置污染源设计不同通风形式以及新风量，对通风策略进行研究：

当室内污染物位于客卧区时，按照污染物浓度超标范围计算送风量。当污染物浓度超标范围在0%~30%时，依照前面计算的风量送风，即送风量为130~156 m^3/h；当污染物浓度超标范围为30%~50%时，送风量为156~180 m^3/h；当污染物浓度超标50%以上时，送风量为180~240 m^3/h。送风形式分为由客厅区送风口单独送风以及客厅区与客卧区送风口同时送风两种送风形式，具体通风策略如表11.4所示。表中送风量按照污染物浓度超标最大值计算。

表11.4　污染源位于客卧区时不同通风策略

污染物浓度超标范围	送风形式	送风量(m^3/h)
超标30%以下	客厅区送风口单独送风	客厅区送风口风量156
	客厅区与客卧区送风口同时送风	每个送风口风量为78
	客厅区与客卧区送风口同时送风	客厅区送风口风量为130，客卧区26
超标30%~50%	客厅区送风口单独送风	客厅区送风口风量180
	客厅区与客卧区送风口同时送风	每个送风口风量为90
	客厅区与客卧区送风口同时送风	客厅区送风口风量为130，客卧区50
超标50%以上	客厅区送风口单独送风	客厅区送风口风量240
	客厅区与客卧区送风口同时送风	每个送风口风量为120
	客厅区与客卧区送风口同时送风	客厅区送风口风量为130，客卧区110

当室内污染物位于主卧区时，按照污染物浓度超标范围计算送风量。当污染物浓度超标范围在0%~30%时，送风量为130~156 m^3/h；当污染物浓度超标范围为30%~50%时，送风量为156~180 m^3/h；当污染物浓度超标50%以上时，送风量为180~240 m^3/h。送风形式分为由客厅区送风口单独送风以及客厅区与主卧区送风口同时送风两种送风形式，具体方案如表11.5所示。表中送风量按照污染物浓度超标最大值计算。

表 11.5 污染源位于主卧区时不同通风策略

污染物浓度超标范围	送风形式	送风量(m^3/h)
超标 30%以下	客厅区送风口单独送风	客厅区送风口风量 156
	客厅区与主卧区送风口同时送风	每个送风口风量为 78
	客厅区与主卧区送风口同时送风	客厅区送风口风量为 130,主卧区 26
超标 30%~50%	客厅区送风口单独送风	客厅区送风口风量 180
	客厅区与主卧区送风口同时送风	每个送风口风量为 90
	客厅区与主卧区送风口同时送风	客厅区送风口风量为 130,主卧区 50
超标 50%以上	客厅区送风口单独送风	客厅区送风口风量 240
	客厅区与主卧区送风口同时送风	每个送风口风量为 120
	客厅区与主卧区送风口同时送风	客厅区送风口风量为 130,主卧区 110

当室内污染物位于客厅区时,按照污染物浓度超标范围计算送风量。当污染物浓度超标范围在 0%~30%时,送风量为 130~156 m^3/h;当污染物浓度超标范围为 30%~50%时,送风量为 156~180 m^3/h;当污染物浓度超标 50%以上时,送风量为 180~240 m^3/h。送风形式分为由客厅区送风口单独送风以及客厅区送风口关闭、客卧区与主卧区送风口同时送风两种送风形式,这样可以形成空气幕,防止客厅区污染物扩散到其他两个区域,具体方案如表 11.6 所示。表中送风量按照污染物浓度超标最大值计算。

表 11.6 污染源位于客厅区时不同通风策略

污染物浓度超标范围	送风形式	送风量(m^3/h)
超标 30%以下	客厅区单独送风	客厅区送风口风量 156
	主卧区与客卧区同时送风	每个送风口风量为 78
超标 30%~50%	客厅区单独送风	客厅区送风口风量 180
	主卧区与客卧区同时送风	每个送风口风量为 90
超标 50%以上	客厅区单独送风	客厅区送风口风量 240
	主卧区与客卧区同时送风	每个送风口风量为 120

11.4 本章小结

本章以住宅建筑为例,以污染物源辨识理论为基础对住宅建筑室内房间通风策略进行了研究。本章主要做了以下几个方面的研究:

首先在室内污染物源辨识方面，对污染物源辨识的原理以及位置辨识的原理进行了简单介绍，分析了污染源的源辨识过程，这对后面的分区控制通风起到了关键的作用。

其次以严寒及寒冷地区典型住宅建筑为例，按照国家标准的规定对室内房间的新风量进行了校核计算，结果显示按照我国国家标准规定的新风量仅在室内污染物浓度不超标、室内人员活动不频繁的基础上可以保证室内人员的健康，它是最小的新风量。一旦室内污染物浓度超标或室内人员活动频繁，该新风量无法保证室内空气品质。因此本文依据污染物浓度超标范围的不同相应地制定了不同的新风量。具体如下：当室内污染物浓度超标范围在 0%～30%时，通过计算得出系统新风量应为 130～156 m^3/h；当室内污染物浓度超标范围在 30%～50%时，通过计算得出系统新风量应为 156～180 m^3/h；当室内污染物浓度超标 50%以上时，通过计算得出系统新风量应为 180～240 m^3/h。

最后对住宅建筑通风策略进行设计，以污染物源辨识理论为基础，对住宅进行分区通风控制。污染源所在区域位置不同，通风策略也不同。住宅建筑通风策略总结如下：

①当室内污染物浓度未超标时，通风策略为客厅区风口送风，送风量按照国家标准规定的换气次数确定；

②当污染源位于主卧区时，通风策略可分为由客厅区风口单独送风以及主卧区风口与客厅区风口共同送风，送风量依据污染物浓度超标范围确定；

③当污染源位于客卧区时，通风策略可分为由客厅区风口单独送风以及主卧区风口与客厅区风口共同送风，送风量依据污染物浓度超标范围确定；

④当污染源位于客厅区时，通风策略可分为由客厅区风口单独送风以及主卧区与客卧区风口共同送风，送风量依据污染物浓度超标范围确定。

第12章 住宅通风系统优化策略

室内空气品质的评价与室内通风效果的评价都可以在一定程度上反映出室内环境的好坏。对不同通风策略下的通风效果进行的评价，可以作为判断通风策略可行性与合理性的依据，同时评价结果也可以为已有的通风策略的改进与优化提供指导与帮助。本章将利用计算流体力学的方法，对前文所提出的不同的情况下所对应的不同的通风策略进行模拟，对比分析不同的通风效果，对通风策略的可行性进行验证并找出最优通风策略，为住宅建筑室内房间通风系统的设计提供科学依据。

12.1 室内空气品质评价

12.1.1 室内空气品质评价指标的选取原则

在实际的评价体系中，大多数人常常对各种评价指标之间的相互关系并不了解，因此评价时可能会选取一些非相关性指标，这就会造成指标存在一定的缺陷或指标不具有代表性。如此选择评价指标，就会导致对室内空气品质的评价不准确。因此，选择合适恰当的评价指标就成了评价室内空气品质必不可少的一部分内容，在选择评价室内空气品质时，可以按照以下三个原则进行。

(1)适度性原则

存在于室内的污染物种类很多，在实际操作过程中，对于一些浓度较低的污染物，检测用的仪器设备受检测精度等的影响其检测可能会存在误差，或者检测不到该项物质。此外，检测过程本身也是一个复杂的过程。在评价室内空气品质这一过程中，并不是选取的评价指标越多，检测测得的数据就越准确，所评价的空气品质就越可靠。因此，适度性原则是根据建筑物的实际情况选择具有代表性的污染物，从而获得更可靠的评价结果。

(2)针对性原则

对于住宅建筑来说，室内污染物主要是由室内人员活动与建筑本身所产生的污染物组成，对于公共建筑，由于室内人员较多且较为集中，其主要污染物还包括菌落数等污染物。

由于不同建筑物的使用功能不同，污染物的种类和浓度都有所不同，因此在确定评价指标时，应根据不同类型的建筑物及其特点选择不同的指标。这样不仅在评价室内空气品质方面准确性较高，也不会产生因选择的评价指标过多而出现的费用昂贵以及难以控制等问题，同样也不会因为选取的评价指标太少而影响评价结果，从而导致评价结果可靠性不高。

(3)检测技术可行性原则

当要对室内空气进行检测时，选取的检测指标应具有容易检测、有代表性，有相互对比性的特性。如当室内污染物性质类似、散发规律相似时，可以选取方便测量的污染物种类进行测量，且必须优先检测容易对室内人员造成健康危害的及常见的污染物。

12.1.2　室内空气品质评价方法

室内空气质量评价方法主要有三种：主观评价法、客观评价法和主、客观综合评价法。

1)主观评价法

主观评价法是通过室内人员对室内环境的主观感受上的描述和判断，来对室内空气品质进行评价，主要包括两方面：其一是评估室内人员对室内空气环境的感觉，其二是评定周围环境对室内人员健康所造成的影响。

主观评价主要是通过对室内人员的询问以及调查问卷的方法进行，也就是利用人体自身的各种感觉器官对周围环境做出判断，进而进行描述以及评价。其主要内容可以划分为四个方面：室内人员(已经适应了室内环境的人员)与来访者(刚进入该室内环境的人员)对室内空气的不接受率；室内空气对人员造成不舒适的感受的程度；室内人员受环境影响而出现的症状以及该症状的严重程度。之后再通过相关的视觉调查做出判断，通过综合分析得出结论，并根据要求提出相应措施。主观评价法有德国VDI方法、简单识别法、视觉调查评价方法、线性可视模拟比例尺方法、人的生活方式和活动情况判别方法等。

目前为止人们普遍认为室内人员是测量室内空气品质的最为敏感的“测量仪器”，利用主观评价的方法，可以对室内空气质量进行等级方面的评定。但是作为一种以人的感觉程度为评定依据的方法，误差是一定存在的。室内人员与来访者对室内空气环境感受的程度因每个人而异，这也是在正常情况内，属于个体差异。因此，客观评价法对于这一问题就有较大的优势。

2)客观评价法

客观评价法是采用一系列室内污染物浓度的数值指标来评价室内空气质量的好坏。客观评价的主要依据是室内各种污染物，具体包括其种类、浓度，其与室内人员的接触时间及与室内人员健康之间的关系。一般采用温湿度、室内风速、甲醛、CO、CO_2、SO_2、NO_x、室内菌落数、可吸入性微粒等12个指标来定量反映室内环境质量的好坏。这12个指标可以根据不同环境进行适当选取。同时还需要测定背景指标，这样做的目的是排除视觉环境、听觉环境及室内人员工作活动等环境因素所带来的外部干扰。客观评价法有模糊评价方法、综合质量指数法、计算流体动力学评价法等。

用由室内空气评价指标来评价室内空气品质,可以在一定程度上反映室内空气污染状况,但是各个指标一般情况下是相互独立的,不能更好体现出室内空气品质的总体状况。如何将单一的指标进行正确、全面、综合的整合,使得其可以简单、清晰地反映室内空气品质的整体情况,对室内空气品质进行分级、评价十分重要。

综合空气质量指数法是评价室内环境较为普遍的方法。该方法同时采用最高分指数与平均分指数,这样一来就可以避免由于某项指标远远高于平均分指数时所造成的评价结果出现的偏差,减小评价不可靠的可能性。综合指数质量法首先选择影响室内空气质量的 12 个因子的质量评价指标,即污染物浓度 C_i 与标准上限值 S_i 的比值,然后相加得到算术重叠指标 P 的计算公式如式(12.1)所示。接下来计算指数 Q,详细计算请参见式(12.2)。最后,综合指数可以在这两个基础上得到,见式(12.3)。

$$P = \sum \frac{C_i}{S_i} \tag{12.1}$$

$$Q = \frac{P}{N} \tag{12.2}$$

$$I = \sqrt{\left(\max\left|\frac{C_1}{S_1},\frac{C_2}{S_2},\cdots,\frac{C_n}{S_n}\right|\right)\cdot Q} \tag{12.3}$$

因为室内空气中存在有时浓度较低的污染物,其短时间内对人体健康的危害不大。从环境质量指数法的角度出发,人们普遍认为分指数及综合指数在 0.5 以下是对应较为清洁的空气品质。当指数达到 1 时,可以认为室内空气环境为轻度污染,当指数达到 2 及以上则认为此时的室内空气环境为重污染。综合指数法将室内空气品质总共分为 5 级,详见表(12.1)。

无论是质量指数、综合评价指数还是污染物浓度指标,这些都是以客观物理量来衡量室内空气品质的好坏。这些数值有些时候无法准确地表达室内空气品质对人体健康、工作效率以及舒适性的影响,无法如实体现出人对环境的感受。

表 12.1　室内空气品质等级

综合指数	室内空气品质等级	等级评估
≤0.49	Ⅰ	清洁
0.50~0.99	Ⅱ	未污染
1.00~1.49	Ⅲ	轻污染
1.50~1.99	Ⅳ	中污染
≥2.00	Ⅴ	重污染

无论是主观评价的方法,还是客观评价的方法,都有其有利的一面,但是也有其不足的地方,客观评价法无法体现室内人员的主观感受,主观评价法受人员个体差异影响较大。因此,研究人员将这两种评价方法的优点综合利用,于是主、客观综合评价方法应运而生。

3)主、客观综合评价法

主、客观综合评价方法除了应用专业仪器对室内空气进行数值检测,还以室内人员的感觉器官作为评价的工具,客观评价的结果是否准确合理,可以通过室内人员的主观感受来进行验证,这样一来就可以更多地克服主观评价或者客观评价各自缺陷。当主、客观评价间的关系是一一对应时,才能最大限度对室内环境做出有效的评价。

空气质量标准是客观评价法的重要依据来源,室内人员对环境的感受则是主观评价法的主要凭证。在大多数情况下,尤其是对于建筑环境内部,主观评价的方法可以弥补客观评价的缺陷。但是迄今为止最大的问题在于,不同的检测专家和被试对象对其所处的相同环境有不同的感受,这些差异导致了评价结果不统一。因此,找到合理化、标准化、统一化的主观评价方法是目前急需解决的问题。

国家环境保护局在 2002 年制定了《室内环境质量评价标准》,该标准把室内环境质量分为三级:第一级为优,是指舒适、良好的室内环境;第二级为良,是指能保护包括老人与儿童在内的室内人员的环境;第三级为一般,是指能够保护室内人员健康,基本可以居住以及办公的室内环境。

在国际上主要有两种较为认可的反映主、客观综合性评价的室内空气品质评价方法,一种是 1998 年捷克学者 M. V. Jokl 提出的 Decibel 评估方法,另一种是 1987 年丹麦学者 P. O. Fanger 教授提出了“Decipol”嗅觉评估方法。

(1)分贝“Decibel”评价法

该评价法是由捷克布拉格技术大学 M. V. Jokl 提出的,该评价法采用分贝的概念对室内空气品质进行评价。分贝是声音的强度单位,用对数函数的形式表达一种关系,这一关系是人对声音的刺激强度与感觉之间的定量关系。对建筑室内空气环境中异味的强度和对其感觉的评价也采用此概念进行表达。M.V.Jokl 用一种先进的单位——dB(odor)单位来衡量室内总挥发性有机化合物(TVOC)和 CO_2 的浓度变化造成的室内人员感觉的变化。同时他还定义了 TVOC 及 CO_2 的评价指标——I_{CO_2}及 I_{TVOC},单位分别是 dCd 及 dTv。其定义式为式(12.4)及式(12.5):

$$I_{CO_2} = 90 \log \frac{C_{CO_2}}{485} \tag{12.4}$$

$$I_{TVOC} = 50 \log \frac{C_{TVOC}}{50} \tag{12.5}$$

式(12.4)中,C_{CO_2}为 CO_2 的浓度,单位是 ppm。当室内人员对空气品质的不满意率为 5.8%时 CO_2 的阈值是 485 ppm 对应 0 dCd;短期暴露极限作为第二点,亦是毒性范围的起点,浓度为 15 000 ppm,相当于 134 dCd。

式(12.5)中,C_{TVOC}为 TVOC 的浓度,单位为 μg/m^3。当室内人员对空气品质的不满意率为 5.8%,此时起始点为 TVOC 的阈值,50 μg/m^3,对应 0 dTv;终点为短期暴露的极限值,同时也是毒性范围的起始点浓度,数值为 25 000 μg/m^3,相当于 135 dTv。

同分贝与噪声的原理一样,dCd 和 dTv 的评价指标反映了室内人员对室内空气中 CO_2 浓度以及 TVOC 浓度的主观感受量,不同浓度下的对数评价指标如表 12.2 所示。

对数指标评价方法在评价空气品质方面有如下优势:可对室内通风性能的好坏以及室内空气品质的优劣进行评价;较传统的浓度单位,上述定义的单位可以更好体现出人体对空气的可接受度;将 dCd 与 dTv 的数值进行比较,可以更清楚地看到 CO_2 与 TVOC 对室内污染的程度;dCd 与 dTv 可以由 CO_2 与 TVOC 的测量得到;可以确定不同人群(如不适人群、哮喘人群、老人、儿童等)允许的极限值与最佳值;可以确定 SBS 极限值、长期允许值以及短期允许值等;可以确定不同室内环境下的最小新风量。该方法使用较为广泛,适用于不同环境下的分析,可以客观正确地评价室内空气品质与室内人员安全、健康的关系。

表 12.2 不同浓度所对应的 dCd 和 dTv 的计算值

CO_2			TVOC		
(ppm)	(dCd)	对应的主观感受	($\mu g/m^3$)	(dTv)	对应的主观感受
485	0	5.8%不满意率	50	0	5.8%不满意率
615	9	不适应人群 10%不满意率	85	12	不适应人群 10%不满意率
1 015	29	不适应人群 20%不满意率	200	30	不适应人群 20%不满意率
1 225	36	适应人群 10%不满意率	250	35	适应人群 10%不满意率
2 420	63	适应人群 20%不满意率	300	39	目标指导值
3 500	77	长期可忍受值	500	50	忧虑水平
4 095	83	适应人群 30%不满意率	580	53	适应人群 20%不满意率
10 000	118	短期容忍值	3 000	89	长期可忍受值
15 000	134	毒性范围起始值	25 000	135	毒性范围起始值

(2)嗅觉"Decipol"评价法

1987 年,丹麦的 Fanger 教授为了使室内空气质量的研究简单方便,定义了两个新的单元来描述室内空气质量,用人体嗅觉器官作为评估室内空气质量的标准之一。以一个健康的成年人空气污染物的排放量作为污染源的强度单位,该健康成年人为静坐状态,并在一个非常好的热舒适环境下。该成年人平均每天的洗澡次数为 0.7 次,更换内衣次数为每天一次,年龄范围为 18~35 岁,体表面积为 1.7 m^2,该成年人为办公室职员或者学生。并定义,当室内通风量为 10 L/s 时,且此时送入室内房间的新风没有被污染,一个健康成年人所造成的空气污染为 1 decipol,即 1 decipol=0.1 olf(L/s)。以 *PDA*(Predicted Dissatisfied of Air Quality)为预期室内空气质量的不满意比例,它可以作为判断室内空气质量的依据。具体关系如式(12.6)所表达:

$$PDA = \exp\left(5.98 - \sqrt[4]{\frac{112}{C}}\right) \tag{12.6}$$

$$C = C_0 + \frac{10G}{Q} \tag{12.7}$$

式中 C——室内空气品质的感知值,decipol;

C_0——室外空气品质的感知值,decipol;

G——室内空气以及通风系统的污染源源强度,olf;

Q——新风量,L/s。

这种方法在1992年被欧盟推荐为评估室内空气质量的方法,但是这种方法还没有得到BSR/ASHRAE标准的认可。也有学者对这种评价持怀疑态度。原因主要有两点:首先,Decipol和olf的定义没有将其他污染物考虑在内,仅仅是将人的代谢物作为污染物,如何使用olf对装修、装饰材料、建筑材料进行定义,以及相关污染物的测定还需要大量工作。其次,气味刺激是评价方法的基础,但气味刺激的强弱无法作为全部依据。因此,这种评价法是否合理尚待确定。

通过对三种评价方法的比较,本文采用客观评价法对室内空气品质进行评价,具体理由如下:

①主、客观综合评价方法是国外学者的研究成果,其客观污染物浓度指标以及室内人员的主观感受评价是否符合我国国情还有待商榷。

②对于主观评价方法,由于人员个体差异,其对室内环境的感受不同,这些会影响对室内空气品质的评价,使得评价结果不具有统一性、客观性及普遍性。

③客观评价法通过客观的数值指标对室内空气品质进行评价,不受人员差异性的影响,且客观指标具有普遍性、统一性,适用范围广。

12.2　住宅通风气流组织的评价方法

12.2.1　住宅建筑通风气流组织评价指标

评价一套通风系统的好坏,关键是看其在通风时所形成的气流组织是否合理。气流组织对整个房间的通风有效性有着巨大的影响。对通风的有效性的评价内容主要包括通风效果以及换气效率,这两者主要取决于污染源散发的强度以及室内环境的气流分布等,还有其相互作用的关系。就气流组织本身而言,其有效性与均匀性的评价方法颇多,本文着重介绍以下几种比较常见的评价指标。

(1)换气效率

一般来讲,换气效率的定义是室内空气理论上的最短停留时间与实际的停留时间之比。其作用是作为判断换气效果好坏的一个指标,室内的气流组织分布是其较为重要的影响因素,与污染物位置、散发强度等无关。

从理论上讲,室内空气的最短停留时间τ_n是室内体积V与单位时间的通风量的比值,如式(12.8):

$$\tau_n = \frac{V}{G} \tag{12.8}$$

因此,换气效率的公式如式(12.9)所示:

$$\varepsilon = \frac{\tau_n}{2\bar{\tau}} \tag{12.9}$$

式中　ε——换气效率；

τ_n——室内空气最短停留时间，s；

$\overline{\tau}$——房间空气龄的平均值，s。

从式(12.9)中可以明显看出室内的换气效率随着$\overline{\tau}$的增长而降低，在一般情况下，混合通风的 ε 为50%，置换通风的 ε 在50%~100%。在理想活塞流的情况下，换气效率 ε 才有可能达到100%。

上述换气效率是在室内没有人员的情况下计算得到的，有的相关研究人员将室内人员密度作为影响因素考虑进去，提出了包含室内人员密度的室内空气换气效率：

$$\varepsilon_n = \frac{\tau_n}{2 < \tau >_D} \tag{12.10}$$

其中，$2<\tau>_D$ 是考虑了占据密度的平均空气龄，其表达式如式(12.11)所示：

$$2 < \tau >_D = \int \tau \frac{\partial}{\partial z} \frac{\partial}{\partial y} \frac{\partial D}{\partial x} \mathrm{d}x\mathrm{d}y\mathrm{d}z \tag{12.11}$$

式中　τ——某点(x,y,z)的空气龄，s；

D——占据密度，表达式如式(12.12)所示：

$$D(x,y,z) = \frac{\sum_i^N ID^i(x,y,z)}{N} \tag{12.12}$$

式中　N——室内人数；

$ID^i(x,y,z)$——第 i 个人在房间某一位置的占据密度，且其符合式(12.13)：

$$OD_j^i = \int ID^i(x,y,z)\mathrm{d}x\mathrm{d}y\mathrm{d}z \tag{12.13}$$

式中　OD_j^i——第 i 人在房间 j 区域的占据密度。

当此人在室内任意一位置的占据密度都相等时，则 $ID^i(x,y,z)$ 可以由式(12.14)表示：

$$ID^i(x,y,z) = \frac{OD_j^i}{V_j} \tag{12.14}$$

式中　V_j——房间 j 区域的体积，m^3。

下面举个例子来说明如何计算 OD_j^i，房间一共有 N 个人，每个人在室内的时间均为8小时，其中第 i 个人在工作区时长为6个小时，在非工作区时长为2个小时，则具体计算如式(12.15)所示：

$$OD_j^i = \begin{cases} 6/8 = 0.75 & j\text{代表工作区域} \\ 2/8 = 0.25 & j\text{代表其他区域} \end{cases} \tag{12.15}$$

由式(12.15)可知第 i 个人在工作区域的占据密度为0.75，在其他区域的占据密度为0.25。

(2)不均匀系数

不均匀系数这一评价指标是通过测量得到的，首先在测量区域内也就是室内选取 n 个测点，分别测得每一个测点的风速预计温度，求其算数平均值，如式(12.16)、(12.17)所示：

$$\bar{t} = \frac{\sum t_i}{n} \tag{12.16}$$

$$\bar{v} = \frac{\sum v_i}{n} \tag{12.17}$$

均方根偏差为：

$$\sigma_t = \sqrt{\frac{\sum (t_i - \bar{t})^2}{n}} \tag{12.18}$$

$$\sigma_v = \sqrt{\frac{\sum (v_i - \bar{v})^2}{n}} \tag{12.19}$$

不均匀系数如下所示：

$$k_t = \frac{\sigma_t}{\bar{t}} \tag{12.20}$$

$$k_v = \frac{\sigma_v}{\bar{v}} \tag{12.21}$$

因此,不均匀系数就是温度与速度均方根偏差与平均值的比,当 k_t 与 k_v 较小时,室内房间气流分布的均匀性较好。

(3)空气分布特性指标

空气分布特性指标(Air Diffusion Performance Index,以下简称 ADPI)是一个比值,它是满足要求的侧点数与总测点数的比值。对于大多数舒适性空调而言,相对湿度在 30%~70%这一大范围内对人体的舒适性影响较小,室内空气的温度与风速及其综合作用是影响室内人员热舒适性的主要因素。有试验研究结果表明,室内风速与有效温度差之间存在如式(12.22)所示关系：

$$\Delta ET = (t_i - t_n) - 7.66(u_i - 0.15) \tag{12.22}$$

式中　ΔET——有效温度差；

t_i——室内某点的空气温度，℃；

t_n——给定的室内温度，℃；

u_i——室内某点的空气流速,m/s。

研究表明,让室内绝大多数人员感到舒适的 ΔET 范围为-1.7~+1.1,因此,空气分布特性指标应为：

$$ADPI = \frac{-1.7 < \Delta ET < 1.1 \text{ 的测点数}}{\text{总测点数}} \times 100\% \tag{12.23}$$

一般来说,$ADPI \geq 80\%$室内大多数人员会感觉满意。

(4)通风效率

通风效率又被称为混合效率也叫排污效率,其定义是实际参与稀释室内空气的风量与送入房间内总风量的比值,即如式(12.24)所示：

$$E_V = \frac{G - G_e}{G} \tag{12.24}$$

式中 E_V——通风效率；

G——送入室内的总风量，m^3/h；

G_e——未参与污染物稀释而直接从排风口排除至室外的风量，m^3/h。

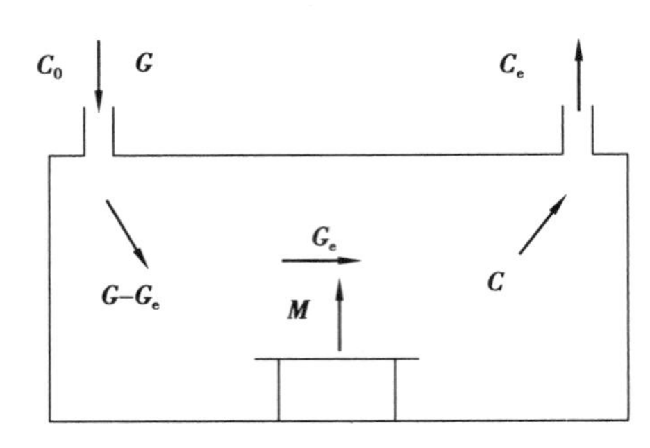

图 12.1 考虑通风效率的通风模型

如图 12.1 所示，C_0 为初始输入的室内空气污染物度，C 为充分混合浓度，M 为室内污染物量，当送入室内房间的通风量为 G，只有（$G-G_e$）部分与室内散发的污染物充分混合，G_e 为参与污染物的稀释混合，因此在考虑了通风效率 E_V 之后，室内房间实际稀释污染物的通风量为 E_VG，因此有式（12.25）：

$$C=\left[C_0+\frac{M}{E_VG}\right]\left[1-\exp\left(-\frac{E_VG}{V}\tau\right)\right]+C_e\exp\left(-\frac{E_VG}{V}\tau\right) \tag{12.25}$$

$$C=C_0+\frac{M}{E_VG} \tag{12.26}$$

$$G=\frac{M}{(C-C_0)E_V} \tag{12.27}$$

式（12.25）中 C 为充分混合浓度。此时在稳态排气口处的污染物浓度 C_e 和初始输入的室内空气污染物浓度 C_0 不相等的情况下，必然会有如下关系：

$$M=G(C_e-C_0) \tag{12.28}$$

将式（12.28）式带入式（12.24）中，整理后得到通风效率的另一表达式：

$$E_V=\frac{C_e-C_0}{C-C_0} \tag{12.29}$$

当送入室内房间的空气中该项污染物浓度为 0 时，则式（12.29）应为：

$$E_V=\frac{C_e}{C} \tag{12.30}$$

通过上述分析可知，通风效率 E_V 也代表着空调系统或者通风系统排除污染物的能力，因此也有学者将其称为排污效率。

当送入室内房间的空气与污染物混合充分时，排风口处的污染物浓度等于房间室内空气污染物浓度时，$E_V=1$。然而对于典型的混合通风来说，E_V 都是小于 1 的。但是，若采取个性化送风的方式，将清洁空气直接送到室内人员附近，则此时室内房间的污染物浓度可能会出现小于排风口处污染物浓度的情况，E_V 大于 1。当室内污染源越接近排风口处，所得的 E_V 也越大。

(5)能量利用系数

当通风系统的目标是转移室内房间中的热量,通风效率中的污染物浓度可以用温度来替代,将其称为能量利用系数 η,亦称作温度效率,其表达式如下所述:

$$\eta = \frac{t_e - t_0}{t - t_0} \tag{12.31}$$

式中　t_e——排风口处的温度,℃;

t——室内房间温度,℃;

t_0——送风温度,℃。

通常情况下,污染物浓度或温度在排风口处总是比室内的平均值要大,或者接近室内的平均值,因此在一般情况下排污效率或者说温度效率通常都大于等于1,数值越大说明室内通风效果越好。当送风气流进入室内房间后向排风口推进房间空气和污染物时,即为置换通风活塞流,此时在排风口处污染物浓度或者说温度较其他送风方式下排风口处的污染物浓度或者说温度都要大很多,也就是此种送风方式下排污效率或温度效率最高。

通过上述对室内通风效果评价指标的分析,可以清楚地知道换气次数与通风量可以用来评价室内房间空气的更新速度,通风效率可以用来对室内房间通风换气的经济性能以及能源利用率进行评价。

12.2.2　住宅建筑通风效果的评价方法

住宅通风效果的评价方法应该满足三个要求:其一,这一评价体系要符合测试技术人员多年来的习惯问题;其二,评价操作的方法应该简单易行;其三,该方法应具有广泛的适用性。

评价住宅建筑通风效果的方法有很多种,如采用通风效率方法评价通风效果。到目前为止,相关研究人员使用最广泛的方法是利用示踪气体测试室内空气龄,然后来评估室内通风的效果。

空气龄是指空气从进入房间到达室内房间某一点所经历的时间,其实际意义是指室内房间旧空气被室外新鲜空气所取代的快慢。空气龄由两部分组成,其一是室内平均空气龄,其二是室内局部(某一测点)的空气龄。通常情况下位于送风入口处的空气最新鲜,此时的空气刚刚进入室内房间,空气龄为零,送风入口处的空气停留时间最短,同时也意味着在该处室内房间中新鲜空气取代原有陈旧空气的速度最快。

12.2.3　住宅建筑通风效果的测试方法

住宅建筑通风其本质就是将室外新鲜空气引入室内房间,与室内房间的空气进行混合,进而消除室内有害有毒气体、污染物以及余热余湿等的过程。引入的新鲜空气与室内房间原本的旧空气相互掺杂,逐渐形成三维不稳定流场,同时会产生一定的旋涡,因此,仅仅通过测量流速的方法不可能清楚地让研究人员了解室内房间气流的混合详情,对通风所产生的效果因而也就无法评定。因此通过测量风速进而分析流场的方法对于研究室内房间的通风效果就不是那么合理。而示踪气体测量的方法可以定量地分析室内空气流场的流动状况,对于测量室内房间的通风效果具有很大的优势。

示踪气体测试方法的原理是假定控制体周围的示踪气体浓度为零,并且示踪气体在整个室内空间中迅速充分地与空气混合，这样一来就可以用单一的值来表示室内整个房间的示踪气体的浓度，根据质量守恒原理可列出方程式：

$$V\frac{dC(t)}{d_t}=F(t)-q(t)C(t) \tag{12.32}$$

式中　V——室内房间体积，m^3；

C——示踪气体浓度，kg/m^3；

q——空气流出室内房间的流量，kg/s；

F——示踪气体的释放率，kg/s。

利用示踪气体分析室内空气的方法，其具体操作是释放一定量的示踪气体在室内房间中，接着观察室内房间空气中示踪气体浓度随时间变化而变化的情况，进而定量地分析室内房间空气的流动状况。应用示踪气体法测量室内房间的渗透性与室内房间的空气流动特性已经经历了40多年的历史，并且由此分出了不同的测量方法，包括恒定浓度法、恒定释放法以及浓度衰减法等。

通过对室内通风效果评价方法的比较，本节采用空气龄以及通风效率这两种评价指标对室内通风效果进行评价。理由具体如下：

①空气龄不仅能够反映室内空气的新鲜程度，其还可以间接地反映室内的气流组织，空气龄低的地方室内气流组织良好，空气龄高的地方室内气流组织较差，容易造成室内污染物的聚集。

②通风效率可以反映通风系统排除室内污染物的能力，通风效率与室内排风口位置、送风量、污染源位置有着密切的关系，因此通风效率可以很好地反映通风系统的设计是否合理。同时，通风效率也是一个经济性指标，其数值大，说明排除同样散发量的污染物，所需要的室外新鲜空气少，故而处理相应的空气与运输能耗就小，相应地设备运行时的费用也就越低，因而经济性指标也就越好。

12.3　数值模拟方法

目前为止，空调领域的学者们为了更好地研究和探讨室内空气流动情况，主要采用四种方法来对室内房间空气进行预测，它们分别为：射流理论分析法、区域模型法、模型实验法以及CFD数值计算法。表12.3给出了四种方法的具体比较。

表12.3　四种室内空气品质预测方法比较

	射流理论分析	区域模型法	模型实验法	CFD数值模拟
使用条件	与实际射流相关的机械通风	一定条件下的机械通风与自然通风	自然通风与机械通风	自然通风与机械通风
房间图形的复杂程度	简单	复杂	无限制	无限制
预测结果的成本	低	低	高	低

续表

	射流理论分析	区域模型法	模型实验法	CFD 数值模拟
预测结果的时长	短	较短	长	长
预测结果的精确性	差	差	良好	好
预测结果的完整性	简略	一般	良好	好
对经验参数的依赖性	依赖	依赖	不依赖	一般

到目前为止,建筑空间的形式变得越来越复杂,以前的射流分析方法是建立在理想条件和标准下提出或实验获得的射流经验公式。其应用存在一定的局限性,射流理论分析法只能提供一些参数的性能,不能详细地提供研究人员所需要的数据,越来越无法适应日益复杂化的建筑空间。区域模型法是宏观集总的,因而其得到的结果准确性不高,由于其自身特性的限制,其不能应用在存辐射传热、温度梯度较大以及多区域的情形。对于模型实验来说,虽然研究人员可以通过试验模型获得实验所需要的数据,但是研究人员需要花费大量的时间用于做实验研究,而且实验成本昂贵,因此试验模型的方法也很难在实际应用工程设计中推广。

与上述三种方法相比,CFD 数值模拟的方法没有上述的缺点,因此也越来越广泛地被用于暖通空调工程领域,CFD 数值模拟的优点:

①成本低。在 CFD 数值模拟计算中,无须搭载实际测量中所需要的试验平台,也无须购买实验设备,不用寻找安装布置设备所需要的实验场地,因此从成本费用的角度出发 CFD 数值模拟要比相应的实验研究费用低许多。

②结果完整。对于计算机求解的问题,可以得到详细完整的信息,CFD 数值模拟可以提供整个计算区域内所有相关变量的值,可以提供一些较难测量点的数值计算。

③结果的获取速度快。CFD 数值模拟可以在较短的时间内模拟数以百计的设计方案,并从中找到最优方案。而与之相对应的实验研究若要得到结果所花费的时间可能是数倍甚至更久。

④CFD 数值模拟可以将方案放在理想条件下进行计算,例如在研究某些物理现象或化学反应时,研究人员希望将方案环境理想化,以便对现象进行进一步的研究,这些理想条件在 CFD 数值模拟计算中可以很轻易地设定这些条件的精确值。反之,无论多么精确的实验方案也无法达到这些理想化的条件与场景。

⑤实验测量会不可避免地带来误差,研究人员只能采取各种方法来减小实验所带来的误差,但是不可能真正地消除这些误差,CFD 数值模拟不存在这些误差,可以使结果更准确、更令人信服。

CFD 数值计算的方法与其他三种方式相比具有成本低、速度快、资料完备且可模拟各种不同的工况等独特的优点,故本文将采用 CFD 数值计算的方法对住宅建筑通风效果进行分析。

自从英国 CHAM 公司在 1981 年首先研究出了求解传热问题与求解流体问题的软件 PHOENICS,CFD 软件应用的市场由此发展开来,至今为止,在全世界范围内至少已经有 50 多

种计算传热与流体问题的相关软件。目前CFD商用软件比较多,如:

用于前处理的软件:ICEM,Gambit,GridPro,Tgrid,CFD等;

用于计算分析的软件:FIDAP,Fluent,POLYFLOW等;

用于后处理的软件:Field View,Ensight,IBM Open Visulization Explorer等;

下面简要介绍几种常用的CFD模拟软件。

(1)PHOENICS

该软件采用有限容积法,离散格式为一阶迎风格式、混合格式以及QUICK格式等,应用SIMPLE算法对压力与速度耦合进行计算,应用IPSA算法(应用于两种介质互相渗透的场合使用)与PSI-Cell算法对两相流进行计算,代数方程组可以选用块迭代、点迭代等方法,同时加入了块修正以加速收敛。近年来,PHOENICS软件在功能与方法方面做了改进,纳入了细网格嵌入技术、拼片多块网格技术、非结构化网格技术等。在湍流模型方面纳入了RNG k-ε 模型、低Reynolds k-ε 模型以及零方程模型等。PHOENICS计算精度较高,可靠性好,但是图片的可视化与后处理能力较弱。

(2)CFX

CFX软件采用有限容积法、拼片式块结构化网格,在非正交曲线坐标系上进行离散,应用同位网格的方式对变量进行布置。采用一阶迎风格式、高阶迎风格式、混合格式、QUICK格式、MUSCL格式等作为对流项的离散格式。应用SIMPLE算法对速度与压力耦合进行计算。采用代数多重网格、Stone、块隐式、线迭代等方法作为代数方程组的求解。湍流模型包括RNG k-ε 模型、Reynolds应力模型、代数应力模型、低Reynolds k-ε 模型、k-ε 模型等。CFX网格划分能力较强,但是系统计算时间太长。

(3)FLUENT

Fluent是美国FLUENT Inc.公司在1983年推出的一款软件,是在PHOENICS后第二个投放到市场的基于有限容积法的软件。其速度与压力耦合应用同位网格上的SIMPLEC算法,对流项差分应用了一阶迎风格式、中心差分格式以及QUICK格式等。纳入了最小残差法以及多重网格法对代数方程组进行求解。湍流模型包括:Reynolds应力模型、RNG k-ε 模型以及标准 k-ε 模型等,并将射线跟踪法应用于辐射换热计算方面。Flunet几乎覆盖了流体相关的所有行业,应用性较广,但是其前处理器格式封闭,适用性不高。

(4)Airpak

Airpak是FLUENT Inc.公司针对暖通空调领域专门开发的一款CFD模拟软件,其可以实现对通风系统的空气流动、污染、室内的传热、舒适度、空气品质等问题的准确地模拟。Airpak作为一款准对暖通空调领域的模拟软件,具有两大优点:第一,Airpak模拟软件可以准确地模拟出室内房间不同区域内污染物的浓度变化情况,并以此作为评价室内设计好坏以及指导设计优化的基础。第二,与现场实际测量的方法相比较,Airpak数值模拟后的结果可以显示室内房间各个区域内的污染物浓度;Airpak模拟还可以在设计阶段对现有设计通过数值模拟的方法做出评价,提前发现设计中存在的问题或不足,进而优化设计。

根据以上各个软件的特点,本节采用Airpak作为模拟软件,对采用通风系统的住宅建筑所制定的不同通风策略下室内甲醛浓度、CO_2 浓度以及房间空气龄进行模拟分析。

12.4　住宅建筑室内空气品质模拟

12.4.1　物理模型

在实际住宅建筑中,很多因素(如室内的花瓶、茶盘等家具摆设)会影响室内房间空气流动。在搭建模型进行模拟计算时,这些琐碎的物件不仅增加了建模的难度,而且也提高了计算机的计算量,增加了计算机的运算时间,并对计算机的配置要求有所提高,因此,在不影响数值模拟的准确性的前提下可以对模型进行适当的简化。本文主要物理模型参数如表 12.4 所示。依据前面的设计,在房间中央以及主卧室与客卧室入口处分别设置一个送风口,在客厅以及主卧室与客卧室靠近窗户侧设置 3 个排风口。图 12.2 为所建的物理模型。

表 12.4　物理模型

位　置	类　型	尺寸(m×m×m)
主卧	床	2×0.45×1.8
	床头柜	0.45×0.5×0.45
	衣柜	0.5×1.8×1.5
客卧	电脑	0.5×0.5×0.5
	电脑桌	0.2×0.5×2
	衣柜	0.5×1.8×1.5
	床	2×0.45×1.5
客厅	沙发	2.5×0.45×1.0
	茶几	1.2×0.45×0.6
	电视	1.5×1.0×0.2
	餐桌	1.8×0.6×0.2

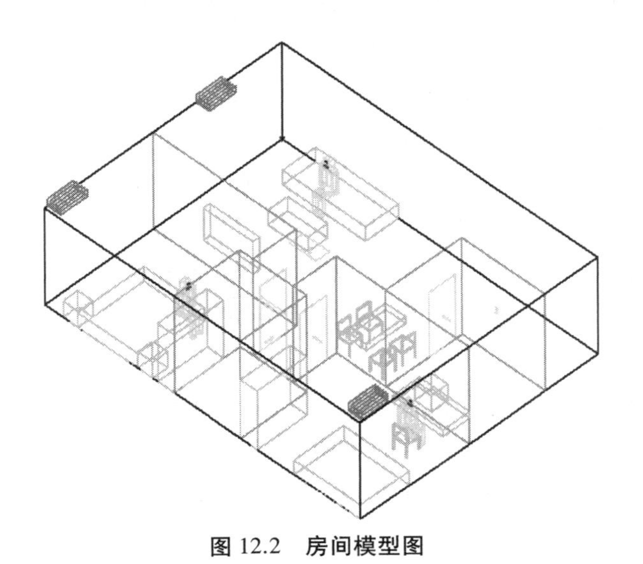

图 12.2　房间模型图

12.4.2 边界条件

在进行数值模拟计算时要对边界条件进行设定,下面是对边界条件的处理:

①假设墙体与天花板为绝热边界,室内设计温度 20 ℃,地面为热辐射面,简化为温度上限为 40 ℃的辐射体。

②室内人员散热量为 108 W/人,电脑发热量为 180 W。

③送风速度依照送风量计算,排风速度依照排风量计算,排风量为送风量的 80%,以保证室内正压。送风温度为 12 ℃,排风温度为室内温度。

④新风中 CO_2 浓度为 0.3 L/m^3,甲醛浓度为 0.02 mg/m^3,室内主要污染物为室内人员所散发的 CO_2,为 19 L/(h·人),建筑装修装饰材料所散发的甲醛,为 0.12 mg/(m^2·h)。

12.4.3 模拟工况

本次模拟按照第 3 章所设计的通风策略与通风形式,将模拟分为六个工况,污染物浓度超标时送风量按照浓度超标最大值计算,具体介绍如下:

工况一:系统检测到室内房间空气中污染物浓度均未超标,此时按照标准送风状态送风,送风量按换气次数法确定为 130 m^3/h。

工况二:系统检测到室内房间空气中污染物浓度超标,超标浓度在 50%以上,根据污染物源辨识的原理检测到超标的污染物位于客厅区,按照制定的策略,此时加大客厅区送风量,送风量为 240 m^3/h。

工况三:系统检测到室内房间空气中污染物浓度超标,超标浓度在 50%以上,根据污染物源辨识的原理检测到超标的污染物位于客厅区,按照制定的策略,此时客厅区送风口关闭,客卧区与主卧区送风口开启,每个风口平均送风量为 120 m^3/h。

工况四:系统检测到室内房间空气污染物浓度超标,超标浓度在 30%以下,根据污染物源辨识的原理检测到超标的污染物位于客卧区,按照制定的策略,此时客卧区送风口开启,客厅区与客卧区共同向室内送风,送风量为 156 m^3/h。其中客厅区送风量仍维持污染物浓度超标时送风量送风,即 130 m^3/h,客卧区送风口送风量为 26 m^3/h。

工况五:系统检测到室内房间空气污染物浓度超标,超标浓度在 30%以下,根据污染物源辨识的原理检测到超标的污染物位于客卧区,按照制定的策略,此时客卧区送风口开启,客厅区与客卧区共同向室内送风,送风量为 156 m^3/h,各个风口送风量为总送风量的一半。

工况六:系统检测到室内房间空气污染物浓度超标,超标浓度在 30%以下,根据污染物源辨识的原理检测到超标的污染物位于客卧区,按照制定的策略,客厅区送风口加大送风量,风量为 156 m^3/h。

因主卧区与客卧区在空间上存在一定的对称性,故主卧区的情况不再模拟,其控制通风策略与客卧区类似。污染源位于客卧区时的通风策略同样适用于主卧区。对超标浓度范围在 30%以下和 50%以上两种情况进行了模拟,模拟结果对污染物浓度在 30%~50%这一范围同样具有适用性。

12.4.4　其他设置

（1）基本参数设定

本次模拟计算主要以室外大气压力为工作压力进行模拟计算，其值为 101.325 kPa，另需要考虑重力对模拟结果的影响，固在物理模型建立的垂直方向 y 轴上，由于重力所产生的加速度为 9.81 m/s^2。

（2）求解器的选择

数值模拟计算的方法一般分为非耦合法与耦合法两种，非耦合法适用于流动为低马赫压缩性流体或不可压缩流体，耦合法适用于可压缩的流体。Airpak 软件的求解器为 Fluent，其默认的求解方法为非耦合求解法。本文研究的是稳态气流，具有三维不可压缩性，故用非耦合求解法。

（3）对残差监视器的设置

残差的对象包括能量、组分等，具体情况如表 12.5 所示。

表 12.5　Airpak 中残差设置

计算残差对象	收敛标准
能量	1e-6
湍流动能	1e-3
湍流耗散率	1e-3
组分	1e-3

12.5　住宅建筑 IAQ 模拟结果与策略优化分析

本次模拟在浓度场分析中主要考虑污染物的浓度分布情况，主要目的就是通过对污染物浓度的模拟结果的观察与分析，利用第 4 章提到的客观评价法，以及通风效率与空气龄为评价指标，对第 3 章所制定的不同通风策略下的通风效果进行分析。

选取的截面分别为：房间横断面 $Y=0.6$ m 处，此高度为室内人员卧床休息时呼吸区所处的空间高度；$Y=1.2$ m 处，此高度为室内人员在坐着时呼吸区所处的空间高度。

12.5.1　污染物浓度未超标时室内通风分析

对工况一的数值模拟结果进行分析，即此时室内污染物浓度未超标，客厅区送风口送风，送风量为 130 m^3/h。

1）浓度场分析

（1）CO_2 浓度场分析

各个断面的 CO_2 浓度分布如图 12.3 和图 12.4 所示，从图中可以看出，由于室内 CO_2 主要是由室内人员活动所产生的，故人体周围 CO_2 浓度较高，但是周围其他环境中的 CO_2 浓度均未超过国家标准，可通过个性化送风的方式，降低人体周围 CO_2 浓度。

在 $Y=0.6$ m 截面处主卧区的 CO_2 平均浓度约为 1 518.25 mg/m^3，相当于 843.66 ppm，客卧区的 CO_2 平均浓度约为 1 523.63 mg/m^3，相当于 846.65 ppm，客厅区 CO_2 的平均浓度约为 1 505.88 mg/m^3，相当于 863.79 ppm，整个房间的 CO_2 浓度为 858.36 ppm，低于国家标准的 1 000 ppm。

在 $Y=1.2$ m 截面处主卧区的 CO_2 平均浓度约为 1 523.35 mg/m^3，相当于 846.5 ppm，客卧区的 CO_2 平均浓度约为 1 524.75 mg/m^3，相当于 847.28 ppm，客厅区 CO_2 的平均浓度约为 1 512 mg/m^3，相当于 840.19 ppm，整个房间的 CO_2 浓度为 844.89 ppm，低于国家标准的 1 000 ppm。

从图中可以知道，在室内不存在污染物浓度超标的情况下，所设计的通风方案以及新风量针对 CO_2 浓度达到了国家标准的要求。

图 12.3　$Y=0.6$ m 断面处 CO_2 浓度分布图

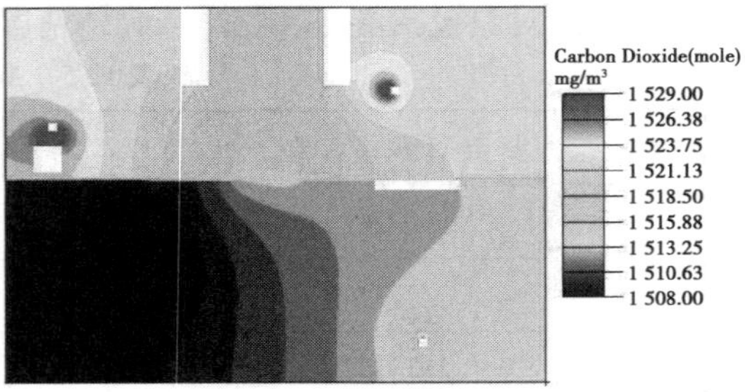

图 12.4　$Y=1.2$ m 断面处 CO_2 浓度分布图

(2)甲醛浓度场分析

各个截面的甲醛浓度场分布图如图 12.5 和图 12.6 所示，从图中可以看出：

在 $Y=0.6$ m 截面处主卧区的甲醛平均浓度为 0.070 5 mg/m^3，客卧区的甲醛平均浓度约为 0.068 75 mg/m^3，客厅区的甲醛平均浓度为 0.061 25 mg/m^3，房间整体的平均浓度为 0.066 8 mg/m^3。

在 $Y=1.2$ m 截面处主卧区的甲醛平均浓度为 0.068 8 mg/m^3，客卧区的甲醛平均浓度约为 0.068 5 mg/m^3，客厅区的甲醛平均浓度为 0.061 2 mg/m^3，房间的平均浓度为 0.066 mg/m^3。

从图中可以看出各个截面无论是最大浓度还是平均浓度，甲醛值均未超过国家标准，因此可以认为在标准通风的情况下符合室内健康要求，同时也验证了我国标准规定按照换气次数法计算所得新风量在室内污染物浓度未超标的情况下符合实际要求。

图 12.5　$Y=0.6$ m 断面处甲醛浓度分布图

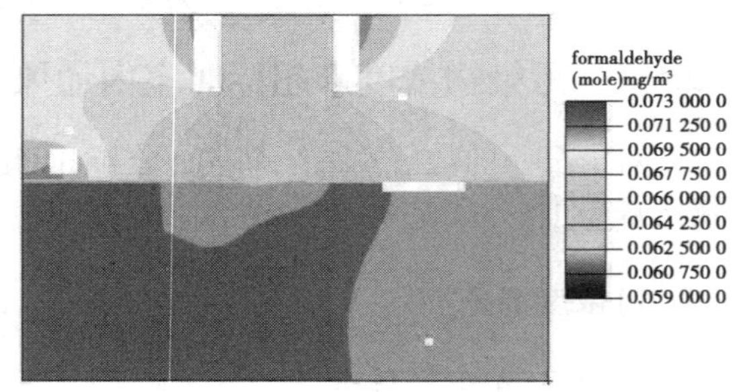

图 12.6　$Y=1.2$ m 断面处甲醛浓度分布图

2)通风效果分析

(1)通风效率分析

从前文分析知道通风效率可以评价室内通风系统的好坏,因此本节通过对通风效率进行计算来评价室内通风系统的通风策略。

通风效率计算已经在第 11 章中给出,在此直接对房间的通风效率进行计算,房间污染物为 CO_2 与甲醛,故依照这两种污染物对室内通风效率进行计算,计算结果如表 12.6 所示。

表 12.6　室内房间通风效率

房　间	通风效率	
	甲醛	CO_2
主卧区	0.946	0.997
客卧区	0.940	0.981
客厅区	0.950	0.997

从表 5.4 中可以看出,主卧区甲醛通风效率为 0.946,CO_2 通风效率为 0.997,客卧区甲醛通风效率为 0.94,CO_2 通风效率为 0.981,客厅区甲醛通风效率为 0.95,CO_2 通风效率为 0.997,通风效率都接近 1,说明室内排污效果良好。

(2)室内房间空气龄分布

评价室内房间气流组织的另一个指标是空气龄,图 12.7 与图 12.8 显示了室内在截面 Y=0.6 m、Y=1.2 m 处房间的空气龄。从图中可以看出空气每经过 8 分钟左右可以更换一次,室内空气较为新鲜。如图所示,在 Y=0.6 m 截面处的平均空气龄为 490 s、Y=1.2 m 处截面的平均空气龄为 482 s。

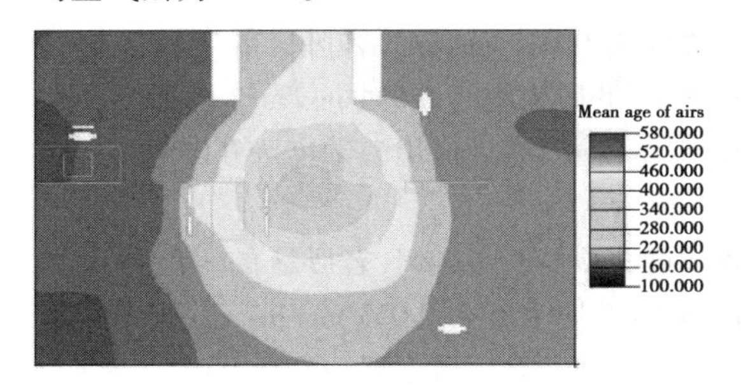

图 12.7　Y=0.6 m 断面处空气龄分布图

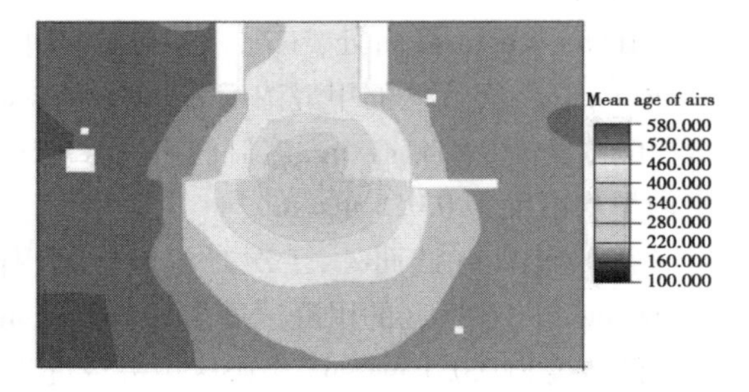

图 12.8　Y=1.2 m 断面处空气龄分布图

12.5.2　污染物浓度超标且位于客厅区通风分析

当室内人员较多或者由于某些原因室内污染物浓度超标时,相应的通风策略会进行改变,无论是送风口开启的形式还是通风量都会发生变化,下面分析当室内污染物浓度超标 50%,且系统检测到污染源位置位于客厅区情况下不同通风形式的通风策略。

对工况二以及工况三模拟结果进行分析,工况二室内由客厅区送风口送风,送风量为

240 m³/h。工况三室内由客卧区与主卧区送风口送风，每个风口送风量为 120 m³/h。

1)污染物浓度场分析

以甲醛浓度超标为例，图 12.9 与图 12.10 显示了工况二在不同截面处甲醛的浓度，图 12.11与图 12.12 显示了工况三在不同截面处甲醛的浓度。

图 12.9　工况二 $Y=0.6$ m 断面处甲醛浓度分布图

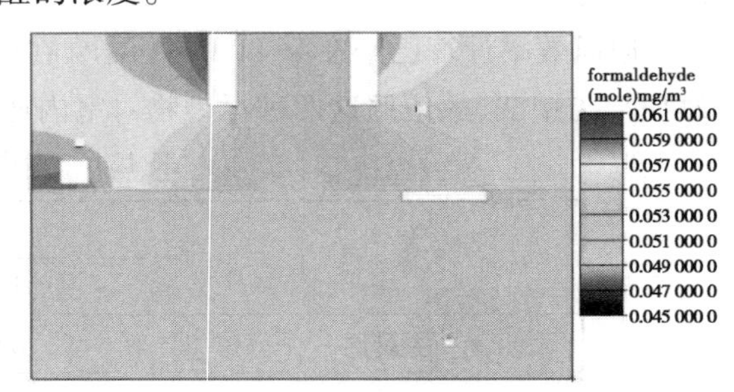

图 12.10　工况二 $Y=1.2$ m 断面处甲醛浓度分布图

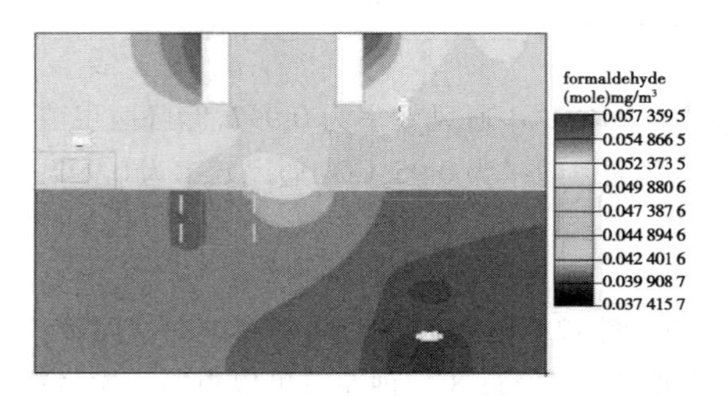

图 12.11　工况三 $Y=0.6$ m 断面处甲醛浓度分布图

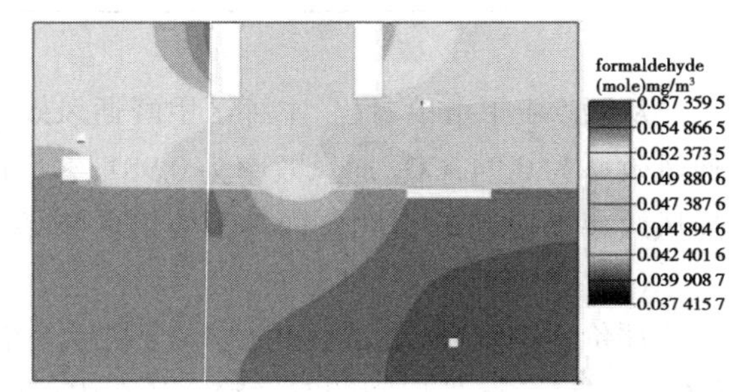

图 12.12　工况三 $Y=0.6$ m 断面处甲醛浓度分布图

从表 12.7 中可以看出：

在 $Y=0.6$ m 截面处，工况二主卧区的甲醛浓度为 0.057 mg/m³，客卧区的甲醛浓度为 0.056 mg/m³，客厅区的甲醛浓度为 0.049 mg/m³，室内平均浓度为 0.054 mg/m³。工况三主卧区甲醛浓度为 0.054 mg/m³，客卧区甲醛浓度为 0.051 mg/m³，客厅区甲醛浓度为 0.059 mg/m³，室内平均浓度为 0.055 mg/m³。

在 $Y=1.2$ m 截面处，工况二主卧区的甲醛浓度为 0.056 mg/m³，客卧区的甲醛浓度为 0.058 mg/m³，客厅区的甲醛浓度为 0.050 mg/m³，室内平均浓度为 0.055 mg/m³。工况三主卧区甲醛浓度为 0.051 mg/m³，客卧区甲醛浓度为 0.052 mg/m³，客厅区甲醛浓度为 0.055 mg/m³，室内平均浓度为 0.052 mg/m³。

对比工况二与工况三甲醛浓度，可以发现工况二中客厅区甲醛浓度低于工况三，从图 12.9—图 12.12 也可以看出，工况三客厅内污染物浓度较高，通风效果不好，考虑到此时污染源位于客厅区，应选择可以使得客厅区污染物浓度更低的通风方式，故通过对甲醛浓度的客观评价选择工况二所代表的通风策略要优于工况三。

表12.7　不同工况甲醛浓度对比

位置(m)	房间	甲醛浓度(mg/m^3)	
		工况二	工况三
$Y=0.6$	主卧区	0.057	0.054
	客卧区	0.056	0.051
	客厅区	0.049	0.059
$Y=1.2$	主卧区	0.056	0.051
	客卧区	0.058	0.052
	客厅区	0.050	0.055

2)通风效果分析

(1)通风效率的分析

根据污染物浓度的分布图,可以得出室内污染物浓度,进而计算出室内房间的通风效率,表12.8显示了当污染物超标50%且污染源位于客厅时主卧区时,由客厅区送风口单独送风形式下的主卧区、客卧区以及客厅区的通风效率。从表12.8中可以看出,工况二与工况三主卧区、客卧区、客厅区以及室内通风效率差别不大,都接近于1,说明两种工况下的室内排污效果良好。

表12.8　不同工况通风效率

房间	通风效率	
	工况二	工况三
主卧区	0.965	0.976
客卧区	0.962	0.961
客厅区	0.961	0.963
室内整体	0.963	0.967

(2)室内房间空气龄分布

图12.13—图12.16显示了两种工况下在截面$Y=0.6$ m与$Y=1.2$ m处房间空气龄。在$Y=0.6$ m处工况二空气龄平均值为338 s,工况三平均空气龄为300 s,在$Y=1.2$ m处工况二空气龄平均值为321 s,工况三为335 s,两者相差不是很大。但是工况三客厅区空气龄与其他两区空气龄相差约为100 s,说明该种工况下客厅区气流组织不合理。

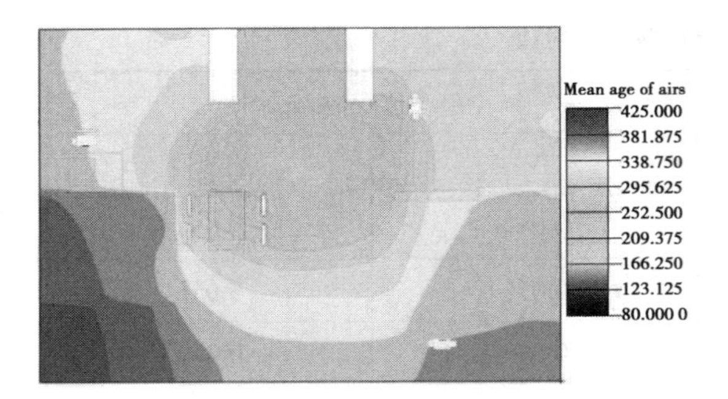

图 12.13　工况二 $Y=0.6$ m 断面处空气龄分布图

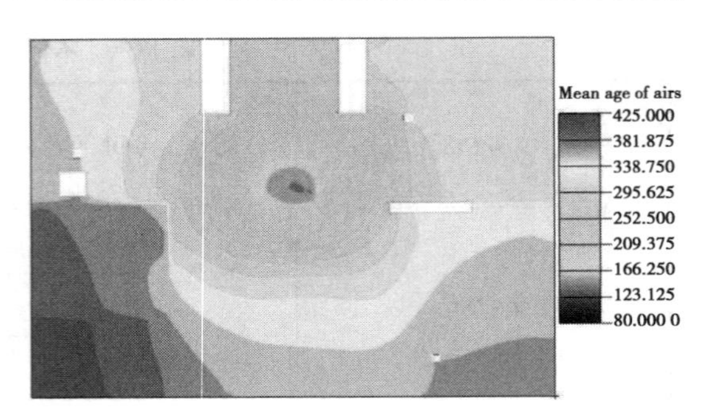

图 12.14　工况二 $Y=1.2$ m 断面处空气龄分布图

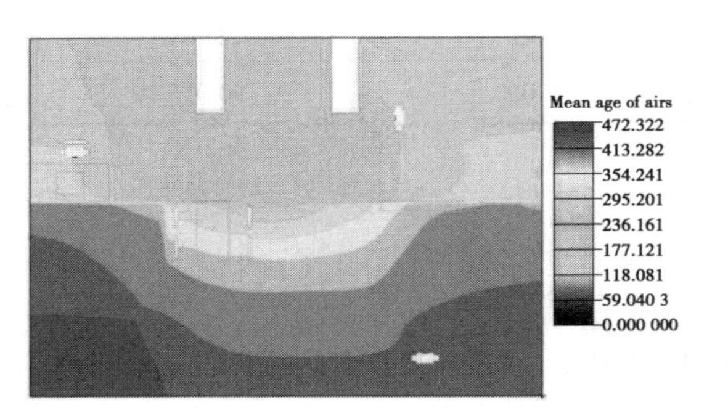

图 12.15　工况三 $Y=0.6$ m 断面处空气龄分布图

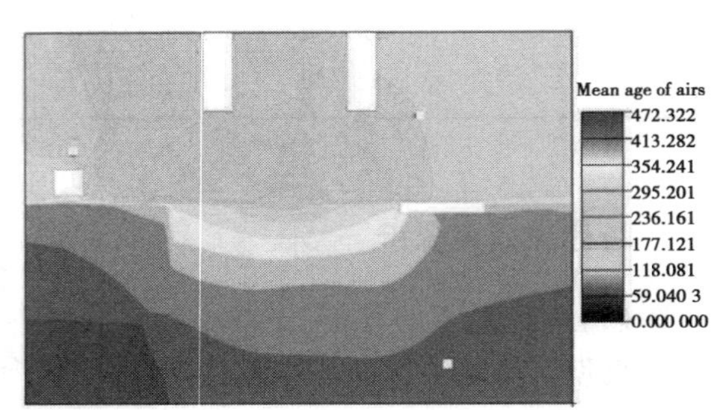

图 12.16　工况三 $Y=1.2$ m 断面处空气龄分布图

通过上述分析,工况二与工况三室内通风效率与空气龄均较为接近,但是客厅区甲醛平均浓度工况二低于工况三,且工况三室内空气龄分布差别较大,考虑到室内污染源是在客厅区,显然工况二的通风效果要好于工况三,故确定当室内污染源位于客厅区时,最优的通风策略为工况三所表述的通风策略,即当污染源位于客厅区时,由客厅区送风口单独送风,送风量为 240 m^3/h。

12.5.3　污染物浓度超标且位于客卧区通风分析

按照工况四、工况五、工况六通风形式进行模拟,此时室内污染物浓度超标 30%以下。工况四为客厅区风口与客卧区风口同时向室内送风,客厅区送风量为 130 m^3/h,客卧区送风量为 26 m^3/h;工况五为客厅区风口与客卧区风口同时向室内送风,每个风口送风量为 78 m^3/h;工况六为客厅区风口单独送风,送风量为 156 m^3/h。

1)污染物浓度场分析

图 12.17—图 12.22 显示了三种工况下甲醛浓度在不同截面处的浓度分布,三种不同工况下的甲醛浓度值如表 12.9 所示。

在 $Y=0.6$ m 截面处,工况四主卧区的甲醛浓度为 0.063 mg/m^3,客卧区的甲醛浓度为 0.061 mg/m^3,客厅区的甲醛浓度为 0.058 mg/m^3,室内平均浓度为 0.061 mg/m^3。工况五主卧区甲醛浓度为 0.072 mg/m^3,客卧区甲醛浓度为 0.066 mg/m^3,客厅区甲醛浓度为 0.067 mg/m^3,室内平均浓度为 0.068 mg/m^3。工况六主卧区的甲醛浓度为 0.065 mg/m^3,客卧区的甲醛浓度为 0.068 mg/m^3,客厅区的甲醛浓度为 0.057 mg/m^3,室内平均浓度为 0.063 mg/m^3。

在 $Y=1.2$ m 截面处，工况四主卧区的甲醛浓度为 0.063 mg/m³，客卧区的甲醛浓度为 0.062 mg/m³，客厅区的甲醛浓度为 0.056 mg/m³，室内平均浓度为 0.060 mg/m³。工况五主卧区甲醛浓度为 0.073 mg/m³，客卧区甲醛浓度为 0.065 mg/m³，客厅区甲醛浓度为 0.066 mg/m³，室内平均浓度为 0.068 mg/m³。工况六主卧区的甲醛浓度为 0.065 mg/m³，客卧区的甲醛浓度为 0.057 mg/m³，客厅区的甲醛浓度为 0.056 mg/m³，室内平均浓度为 0.063 mg/m³。

工况五主卧区甲醛浓度为 0.073 mg/m³ 远高于其他两种工况，说明工况五所对应的通风效果比其他两种工况所对应的通风效果差，从图 5.18 中也可以看出此时主卧区甲醛浓度明显高于其他两种工况。工况四客卧区甲醛浓度为 0.061 mg/m³，工况六客厅区甲醛浓度为 0.068 mg/m³，客厅区与主卧区两者差别不大，考虑到此时污染源位于客卧区，选择的通风策略应使客卧区的污染物浓度更低，故利用客观评价法所得到的最优通风策略为工况四所代表的通风策略。即客厅区送风风口与客卧区风口同时送风，客厅区送风口风量为污染物浓度未超标时的送风量，为 130 m³/h，客卧区送风口承担其余的送风量，为 26 m³/h。

图 12.17　工况四 $Y=0.6$ m 断面处甲醛浓度分布图

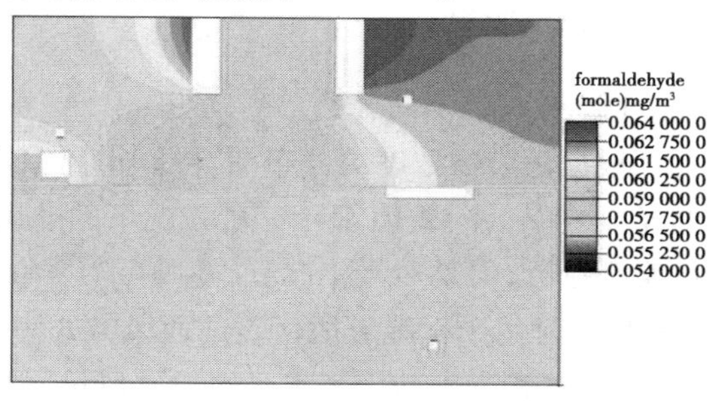

图 12.18　工况四 $Y=1.2$ m 断面处甲醛浓度分布图

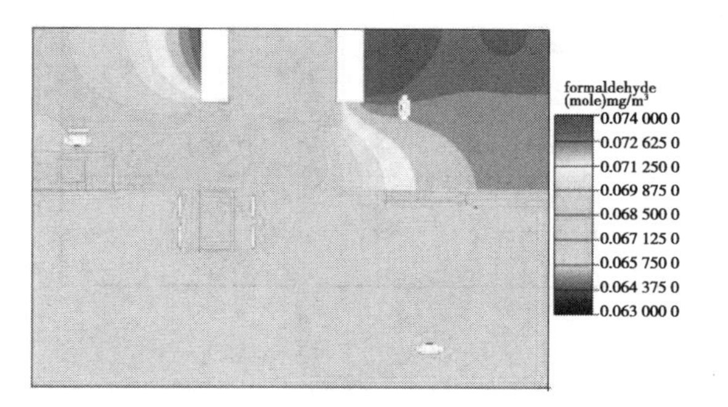

图 12.19　工况五 $Y=0.6$ m 断面处甲醛浓度分布图

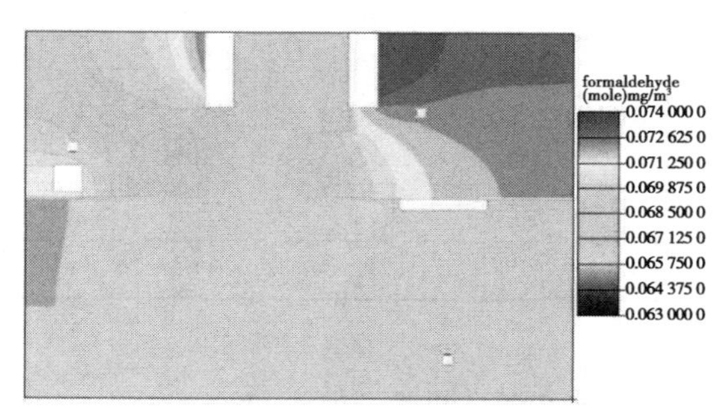

图 12.20　工况五 $Y=1.2$ m 断面处甲醛浓度分布图

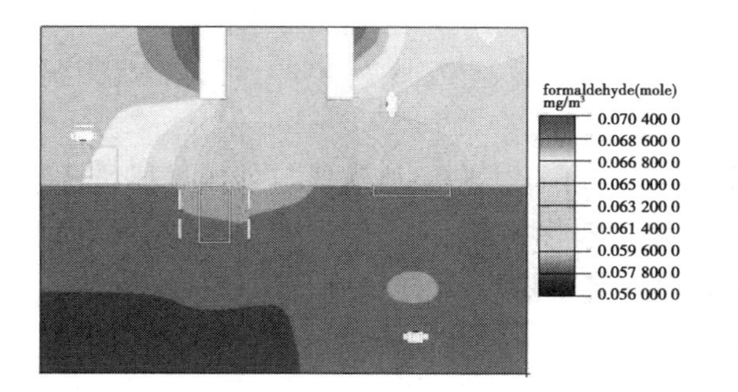

图 12.21　工况六 $Y=0.6$ m 断面处甲醛浓度分布图

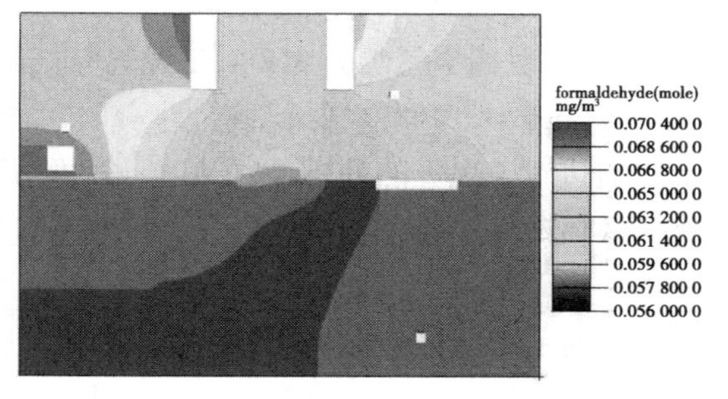

图 12.22　工况六 $Y=0.6$ m 断面处甲醛浓度分布图

表 12.9　不同工况甲醛浓度对比

位置(m)	房间	甲醛浓度(mg/m^3)		
		工况四	工况五	工况六
$Y=0.6$	主卧区	0.063	0.072	0.065
	客卧区	0.061	0.066	0.068
	客厅区	0.058	0.067	0.057
$Y=1.2$	主卧区	0.063	0.073	0.065
	客卧区	0.062	0.065	0.068
	客厅区	0.056	0.066	0.056

2)通风效果分析

(1)通风效率的分析

根据污染物浓度的分布图,可以得出室内房间空气中污染物浓度,进而计算出室内房间的通风效率,表 12.10 显示三种工况下的通风效率。从表 12.10 中可以看出,三种工况下通风策略都接近,但是对于工况五,客卧区与客厅区的通风效率分别为 0.985 与 0.975,高于主卧区 0.951,这是由于工况五所代表的通风方式为客厅区与客卧区风口同时送风,每个送风口风量相等,这就相当于减少了主卧区的送风量,故通风效率有所下降。

表 12.10　不同工况甲醛浓度对比

房间	通风效率		
	工况四	工况五	工况六
主卧	0.960	0.951	0.969
客卧	0.961	0.985	0.971
客厅	0.968	0.975	0.987

(2)室内房间空气龄分布

图 12.23—图 12.28 显示了在 $Y=0.6$ m 与 $Y=1.2$ m 截面处室内房间的空气龄,在 $Y=0.6$ m截面处,工况四空气龄为 382 s,工况五空气龄为 433 s,工况六空气龄为 423 s,在 $Y=1.2$ 截面处,工况四空气龄为 377 s,工况五空气龄为 426 s,工况六空气龄为 408 s,可以看出工况四空气龄最小,房间空气最新鲜。

通过对工况五的分析可以知道,该种通风策略减少了向室内整体送风口处的送风量,即客厅区风口送风量,对客卧区送风量增加,虽然总体送风量增加,但是主卧区污染物浓度反而增加。通风效果也不如另外两种工况,故当污染物浓度超标时,要保证维持室内污染物浓度不超标时所对应的送风量不变,再向其他风口增加送风量。通过上述分析,三种工况通风效率都接近于 1,工况四空气龄略小于工况五与工况六,就污染物浓度而言,工况四客卧区与室内整体甲醛浓度均较低。故选择工况四为此时通风的最优策略,即当污染源位于客厅区时,客厅区送风口与客卧区送风口同时送风，总送风量为 150 m³/h，客厅区风口送风量为 130 m³/h，客卧区风口送风量为 26 m³/h。

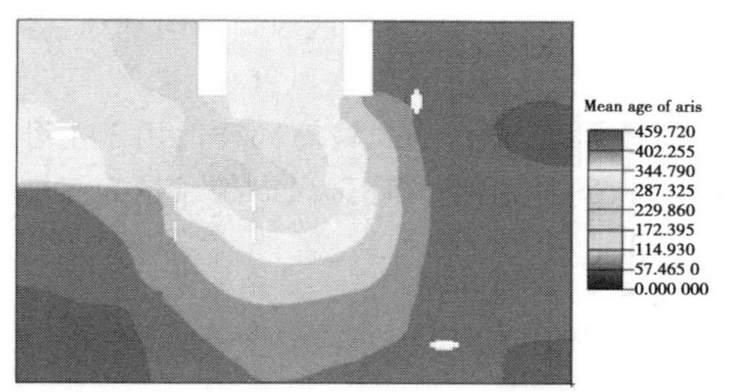

图 12.23　工况四 $Y=0.6$ m 断面处空气龄分布图

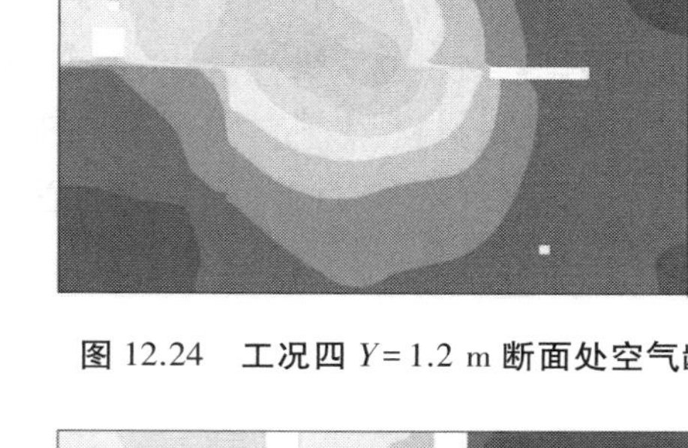

图 12.24　工况四 $Y=1.2$ m 断面处空气龄分布图

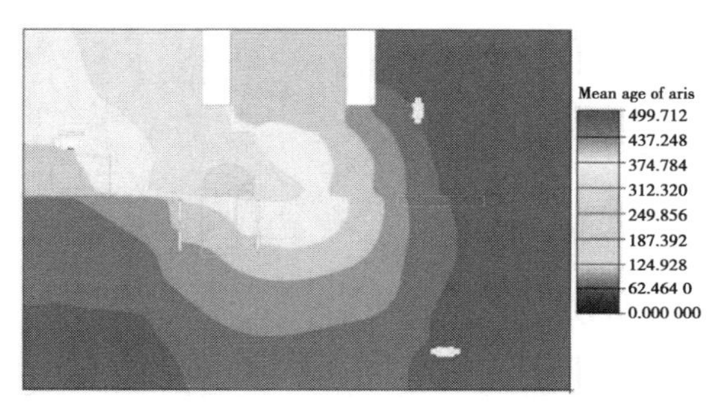

图 12.25　工况五 $Y=0.6$ m 断面处空气龄分布图

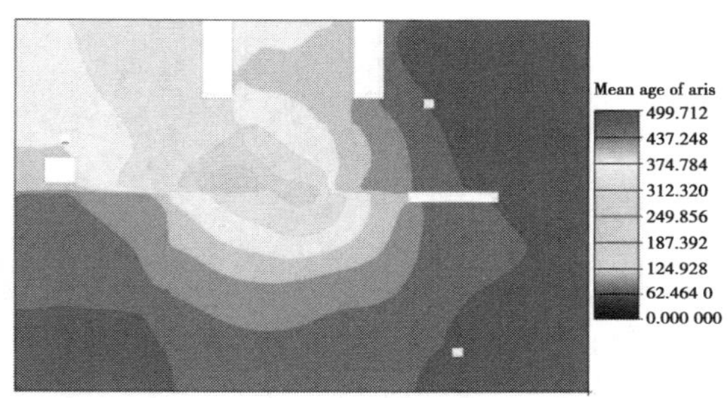

图 12.26　工况五 $Y=1.2$ m 断面处空气龄分布图

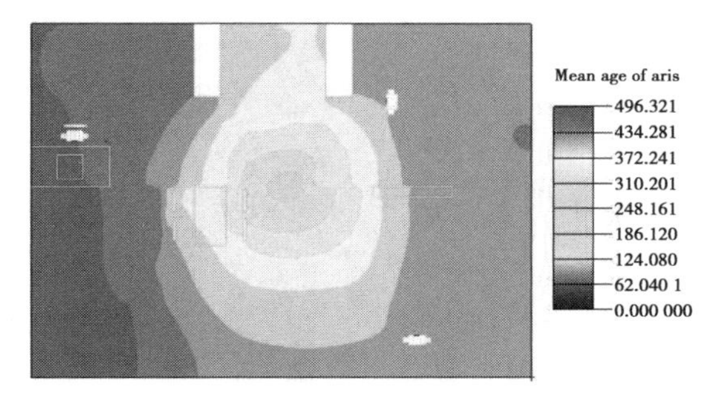

图 12.27　工况六 $Y=0.6$ m 断面处空气龄分布图

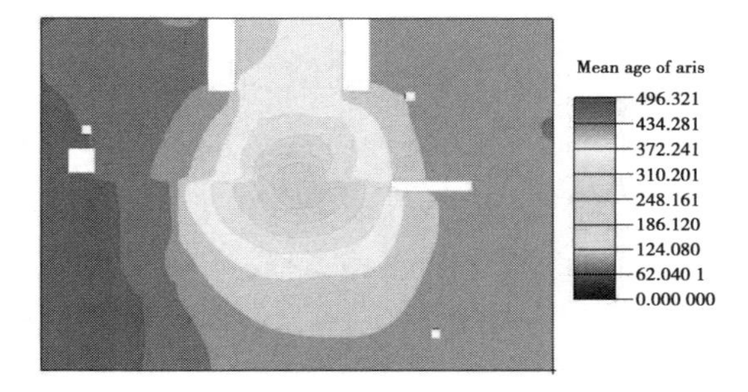

图 12.28　工况六 $Y=0.6$ m 断面处空气龄分布图

12.6　本章小结

本章以住宅建筑为模型，根据实际情况设置边界条件，合理简化模型，对第 11 章所设计的新风量以及制定的通风策略进行了数值模拟仿真。通过对不同位置污染源、室内污染物浓度不同超标范围所对应的通风策略进行数值模拟，应用客观评价方法对模拟所得污染物浓度场进行分析，应用空气龄以及通风效率对模拟所得通风策略的通风效果进行分析，验证了第 11 章所设计的通风系统新风量的合理性，最终确定最优通风策略：

①当室内污染源未超标时,通风策略为由客厅区风口送风,送风量为按房间换气次数所得风量。

②当室内污染源位于客卧区时,最优通风策略为客厅区风口与客卧区风口同时送风,客卧区风口送风量为污染物浓度未超标时的送风量,客卧区风口承担剩余送风量。

③由于主卧区与客卧区在空间上有一定的对称性,客卧区的通风策略同样适用于主卧区,故主卧区最优通风策略为客厅区风口与主卧区风口同时送风,客厅区风口送风量为污染物浓度未超标时的送风量,客卧区风口承担剩余送风量。

④当室内污染源位于客厅区时,最优的通风策略为客厅区风口送风。

第13章 结 论

为了应对建筑室内存在污染物及突发污染物长期及短时间内的释放，需要通过一定的手段能够快速而且准确地辨识出污染源信息，以便能够保障室内人员的健康和安全，本次研究将主要采用实地调研、理论分析、数值模拟以及计算仿真等相结合的方法，实现对建筑室内单个以及多个污染源展开辨识研究。基于辨识理论及结果，以严寒及寒冷地区居民建筑为研究对象，提出了通风策略。

(1)通过采用问卷调查以及实地检测等方式，完成对沈阳地区居民建筑室内的空气品质调研和测试。通过调研发现沈阳市城市绝大多数居民每天约有一半的时间停留在室内。对于夏季保持通风习惯的住户，室内空气品质良好；对于冬季，由于受到室外环境影响，约有75%的住户会选择长期关窗，无开窗习惯。室内 CO_2 的浓度为 1 500 ppm，室内甲醛的浓度为 0.23 mg/m^3，室内颗粒物浓度低于室外。在检测过程中，如果对住宅建筑进行自然通风，可以发现在通风过程中，房间内的甲醛与 CO_2 浓度分别下降为 0.05 mg/m^3，700 ppm，但 PM2.5 与 PM10 浓度有所增加，增加了 20%左右。也就是说，采用自然通风不能够保障室内空气品质，因此需结合机械通风以达到目的。但是通过调研发现是该地区住户基本没有机械通风换气系统，导致室内长期处于密闭状态，不仅会诱发室内污染物积累，而且存在突发性污染事故爆发的风险。

(2)根据污染源可及性基本概念及其推论，本文提出了污染源位置辨识的定性判断指标——相似特征 $SC(\alpha_i,t)$。根据相似特征曲线基本上能够实现对污染源位置的简单的定性判断。该方法缺陷是需要通过人的肉眼进行判断，主观性强，而且由于视觉误差较大，导致结果存在不确定性。尤其是在相似特征曲线比较密集，传感器所处位置不佳的情况下，结果的不确定性尤为突出，严重影响了辨识效果。最重要的是，相似特征值不能够量化两点间的相似成果，只能获得定性的大概结果，使得其应用价值大打折扣，因而，相似特征只能够用于辅助分析。

(3)通过研究，将基于优化法的源辨识策略和污染源的可及性概念进行结合，获得了污染物源辨识的量化指标——绝对相似度 $ASD(\alpha_i,\tau)$；并将概率法的源辨识策略和污染源的可及性概念进行结合，获得了污染物源辨识的量化指标——相似隶属度 $MGS(\alpha_i,\tau)$；本次研究将

绝对相似度 $ASD(\alpha_i,\tau)$ 和相似隶属度 $MGS(\alpha_i,\tau)$ 进行结合，以期实现对污染源位置的有效辨识。

(4)通过分析指标绝对相似度 $ASD(\alpha_i,\tau)$ 和相似隶属度 $MGS(\alpha_i,\tau)$，获得采用单传感器的污染源辨识工作，在 $\tau=200$ s 的时间段内，源辨识的准确率会不断的升高。其中 $\tau=60$ s 时段内升高速率最快，60 s 后开始升高速率缓慢，$\tau=60$ s 时段前的平均准确率提升的速度是在 $\tau=60$ s 之后时段准确率的 8.8 倍。根据 3 个单传感器不同位置的设定，其结果表明，源辨识精度影响最重要因素之一就是传感器的布置位置。当传感器的位置布于房间内回风口附近，其辨识准确率最高；当传感器的位置布于房间内送风口附近，其辨识准确率次之；当传感器的位置布于房间的中心位置，其辨识准确率最差。由于受到房间内流场的湍流作用以及不同位置的污染源的可达性的影响，导致了传感器间的辨识结果存在一定的差异性。

(5)通过研究发现在进行位置辨识时，如果采用双传感器组，辨识的准确率高于单传感器，其准确率提高了 13.5%，且总的辨识准确率能够达到 81.9%，另一方面，当采用双传感器组时辨识的准确率能够更加平衡，彼此间差异缩小，也就是采用双传感器组受传感器所在的位置影响小于采用单传感器进行辨识的结果，也就是说，采用双传感器组的辨识策略可以降低辨识较差的传感器对结果的作用，使得传感器适应性加强。

(6)在对污染源的散发强度辨识过程中，建议采用长时间段增强辨识的可靠性和稳定性，本次研究选取了 $\tau=200$ s。通过对采用单传感器和多传感器下的污染源散发强度辨识结果显示，污染源强度辨识结果的稳定性收到位置辨识结果影响最大，如果污染源位置辨识准确，那么污染源强度辨识的结果的相对误差基本能够控制在 30%以内。

(7)在实际建筑内，污染源很少以单污染存在，对于室内存在多污染源的时候，引入新的辨识指标——皮尔森(Pearson)相关系数。通过提出的 Pearson 相关系数指标可以确定所假设的污染源和待测污染源间的相关性。为了确定 Pearson 相关系数和合理性，本次研究通过控制变量法进行了验证。本次研究不同风速下，完成对房间内六个不同污染源进行了双污染源和三污染源的组合辨识。研究表明，计算时间取在 0~300 s，辨识得分率基本在 180~300 s 都能达到 90%以上。

(8)在双污染源辨识中，本次研究设定了四个工况。工况一下辨识的得分率在 $\tau=200$ s 时达到最高，工况二在 $\tau=160$ s 时辨识的得分率达到最高，工况三在 $\tau=140$ s 时得分率达到最高，工况四在 $\tau=120$ s 时得分率达到最高。根据三个污染源的辨识结果可知，4 个工况下辨识得分率达到最高的时间段分别为：$\tau=220$ s，$\tau=200$ s，$\tau=160$ s，$\tau=120$ s。

(9)通过研究表明，增加污染源数量，对传感器 β 辨识的得分率达到最大值的时间变化的影响不敏感，多污染源辨识的得分率达到最高的时间受到建筑室内送风口的风速影响因素较敏感。

(10)在多污染源辨识中，通过比较在室内布置的 15 个传感器的辨识得分率结果，将传感器布置在回风口处，其辨识效率是最高的，辨识得分率均能达到 90%以上，其次是在进风口附近的传感器，辨识得分率稍微低于回风口处辨识结果。由于本次研究室内送回风形式采用的是采用异侧上送下回，所以当室内通风时，通过模拟所获得室内污染物的浓度场可知，房间中心位置流场易于形成涡旋而造成污染物无序排列，进而导致在中间位置布置的传感器辨识得分率较低，得分率均是85%以下。因此，建筑室内传感器的最佳布置方位排序为：回风口附近，送风口附近，中间位置。

（11）经过拟合得到的方程的斜率 k 与假设的污染源的源强之间存在正比例关系，能够得到源强关系式，可以通过源强关系式求出不同工况下待测污染源的源强。实际应用中，在污染源位置辨识的结果准确的前提下，运用源强关系式可以有效地完成对未知多污染源的散发强度的辨识。由强度辨识结果可知，预测强度的相对误差基本在15%以下，因而具有实际操作性。另外，当污染源位置辨识准确时，其强度辨识结果普遍优于污染源的位置辨识错误的情况。这就要求研究工作必须做好对位置的辨识精度。多污染源位置辨识的结果对多污染源强度辨识结果的稳定性有明显的影响，位置辨识准确点的源强辨识结果不仅更接近污染源实际强度，而且各点之间波动更小，辨识结果的准确度就更高。

（12）本次研究以污染物浓度为计算标准，完成对严寒及寒冷地区典型住宅建筑通风系统中新风量的计算，并校核了我国规范规定所采用的换气次数法下的新风量但值得注意的是，标准中采用的换气次数法计算的新风量是在室内污染物的浓度未超标的情况下的最低标准，一旦建筑内污染物浓度超标，该量就无法满足室内房间对新风量的要求。所以本次研究将对污染物浓度超标时的新风量进行校核计算。对于典型住宅建筑为例，当室内污染物浓度超标范围为0~30%时，通风系统送风量建议为130~156 m^3/h，当室内污染物的浓度超标30%~50%时，通风系统的送风量建议为156~180 m^3/h，当室内污染物的浓度超标50%以上时，通风系统的送风量建议为180~240 m^3/h。

（13）本次研究基于源辨识基本理论和结果，将建筑内的通风系统进行适宜分区设计。当系统检测到室内污染物浓度超标，通过污染物源辨识技术定位污染源所在区域，之后采取制定的相应的通风策略对典型住宅建筑室内进行通风。对不同位置污染源所对应的不同通风策略进行了制定与研究。并通过数值模拟的方法对不同通风策略的通风效果进行CFD模拟。用客观评价的方法对室内污染物浓度场进行评价，应用空气龄与通风效率对不同通风策略下的通风效果进行评价，通过对比分析，验证所设计的通风量的合理性，同时确定不同污染源位置所对应的最优通风策略：

①当室内污染源没有超标时，建筑内的通风策略为由客厅区风口送风，送风量可以按照我国标准换气次数法确定。

②当室内污染源位于客卧区时，通过模拟确定最优的通风策略为客厅区风口与客卧区风口同时进行送风，客卧区风口送风量采用污染物浓度未超标时的送风量，由客卧区风口承担剩余的送风量。

③由于目前大多数建筑在做设计的时候，主卧与客卧区在空间上有一定对称性，客卧区采用的通风策略同样适用于主卧区，所以主卧区最优通风策略为客厅区风口与主卧区风口同时送风，客厅区风口送风量为污染物浓度没有超标时的送风量，客卧区风口承担剩余的送风量。

④当室内污染源位于客厅区时，最优的通风策略为客厅区风口送风。

参考文献

[1] 王德才.室内装饰装修材料有害物质监测[M].北京:人民卫生出版社,2006.

[2] 卫亚星,王莉雯.沈阳市空气质量影响因素评估[J].测绘与空间地理信息,2016, 39(8): 24-29.

[3] GB 3095—2012 环境空气质量标准[S].北京:中国环境科学出版社,2012.

[4] GB/Y 18883—2002 室内空气质量标准[S].北京:中国标准出版社,2002.

[5] 蔡浩,龙惟定,谭洪卫,等.空气传播的生化袭击与建筑环境安全(2):典型生化袭击场景的分析与评价[J].暖通空调,2005,35(2):52-56.

[6] 沈一凡.河流突发污染事故溯源关键技术研究[D].杭州:浙江大学,2016.

[7] 张袁元,张凌峰,周祥,等.基于加速度传感器阵列的单振源识别方法[J].济南大学学报:自然科学版,2016,30(4):315-320.

[8] LEVY A, GANNOT S, HABETS E A P. Multiple-Hypothesis Extended Particle Filter for Acoustic Source Localization in Reverberant Environments[J]. Audio, Speech, and Language Processing, IEEE Transactions on, 2011, 19(6):1540-1555.

[9] 方伟.基于 GIS 的多热源环状管网泄漏检测及事故分析[D].太原:太原理工大学,2015.

[10] ENTING I. Inverse problems in atmospheric constituent transport[M]. Cambridge: Cambridge University Press, 2002.

[11] TIKHONOVA, ARSENINV. Solutions of ill-posed problems[M].Washington DC: Halsted Press, 1977.

[12] ALIFANOV O. Inverse heat transfer problems[M]. New York: Springer - Verlag, 1994.

[13] SKAGGS T, KABALA Z. Recovering the history of a ground water contaminant plume: Method of quasi-reversibility[J]. Water Resource Research, 1995(31):2669-2673.

[14] 穆小红.民机客舱内污染物传播规律的数值模拟研究[D].南京:南京理工大学,2014.

[15] SOHN M, REYNOLDS P, SI NGH N, et al. Rapidly locating and characterizing pollutant releases in buildings[J]. Journal of Air and Waste Management Association, 2002(52): 1422-1432.

[16] SREEDHARAN P, SOHN M, GADGIL A, et al. Systems approach to evaluating sensor characteristics for real-time monitoring of high-risk indoor contaminant releases[J]. Atmospheric Environment, 2006, 40(19):3490-3502.

[17] 王如峰.有限空间污染散发辨识技术研究[D].北京:北方工业大学,2011.

[18] 庞丽萍,曲洪权,胡涛.密闭舱室突发污染浓度动态预测与源项辨识[J].中国舰船研究,2012,7(3):64-67.

[19] 魏传峰,庞丽萍.利用单传感器的三维密闭空间突发持续污染源辨识研究[J].宇航学报,2013,34(7):1172-1176.

[20] LIU X, ZHAI Z. Prompt tracking of indoor airborne contaminant source location with probability-based inverse multi-zone modeling[J]. Building and Environment, 2009, 44 (6): 1135-1143.

[21] CAPASSO S, et al. Identification of stationary sources of air pollutants by concentration statistical analysis[J]. Chemosphere, 2008, 73(4):614-618.

[22] HAN K, et al. Development of a novel methodology for indoor emission source identification [J]. Atmospheric Environment, 2011(45):3034-3045.

[23] CAI H, LI X. Rapid identification of multiple constantly-released contaminant sources in indoor environments with unknown release time[J]. Building and Environment, 2014, 81(7): 7-19.

[24] 殷士.辨识室内气态污染源非稳态释放过程 CFD 反问题建模[D].大连:大连理工大学, 2011.

[25] JIANG S. et al. Groundwater contaminant identification by hybrid simplex method of simulated annealing[J]. Journal of Tongji University, 2013, 41(2):253-257.

[26] 黄少君.基于蚁群算法的寻源导热反问题研究[D].上海:上海理工大学,2012.

[27] 张久凤,姜春明,王正,等.粒子群优化算法在源强反算问题中的应用研究[J].中国安全科学学报,2010,20(10):123-128.

[28] VUKOVIC V, et al. Real-time identification of indoor pollutant source positions based on neural network locator of contaminant sources and optimized sensor networks[J]. Air and Waste Manage, 2010, 60(9):1034-1048.

[29] BASTANI A, et al. Contaminant source identification within a Building: toward design of immune buildings[J]. Build Environ, 2012, 51:320-329.

[30] 唐启富.别墅建筑室内空气品质的多区模拟分析研究[D].哈尔滨:哈尔滨工业大学,2011.

[31] 余涛,周爱民,沈旭东.多区域网络模型在船舶舱室污染物传播研究中的应用[J].舰船科学技术,2014,36(8):137-141.

[32] MUSY M, WINKELMANN F, WURTZ E, et al. Automatically Generated Zonal models for Building Air Flow Simulation: Principles and Applications[J]. Building and Environment, 2002(37):873-881.

[33] TOGARI S, ARAI Y, MIURA K. A Simplified Model for Predicting Vertical Temperature

Distribution in a Large Space[J]. ASHRAE Transactions, 1993, 99(1):84-99.

[34] 赵彬,王冰,陈曦.基于简化分区模型的室内污染源位置辨识方法[J].建筑科学, 2008, 24(10):100-104.

[35] NIELSEN P V. Flow in air conditioned rooms[D]. Copenhagen: Technical University of Denmark, 1976.

[36] YAGHOUBI, MA, KNAPPMILLER K D, KIRKPATIRCK A T. Three-dimensional numerical simulation of air contamination dispersal in a room[J]. ASHRAE Transactions, 1995(1): 1031-1040.

[37] CHUNG K C, HSU S P. Effect of ventilation pattern on room air and contaminant distribution [J]. Building and Environment, 2001, 36(9):989-998.

[38] LEE H, AWBI H B. Effect of internal partitioning on indoor air quality of rooms with mixing ventilation-basis study[J]. Building and Environment, 2004(39):127-141.

[39] 郭云枝.空气净化器存在时室内 VOC 浓度分布研究[D].北京:清华大学,2004.

[40] LIU D, ZHAO F Y, WANG H Q, et al. History source identification of airborne pollutant dispersions in a slot ventilated building enclosure[J]. International Journal of Thermal Sciences, 2013, 64 (Complete):81-92.

[41] CAI H, LONG W D, LI X T, et al. Decision analysis of emergency ventilation and evacuation strategies against suddenly released contaminant indoors by considering the uncertainty of source locations[J]. Journal of Hazardous Materials, 2010, 178(1-3): 101-174.

[42] SANDBERG M. SJOBERG M: The use of moments for assessing air quality in ventilated rooms[J]. Building and Environment, 1983, 18(4):181-197.

[43] SANDBERG M. What is ventilation efficiency? [J]. Building and Environment, 1981, 16 (2): 123-135.

[44] LI X T, ZHAO B. Accessibility: A new concept to evaluate Ventilation performance in a finite period of time[J]. Indoor and Built Environment, 2004(13):287-293.

[45] YANG J R, LI X T, ZHAO B. Prediction of transient contaminant dispersion and ventilation performance using the concept of accessibility[J]. Energy and buildings, 2004, 36(3): 293-299.

[46] 蔡浩.控制污染物扩散的应急通风关键问题研究[D].上海:同济大学,2006.

[47] KIM Y M, HARRAD S, HARRISON R M. Concentrations and Sources of VOC in Urban Domestic and Public Microenvironments[J]. Environmental science and Technology, 2011, 35 (6):997-1004.

[48] FISK W J. Health and productivity gains from better indoor environments and their relationship with energy efficiency[J]. Annual Review of Energy and the Environment, 2000(25):537-566.

[49] FLEMING, WILLIAM S. Ground-source heat pump design and operation-experience within an Asian country[J]. ASHRAE Transactions, 1998, 107(1):771-775.

[50] 曲云霞,张林华,崔永张.地源热泵及其应用分析[J].可再生能源,2002,104(4):7-9.

[51] LIU X, ZHAI Z. Inverse modeling methods for indoor airborne pollutant tracking: literature

review and fundamentals[J]. Indoor Air, 2007, 17(6):419-438.

[52] SENOCAK I, HENGARTNER N W, SHORT M B, et al. Stochastic event reconstruction of atmospheric contaminant dispersion using Bayesian inference[J]. Atmospheric Environment, 2008, 42(33):7718-7727.

[53] 杨建荣.送风有效性和污染物扩散特性的研究与应用[D].北京:清华大学,2004.

[54] ATMADJA J, BAGTZOGLOU A C. State of the Art Report on Mathematical Methods for Groundwater Pollution Source Identification[J]. Environmental Forensics, 2001, 2(3):205-214.

[55] LIU X, ZHAI Z. Location identification for indoor instantaneous point contaminant source by probability-based inverse computational fluid dynamics modeling[J]. Indoor Air, 2010, 18(1):2-11.

[56] 殷士.辨识室内气态污染源非稳态释放过程的 CFD 反问题建模[D].大连:大连理工大学, 2011:1-78.

[57] ALAPATI S, KABALA Z J. Recovering the release history of a groundwater contaminant using a non-linear least-squares method[J]. Hydrological Processes, 2015, 14(6):1003-1016.

[58] ALA N K, DOMENICO P A. Inverse Analytical Techniques Applied to Coincident Contaminant Distributions at Otis Air Force Base, Massachusetts[J]. Ground Water, 2010, 30(2):212-218.

[59] KATHIRGAMANATHAN P, MCKIBBIN R, MCLACHLAN R. Source term estimation of pollution from an instantaneous point source[J]. Research Letter in the Information and Mathematical Sciences, 2002(3):59-67.

[60] ZHANG T, CHEN Q. Identification of contaminant sources in enclosed spaces by a single sensor[J]. Indoor Air, 2010, 17(6):439-449.

[61] ZHANG T F, CHEN Q. Identification of contaminant sources in enclosed environments by inverse CFD modeling[J]. Indoor air, 2007, 17(3):167-177.

[62] 张腾飞.辨识室内空气污染源的反问题建模[J].建筑热能通风空调,2008,27(6):18-23.

[63] ZHAI Z J, LIU X. Principles and applications of probability-based inverse modeling method for finding indoor airborne contaminant sources[J]. Building Simulation, 2008, 1(1):64-71.

[64] LIU X, ZHAI Z. Protecting a whole building from critical indoor contamination with optimal sensor network design and source identification methods [J]. Building and Environment, 2009, 44(11):2276-2283.

[65] CAI H, LI X, KONG L, et al. A theoretical method to quickly identify multiple constant contaminant sources indoors by limited number of ideal sensors[C]. Sydney: 12th Conference of International Building Performance Simulation Association, 2011: 672-679.

[66] ZHANG T, LI H, WANG S. Inversely tracking indoor airborne particles to locate their release sources[J]. Atmospheric Environment, 2012, 55(none):328-338.

[67] ZHAI Z, LIU X, WANG H, et al. Experimental verification of tracking algorithm for dynamically-releasing single indoor contaminant[J]. Building Simulation, 2012, 5(1):5-14.

[68] ZHANG T, LI H. The Lagrangian-reversibility Inverse Model Contaminant Source Locations in Used to Identify Particulate Enclosed Spaces[J]. Journal of Civil, Architectural & Environmental Engineering, 2013, 33(1):112-116.
[69] 李星辰.工业废气污染源的辨识与监控方法研究[D].合肥:合肥工业大学,2014.
[70] CAI H, LI X, CHEN Z, et al. A fast model for identifying multiple indoor contaminant sources by considering sensor threshold and measurement error[J]. Building Services Engineering Research and Technology, 2015, 36(1):89-106.
[71] 李先庭,赵彬.室内空气流动数值模拟[M].北京:机械工业出版社,2009:24-29.
[72] REN Z, STEWART J. Simulating air flow and temperature distribution inside buildings using a modified version of COMIS with sub-zonal divisions[J]. Energy and Buildings, 2003, 35(3):257-271.
[73] REN Z, STEWART J. Improved transport modeling for indoor air pollutants by adding zonal modeling capability to a multizone model[C]. Proceedings: Indoor Air, 2002:512-517.
[74] 贾俊平.统计学[M].北京:清华出版社,2004.
[75] 唐家鹏.FLUENT 14.0 超级学习手册[M].北京:人民邮电出版社,2013:118-124.
[76] 张国强,宋春玲,陈建隆,等.挥发性有机化合物对室内空气品质影响研究进展[J].暖通空调,2001,31(6):25-31.
[77] 许真.室内空气主要污染物及其健康效应[J].卫生研究,2003,32(3):279-283.
[78] 刘晓红,周定国.室内环境污染研究现状与展望[J].木材工业,2003,17(2):8-11.
[79] 但德忠,谭和平,方正.我国室内空气质量与评价方法研究进展[J].中国测试技术,2005,31(5):115-120.
[80] 刘晓红,周定国.室内环境污染研究现状与展望[J].木材工业,2003,17(2):8-11.
[81] BAEK S O, KIM Y S, PERRY R. Indoor air quality in homes, offices and restaurants in Korean urban areas—indoor/outdoor relationships[J]. Atmospheric Environment, 1997, 31(4):529-544.
[82] 卢楠.建筑室内典型化学污染物的散发规律及评价研究[D].天津:天津大学,2010.
[83] 朱宏亮,张君.从标准与技术法规的关联区别我国技术法规体系的建设[J].标准科学,2010(3):65-69.
[84] 余江.室内装修中甲醛浓度分析与控制研究[J].四川师范大学学报:自然科学版, 2005,28(4):489-491.
[85] 张伟.室内空气中主要污染物的测试分析及其对室内空气品质的影响[D].济南:山东大学,2009.
[86] 郝俊红.中国四城市住宅室内空气品质调查及控制标准研究[D].长沙:湖南大学, 2004.
[87] 孔蔚慈.寒区冬季农村室内污染物的监测与控制[D].哈尔滨:哈尔滨工业大学,2015.
[88] 邓高峰.室内空气颗粒污染物检测与控制技术研究[D].北京:北京化工大学,2016.
[89] NOVOSELAC A, SREBRIC J. Comparison of Air Exchange Efficiency and Contaminant Removal Effectiveness as IAQ Indices[J]. ASHRAE Transactions, 2003, 109(2):339-349.
[90] 晏辉.舒适性空调建筑的 IAQ[J].华东交通大学学报,2002,19(3):5-8.

[91] 戴朝华.基于 TCI 与 IAQ 的空调智能控制研究[D].成都:西南交通大学,2004.

[92] 马仁民.国外非工业建筑室内空气品质研究动态[J].暖通空调,1999(2):40-43.

[93] P.O.范格,于晓明. 21 世纪的室内空气品质:追求优异[J].暖通空调,2000(3):32-35.

[94] DENG B, KIM C N. CFD simulation of VOCs concentrations in a resident building with new carpet under different ventilation strategies[J]. Building & Environment, 2007, 42(1): 297-303.

[95] LIU Z, LI A, TAO L, et al. Correlation between Indoor Air Distribution and Pollutants in Natural Ventilation [C] // International Conference on Bioinformatics & Biomedical Engineering. IEEE, 2010.

[96] Kusuda T. Control of Ventilation to Conserve Energy While Maintaining Acceptable Indoor Air Quality[J]. ASHRAE Transactions, 1976, 82(1):89-93.

[97] NG M O, QU M, ZHENG P, et al. CO_2-based demand controlled ventilation under new ASHRAE Standard 62.1-2010: a case study for a gymnasium of an elementary school at West Lafayette, Indiana[J]. Energy & Buildings, 2011, 43(11):3216-3225.

[98] LU T, LV X S, VILJANEN M. A Novel and Dynamic Dem-and-controlled Ventilation Strategy for CO_2 Control and Energy Saving in Building[J]. Energy and Buildings, 2011, 43(9):2499-2508.

[99] EMMERICH S J, MITCHELL J W, BCCKMAN W A. Demand-controlled Ventilation in a Multi-zone Office Building[J]. Indoor Environment, 1994, 3(6):331-340.

[100] CHAO C Y H, HU J S. Development of a dual-mode demand control ventilation strategy for indoor air quality control and energy saving[J]. Building & Environment, 2004, 39(4): 385-397.

[101] WARREN B F, HARPER N C. Demand controlled ventilation by room CO_2 concentration: a comparison of simulated energy savings in an auditorium space[J]. 1991, 17(2):87-96.

[102] HAGHIGHAT P, DONNINI G. Iaq and energy-management by demand controlled ventilation[J]. Environmental Technology, 1992, 13(4):351-359.

[103] WACHENFELDT B J, MYSEN M, SCHILD P G. Air flow rates and energy saving potential in schools with demand-controlled displacement ventilation[J]. Energy & Buildings, 2007, 39(10):1073-1079.

[104] NASSIF N. A robust CO_2-based demand-controlled ventilation control strategy for multi-zone HVAC systems[J]. Energy and Buildings, 2012, 45(none):72-81.

[105] WANG S, SUN Z, SUN Y, et al. Online Optimal Ventilation Control of Building Air-conditioning Systems[J]. Indoor & Built Environment, 2011, 20(1):129-136.

[106] 徐丽,翁培奋,孙为民.三种通风方式下的室内气流组织和室内空气品质的数值分析[J].空气动力学学报,2003,21(3):311-319.

[107] 徐新华,王盛卫,崔景潭.关键区温度重设定的自适应按需新风控制[J].暖通空调,2007,37(11):6-10.

[108] 杨帅,张吉光,任万辉.自然通风对装修材料污染物散发的影响[J].洁净与空调技术,

2007(3):50-53.
[109] 张玉.严寒地区多层住宅冬季通风气流模拟分析[D].哈尔滨:哈尔滨工业大学,2004.
[110] 彦启森.空调与人居环境[J].暖通空调,2003,33(5):1-5.
[111] 付祥钊,肖益民.建筑节能原理与技术[M].重庆:重庆大学出版社,2008.
[112] 马学童,汪慧英,王磊.基于气体传感器阵列的室内空气品质监控系统[J].传感器与微系统,2002,21(11):24-27.
[113] 蒋晴霞,赵望达.室内环境智能监测控制系统的设计[J].电子技术,2000(10):31-33.
[114] 苏华友,聂诗良,韩宇涛.室内环境监控系统模型试验研究[J].西南工学院学报,2001,16(4):51-53.
[115] 宁豆豆.住宅建筑新风量确定方法研究[D].西安:西安建筑科技大学,2016.
[116] 邝文君.住宅新风系统的数值模拟与控制仿真[D].成都:西华大学,2016.
[117] 金招芬,朱颖心.建筑环境学[M].北京:中国建筑出版社,2002.
[118] 张建,江京辉,周瑾.人造板产品中的甲醛对室内环境的影响[J].木材加工机械,2003,14(6):9-11.
[119] 庄晓虹.室内空气污染分析及典型污染物的释放规律研究[D].沈阳:东北大学,2010.
[120] 李连山,马春莲,陈寒玉.室内甲醛污染的分析调[J].环境科学与技术, 2002,28(3):44-45.
[121] GB 50325—2010 民用建筑工程室内环境污染控制规范[S].北京:中国计划出版社, 2015.
[122] 施小平,杨润,张秀珍,等.两种不同方法测定室内空气中甲醛的对比观察[J].中国公共卫生, 2001,17(3):269-270.
[123] 肖启宏.电化学传感器法监测室内空气中甲醛[J].环境科学与管理,2010, 35(11):139-143.
[124] 李韵谱,吴亚西,宿燕兵,等.电化学原理便携式甲醛分析仪对居室甲醛浓度测定准确性的研究[J].中国卫生检验杂志,2007,17(1):79-83.
[125] LI X T, ZHAO B. Accessibility: A new concept to evaluate Ventilation performance in a finite period of time[J]. Indoor and Built Environment, 2004(13):287-293.
[126] 贺廉洁.严寒及寒冷地区居住建筑室内污染物源辨识基础研究[D].沈阳:沈阳建筑大学,2016.
[127] 杨真.严寒地区农村住宅室内空气状况改善与通风策略研究[D].哈尔滨:哈尔滨工业大学,2009.
[128] GB/Y 18883—2002 室内空气质量标准[S].北京:中国标准出版社,2002.
[129] 耿世彬,李永,韩旭.室内空气品质与新风节能研究进展[J].建筑热能通风空调,2009,28(5):32-38.
[130] JOKL M V. Evaluation of indoor air quality using the decibel concept based on carbon dioxide and TVOC[J]. Building & Environment, 2000, 35(8):677-697.
[131] FANGER P O. Introduction of the olf and the decipol units to quantify air pollution perceived by humans indoors and outdoors[J]. Energy & Buildings, 1988, 12(1):1-6.

[132] ZHAO B, LI X, LI D, et al. Revised Air-Exchange Efficiency Considering Occupant Distribution in Ventilated Rooms[J]. Journal of the Air and Waste Management Association, 2003, 53(6):759-763.

[133] 倪波.置换通风的计算机仿真研究[C].全国暖通空调制冷2000年学术年会,2000.

[134] JIANG Y, CHEN Q. Study of natural ventilation in buildings by large eddy simulation[J]. Journal of Wind Engineering & Industrial Aerodynamics, 2001, 89(13):1155-1178.